Armin Schmitt
Großartige Giganten

Armin Schmitt, Jahrgang 1972, ist, seit er fünf Jahre alt war, fasziniert von Dinosauriern. Er studierte Paläontologie u. a. in Bonn. Während dieser Zeit arbeitete er bereits als Sammlungsverwalter im Goldfuß-Museum der Universität. Heute ist er Wirbeltierpaläontologe und Forschungsassistent am Geowissenschaftlichen Institut der Universität Oxford sowie Doktorand an der Universität Cambridge. Außerdem hat er für National Geographic über seine Forschung geschrieben und ist gefragter Experte für Dinosaurier in Fernsehen, Radio und Print.

Ben Rennen lebt in München und ist Illustrator, Designer und Eventzeichner.

Armin Schmitt

GROSSARTIGE GIGANTEN

Den letzten Geheimnissen
der Dinosaurier auf der Spur

Mit Illustrationen von Ben Rennen

dtv

2. Auflage 2026
Originalausgabe 2023

Tumblingerstraße 21, 80337 München
produktsicherheit@dtv.de
Umschlaggestaltung: Ruth Botzenhardt | buxdesign, München
Umschlagillustration: Ben Rennen
Satz: Fotosatz Amann, Memmingen
Druck und Bindung: CPI books GmbH, Leck
Printed in Germany · ISBN 978-3-423-35207-9

Für Maximilian und Elisabeth

Inhaltsverzeichnis

Prolog

Seit meinem fünften Lebensjahr faszinieren mich die riesigen Dinosaurier der Urzeit. Ich bin sehr dankbar dafür, dass sich mir so früh schon meine Leidenschaft und meine Bestimmung offenbart haben und dass ich diese Begeisterung für Dinosaurier zu meinem Beruf machen konnte. Wenn ich heute einen Dinosaurierknochen im Gelände finde, habe ich immer noch dasselbe Leuchten in den Augen wie damals als kleines Kind, als ich im Senckenberg Naturmuseum in Frankfurt zum ersten Mal echte Skelette dieser Giganten sah. Der Weg vom dinoverrückten Kind zum Wirbeltierpaläontologen verlief allerdings beim besten Willen nicht geradlinig. Trotzdem hatte ich aber das große Glück, bei vielen, zum Teil sehr bedeutenden Entdeckungen dabei zu sein, auch wenn ich selbst nicht im Mittelpunkt stand. Einige Forschungsprojekte, an denen ich beteiligt war, trugen zum besseren Verständnis der Evolution der Dinosaurier und anderer Reptilien der Urzeit bei und veränderten unser Bild der Dinosaurier grundlegend. Einiges davon findet sich in diesem Buch wieder. Es ist ein tolles Gefühl, im goldenen Zeitalter der Paläontologie hautnah dabei zu sein und mit modernster Technologie neue Mysterien aufzudecken und Rätsel zu entschlüsseln, von denen man noch vor wenigen Jahren glaubte, sie nie erklären zu können.

Ein Grund dafür, dass wir in jüngster Zeit so viel Neues über die Dinosaurier gelernt haben, ist die unglaubliche Geschwindigkeit, mit der neue Dinosaurierarten beschrieben werden. Allein in den letzten 20 Jahren wurden pro Jahr mehr Dinosaurierarten entdeckt als jemals zuvor. Seit 2003 werden jährlich rund 45 neue Dinosaurier wissenschaftlich beschrieben. Das liegt vor allem an den höheren finanziellen Mitteln für die Forschung, außerdem gibt es heute mehr Wissenschaftler, mehr Teams im Gelände, weit entlegene Fundorte sind besser erreichbar, und wir haben immer genauere geologische Karten mit genauen Koordinaten der Fundstellen. Nicht selten werden an bereits bekannten Orten neue Fossilien entdeckt und nicht selten kommen dabei auch neue Arten zum Vorschein. Mitverantwortlich ist auch die rasche Steigerung der Rechenleistung und der Geschwindigkeit von Computern und Workstations, die es ermöglichen, Simulationen und dreidimensionale Modelle zu erzeugen und komplexe Statistiken auszuwerten, um Stammbäume der Dinosaurier zu generieren.

Neue Dinosaurierarten sorgen aber nicht nur für Zungenbrecher und füllen die Museen, sondern bringen auch Erkenntnisse über die Verwandtschaft der Tiere, ihre Lebensräume und Überlebensstrategien. Jeder neue Fund vermittelt uns immer genauere Erkenntnisse über die Umwelt der Dinosaurier, und ihr äußeres Erscheinungsbild hilft uns sogar dabei, ihren inneren Aufbau und die Funktion ihrer Organe besser zu verstehen. Das ist enorm wichtig, weil manche Dinosaurier einen so ungewöhnlichen Körperbau aufwiesen, dass wir in der heutigen Natur nichts Vergleichbares mehr finden. Neue Entdeckungen helfen uns zu verstehen, wie Dinosaurier in der Lage waren, mit drastischen

Klimaveränderungen zurechtzukommen und sich an neue Lebensräume anzupassen. Dinosaurier waren faszinierende Lebewesen, die als Modellorganismen dienen können, um viele Mechanismen der Natur und der Evolution zu begreifen. Dass es immer neue Entdeckungen zu machen gibt und dass trotz unseres breiten Wissens über die Dinosaurier noch viele Fragen offen sind, diskutiere ich in diesem Buch anhand einiger prominenter Beispiele.

Das große Sterben

Um zu verstehen, wie die Dinosaurier zur erfolgreichsten Landwirbeltiergruppe der Erdgeschichte werden konnten, müssen wir zu den Anfängen der Dinosaurierevolution reisen und klären, welche Faktoren notwendig waren, damit die Dinosaurier ihren Siegeszug antreten konnten.

Jedes Kind weiß heute, dass alle Dinosaurier, mit Ausnahme der modernen Vögel, am Ende der Kreidezeit vor rund 66 Millionen Jahren ausgestorben sind. Ein Asteroid stürzte damals auf die Erde und besiegelte das Schicksal der Dinosaurier und vieler anderer Tiergruppen. In den Meeren verschwanden die Ammoniten. Das sind Kopffüßer, die mit den Perlbooten (*Nautilus*) und Tintenfischen verwandt sind.

Diese lebten weit über 300 Millionen Jahre lang in den Weltmeeren unseres Planeten und waren ein wichtiger Bestandteil komplexer Nahrungsnetze in marinen Ökosystemen. Mit den Ammoniten verschwanden auch große marine Reptilien wie die Paddelechsen (Plesiosaurier) und die waranartigen Mosasaurier nachkommenlos.

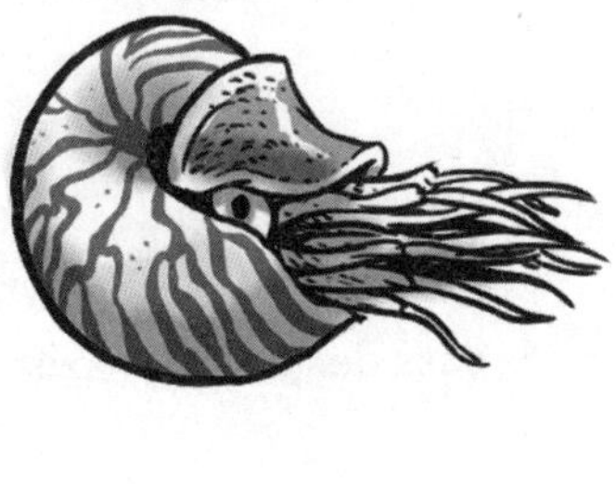

Doch so schrecklich die Folgen des kosmischen Impakts am

Ende der Kreidezeit gewesen sein müssen, sie werden von einem Ereignis in den Schatten gestellt, das noch viel größere Auswirkungen hatte und als das schlimmste Ereignis für das Leben auf diesem Planeten gilt. Es war eine apokalyptische Katastrophe, so verheerend, dass manche Autoren sie als »Das große Sterben« bezeichnen: das Perm-Trias-Massenaussterben.

Michael Benton, einer der bedeutendsten Paläontologen unserer Zeit, schrieb darüber ein Buch mit dem markanten Titel: »*When Life Nearly Died*« (»Als das Leben beinahe gestorben wäre«). Dieses Ereignis, das am Ende des Perms stattfand, hatte das größte Artensterben in der Geschichte der Erde zur Folge. Etwa 90 Prozent aller damals lebenden Arten starben aus. Zum ersten Mal in der Erdgeschichte waren davon auch viele Insektenarten betroffen.

Während des Perms gab es noch Nahrung für alle Tiere im Überfluss. Die Erde war ein grüner Planet. Das Pflanzenwachstum war über Jahrmillionen weltweit so üppig gewesen, dass der Sauerstoffgehalt in der Atmosphäre immer weiter anstieg und seinen Höchststand in der gesamten Erdgeschichte erreichte. Wir gehen heute davon aus, dass der Luftsauerstoff im Perm bei etwa 30 Prozent lag.

> Im Vergleich dazu liegt der **Sauerstoffgehalt** in der Atmosphäre heute nur bei etwa 21 Prozent.

Dürren, Brände, Luftverschmutzung und saurer Regen zerstörten im Folgenden die üppigen Wälder, was dazu führte, dass der atmosphärische Sauerstoffgehalt von 30 auf etwa

10 bis 15 Prozent sank und anschließend viele Millionen Jahre lang auf niedrigem Niveau verharrte. Er erreichte auch danach nie mehr den gleichen Wert wie zu Beginn des Perms. Die Einschnitte waren so weitreichend, dass es fast fünfzehn Millionen Jahre dauerte, bis sich die Wälder auf der Erde wieder vollständig erholt hatten.

Als Ursache für »Das große Sterben« und den Zusammenbruch der Ökosysteme gilt ein massiver Megavulkanismus in Russland. Ein Zeugnis dieser Katastrophe ist der sogenannte Sibirische Trapp oder Flutbasalt. Das sind ausgedehnte Lavadecken, die sich von der Barentssee im Nordwesten bis nach Kasachstan im Südwesten erstrecken. Von dort reichen sie weiter bis nach Nowosibirsk und Irkutsk im Süden. Im Osten breiteten sie sich über den Strom Lena bis fast nach Jakutsk aus. Irkutsk und Jakutsk kennt der ein oder andere vielleicht von dem Brettspiel »Risiko«. Der Ausstoß ereignete sich in drei Schüben in einem Zeitraum von etwa 900 000 Jahren und bedeckte eine Fläche von sieben Millionen Quadratkilometern mit vulkanischem Gestein. Das entspricht fast der gesamten Fläche Australiens!

Die dafür verantwortlichen Vulkanausbrüche gehören zu den größten bekannten vulkanischen Ereignissen der Erdgeschichte. Die Ausbrüche fanden vor etwa 252 Millionen Jahren an der Perm-Trias-Grenze statt und ihre Folgen werden, wie bereits angedeutet, in einen ursächlichen Zusammenhang mit dem Massenaussterben am Ende des Perms gebracht. Die postapokalyptische Welt nach der Permkatastrophe muss wohl unserer Vorstellung von der Hölle sehr nahegekommen sein. Der Megavulkanismus in Sibirien setzte erhebliche Mengen an Kohlenstoffdioxid,

Fluor, Chlorwasserstoff und Schwefeldioxid frei, das sich mit dem Regen zu Schwefelsäure verband und sowohl Lebensräume im Meer als auch an Land nachhaltig schädigte oder vernichtete. Der CO_2-Ausstoß sorgte innerhalb kürzester Zeit für eine Erderwärmung um fünf Grad Celsius. Wir vermuten inzwischen, dass durch die Treibhausgase und durch die Flugasche außerdem die Ozonschicht beschädigt wurde. Das hatte eine höhere UV-Einstrahlung zur Folge. Diese wiederum schädigte das Pflanzenwachstum und sorgte für Pollenmissbildungen. Zusammen mit den massiven Waldbränden beschleunigten diese Effekte einen großflächigen Vegetationsrückgang. Der saure Regen gab den Pflanzen den Rest. Damals regnete es allerdings nur während der Mega-Monsunsaison. Zu diesem Zeitpunkt jedoch öffneten sich die Himmelsschleusen und der ätzende Niederschlag ergoss sich tage- und wochenlang sintflutartig über den Superkontinent Pangäa. Der Rest des Jahres war von schrecklichen Hitzewellen, Dürreperioden, Bränden und einer Durchschnittstemperatur von unerträglichen 45 Grad Celsius gezeichnet. Während es in den küstennahen Regionen noch spärliche Vegetation gab, breiteten sich im Inneren der riesigen Landmasse gewaltige Wüsten aus, die größer als die Sahara oder die Wüste Gobi waren.

Die Folgen waren verheerend. Die extremen Umweltbedingungen verstärkten die Erosion an Land. Das hatte umfangreiche Einschwemmungen von Böden ins Meer zur Folge, was zu Überdüngungseffekten (Eutrophierung) wie zum Beispiel Algenblüten in den marinen Biotopen führte. Gleichzeitig kam es zur Massenvermehrung mariner Einzeller in sauerstofffreien Milieus, deren Stoffwechselprodukte – zusätzlich zu all den Gasen des massiven Vulkanismus – Methan, Halogenkohlenwasserstoffe und große Mengen Schwefelwasserstoff in die Atmosphäre entließen.

In den Meeren kam es unterdessen zu anoxischen, also sauerstofffreien Verhältnissen, wodurch alle Riffe und ihre Bewohner abstarben. Gesteine, die dieses folgenschwere Ereignis belegen, sind die Schwarzschiefer. Mit der Bildung von anoxischen Meereszonen, dem rapiden Absacken des pH-Werts sowie der Freisetzung von Methanhydrat begann das Massensterben in den Ozeanen. Durch das in die Atmosphäre entweichende Methan erhöhte sich die Erdtemperatur daraufhin um weitere fünf Grad Celsius, und die oberen Wasserschichten der Weltmeere erwärmten sich sogar um mindestens acht Grad. Die Erde brannte und die Meere kochten. Durch die ständig wachsende Konzentration des Treibhausgases kam es zu einem Dominoeffekt, den wir als galoppierenden Treibhauseffekt bezeichnen und der erklärt, warum der Megavulkanismus in Sibirien fast eine Million Jahre gedauert hat, das Massensterben aber nur 30 000 Jahre. Anfangs waren die Veränderungen schleichend, doch während immer mehr Lebensräume geschädigt und immer mehr Schadstoffe ausgestoßen wurden, nahmen die Temperaturen immer schneller zu und der Kollaps der Ökosysteme war unaufhaltsam. Am Ende starben bei diesem Ereignis etwa 95 Prozent aller marinen Arten und etwa 75 Prozent aller Arten von Landlebewesen aus. Zu den wenigen Überlebenden gehörten die direkten Vorfahren der Dinosaurier und Krokodile: die sogenannten Archosaurier.

Ohne diese Katastrophe hätte es den Siegeszug der Dinosaurier wahrscheinlich nie gegeben. Und so ist es vielleicht eine Ironie des Schicksals, dass die Dinosaurier die Weltbühne nach einem verheerenden Massenaussterben betraten, dann jedoch selbst einem Massenaussterben zum Opfer fielen. In der Geschichte der Erde gab es fünf solcher Ereignisse eines Massenaussterbens. Drei davon hängen eng mit der Entstehung der Dinosaurier zusammen und waren entscheidend für ihren beispiellosen evolutiven Erfolg – aber auch für ihren Untergang:

1. Die Permkatastrophe vor zirka 252 Millionen Jahren begünstigte die Entwicklung der Archosaurier, der sogenannten »Herrschenden Echsen«. Dazu zählen alle Krokodile und Dinosaurier. Die Vögel gehören ebenfalls zu dieser Gruppe, allerdings existierten die in der Trias noch nicht. Die Archosaurier und besonders die Dinosaurier konnten sich in der lebensfeindlichen Welt der Trias gut behaupten, weil sie mit ihren effizienten Lungen besser mit dem geringen Luftsauerstoff zurechtkamen, mit ihren langen, geraden Beinen schneller laufen konnten und mit ihren Körpern weiter vom heißen Boden entfernt waren als Kriechtiere und Amphibien. Das war vorteilhaft in den häufig wüstenhaften Gegenden des Urkontinents. So konnten sie neue Lebensräume besiedeln. Ihre schuppige Haut verhinderte ein Austrocknen des Körpers, was ein unschätzbarer Vorteil in der Gluthitze der Trias war.

2. Dem endtriassischen Massenaussterben vor etwa 201 Millionen Jahren fielen unter anderem die Conodonten im Meer zum Opfer, die etwa 340 Millionen Jahre lang auf der Erde existiert hatten und nun nachkommenlos verschwanden. Sie tauchten vor rund 541 Millionen Jahren im Fossilbericht auf. Als erste Wirbeltiere oder

nahe Verwandte der heutigen Wirbeltiere gehören sie zu den frühesten Formen, aus denen später die Fische, die Amphibien, die Reptilien, die Säugetiere und die Vögel hervorgingen. Weitere Auswirkungen auf die Dinosaurierevolution hatte das Aussterben von vier Großgruppen von Krokodilverwandten am Ende der Trias: Rauisuchier, Phytosaurier, Aetosaurier und Ornithosuchier. Diese Vertreter der Krokodillinie konnten sich in der Trias ähnlich erfolgreich behaupten wie die Dinosaurier. Zeitgleich starben außerdem fast alle Temnospondyliden, also die riesigen lurchartigen Amphibien, aus, die bis zu vier Meter lang werden konnten. Sie gelten als die Schwesterngruppe der heutigen Frösche und Salamander. Der Einfachheit halber kann man sie sich als vier Meter lange Monstersalamander mit Knochenplatten auf der Haut vorstellen. Mit dem Wegfall der Monstersalamander und der meisten landlebenden Krokodile gab es keine Konkurrenz mehr für die Dinosaurier, und so wurden sie zu Beginn des Jura zu den unangefochtenen Herrschern der Erde.

3. Das endkreidezeitliche Massenaussterben vor etwa 66 Millionen Jahren besiegelte schließlich das Schicksal aller Dinosaurier, die nicht zu den echten Vögeln zählten und auf der Abstammungslinie der Vögel lagen. Warum die Dinosaurier den Asteroideneinschlag nicht überlebten, erkläre ich am Ende dieses Buches.

Der **Fossilbericht** umfasst alle wissenschaftlich dokumentierten Funde von Fossilien weltweit. Das Vorkommen von Fossilien an einem bestimmten Ort wird meist in wissenschaftlichen Veröffentlichungen erwähnt. Dabei werden die geografische Lage sowie der stratigrafische Zusammenhang der Funde angegeben. Die Untersuchung, die Ergänzung und Vervollständigung des Fossilberichts sind einige der wichtigsten Aufgaben der Paläontologie.

Zwischen diesen drei Katastrophen lag ein sehr großer Zeitraum. Die Evolution der Dinosaurier fand zwischen der Permkatastrophe und dem Einschlag des Asteroiden am Ende der Kreidezeit statt. Diese Ereignisse liegen etwa 186 Millionen Jahre auseinander. Um sich eine solche Zeitspanne vorstellen zu können, muss man sich vor Augen führen, dass *Tyrannosaurus* und den Menschen etwas mehr als 65 Millionen Jahre trennen. Die letzten Tyrannosaurier sind vor 66 Millionen Jahren ausgestorben und der Mensch (*Homo sapiens*) entstand vor etwa 300 000 Jahren. *Stegosaurus* hingegen ist vor fast 148 Millionen Jahren ausgestorben, er hat also etwa 80 Millionen Jahre vor *Tyrannosaurus* gelebt. Erdgeschichtlich betrachtet, liegen die beiden also weiter auseinander als *Tyrannosaurus* und der Mensch. Doch die allerersten Dinosaurier sind noch einmal rund 90 Millionen Jahre vor *Stegosaurus* entstanden. Die Welt, in der *Plateosaurus* (ein Vorfahre der späteren Langhalsdinosaurier) gelebt hat, ist folglich eine völlig andere als die von *Stegosaurus,* und *Tyrannosaurus* hat wiederum in einer ganz anderen Welt gelebt als *Stegosaurus*. Die Herrschaft der Dinosaurier dauerte so unglaublich lange, dass ganze Kontinente währenddessen zerbrochen sind, sich Meere geöffnet und wieder geschlossen haben und komplette Ozeane entstanden sind. Und diese spannende Reise der Dinosaurier wird durch zwei der größten Massenaussterbeereignisse der Erde eingerahmt.

In beiden Fällen handelte es sich um globale Katastrophen. Warum ist das wichtig? Die Dinosaurier waren die erfolgreichsten Landlebewesen in der langen Geschichte der Erde. Keine andere Tiergruppe herrschte an Land so lange wie sie. Und trotzdem fielen sie am Ende der Kreidezeit einem Massenaussterben zum Opfer, das durch Veränderungen des Klimas und der Vegetation ausgelöst wurde. Ursächlich für diese Vernichtung war zwar der Asteroid, doch er tötete nur wenige Dinosaurier direkt. Alle anderen Tiere verendeten qualvoll in den Wochen und Monaten nach dem Impakt, nachdem sich der Himmel verdunkelt und die Temperaturen verändert hatten, die Wälder abstarben und die Nahrungspyramide kollabierte.

Und wem dieses Szenario bekannt vorkommt, der muss sich nicht wundern. Heute ist der Mensch sicherlich der erfolgreichste komplexe Organismus auf der Erde. Wir haben genau wie die Dinosaurier alle Kontinente besiedelt, behaupten uns genau wie sie gegen jeden Feind und nutzen alle Ressourcen der Erde – und gleichzeitig findet um uns herum der schnellste uns bekannte Klimawandel der gesamten Erdgeschichte statt, während wir mit einem beispiellosen Artensterben konfrontiert werden, dessen Tragweite noch nicht absehbar ist. Laut einer Schätzung aus dem Jahr 2019 ging die Anzahl der Vögel in Nordamerika seit 1970 um etwa drei Milliarden zurück, was etwa 30 Prozent der dortigen Population entspricht. In Deutschland nahm, nach Angaben des NABU, die Anzahl der Vogelbrutpaare von 97,5 Millionen im Jahr 1998 bis zu 84,8 Millionen im Jahr 2009 ab, was einem Rückgang um fünfzehn Prozent in nur elf Jahren entspricht. Noch nie in der Erdgeschichte sind so viele Vögel gestorben. Gleichzeitig hat sich die Zahl der Fluginsekten in Deutschlands Naturschutzgebieten in den letzten 27 Jahren um äußerst alarmierende 76 Prozent reduziert. Aber während wir uns über die Tatsache freuen, dass es nachts weniger Mücken gibt, sind fliegende Insekten die Hauptbestäuber für die meisten Nutzpflanzen und gleichzeitig ein wichtiger Beitrag zur Ernährung der meisten Vogelarten.

Die Ursachen für den Klimawandel am Ende der Kreidezeit sind andere als heute, doch das macht die aktuelle Situation nicht weniger brisant. Das Aussterben der Dinosaurier hatte extrinsische Auslöser, während für unsere gegenwärtige Lage anthropogene Einflüsse verantwortlich sind. Der Mensch selbst treibt den Klimawandel und das Artensterben voran.

Oft höre ich, dass manche Menschen nicht an den Klimawandel glauben, und sie glauben auch nicht, dass der Mensch maßgeblich dazu beiträgt. Der verheerende Artenschwund, den wir derzeit erleben, macht erstaunlich wenige Schlagzeilen. Dabei finden der Klimawandel und das Artensterben tatsächlich statt, man kann die Veränderungen in der Natur beobachten. Sie sind objektiv messbar und mit reproduzierbaren wissenschaftlichen Experimenten zu belegen, egal ob man daran glaubt oder nicht. Eine persönliche Meinung oder persönliche Ansichten sind hier unerheblich. Und wenn wir uns dafür entscheiden, die Warnzeichen zu ignorieren, verschwinden die Probleme nicht, sondern werden nur schlimmer.

DIE TRIAS

251,9 BIS 201,3 MILLIONEN JAHRE VOR HEUTE

Cymbospondylus youngorum
Omphalosaurus
Mixosaurier
Thalattoarchon
Ammoniten
Daonellen
Nautilus

Kapitel 1
Neues Leben im Meer

Ein alter Knacker: Omphalosaurus

Es ist Montagmorgen, der 26. September 2011, und ich steige wie schon seit einigen Tagen vom Basislager am Fuße der Augusta Mountains in Nevada, USA, zu unserer Grabungsstelle hinauf. Sie liegt etwa 500 Meter über dem Camp und es führen keine Straßen oder Wege dorthin, sondern nur ein Trampelpfad, den wilde Mustangs hinterlassen haben. Heute ist der Aufstieg besonders mühsam, denn ich trage neben Proviant, Fotoausrüstung und fünf Liter Wasser zusätzlich einen Sack Gips den Berg hinauf. Die ersten Kilometer konnten wir noch im Schatten des Berges aufsteigen, doch schon beim Erreichen des ersten Plateaus brennt die heiße Sonne auf uns herab. Hier gibt es keinen Schatten mehr, denn rundherum wachsen keine Bäume. Da es im Tal zu trocken ist, gedeihen dort unten nur der »Sagebrush«, der Wüsten-Beifuß, und Gräser, die mit ihren Widerhakenähren an Strümpfen, Schuhen und der übrigen Kleidung hängen bleiben und an der Haut scheuern. In den Augusta Mountains tauchen erst rund 1550 Meter über Meereshöhe Wacholderbüsche auf, und deutlich über 2000 Meter, fast schon am Gipfel des Cain Mountain, wachsen vereinzelt knochige, knorrige Pinyon-Kiefern und der sogenannte *Mormon Tea* (*Ephedra*). Dieses Phänomen wird als inverse Baumgrenze bezeichnet. In den Alpen ist es genau andersherum – dort stehen die Bäume im Tal und je höher man hinaufsteigt, umso seltener werden sie, bis sie zwischen 1800 und 2200 Metern über Meereshöhe ganz verschwinden.

Vom ersten Plateau aus kann man unser Lager noch sehen und über Walkie-Talkie mit dem Camp kommunizieren. 2011 gab es an diesem Ort keinen Handyempfang. Aber man hat sowieso keinen Strom, um das Handy aufzuladen, und auch kein fließendes Wasser. Wir haben dieses Plateau *Red Nose Point* getauft, weil der Boden hier eine rötliche Farbe hat. Angeblich taucht hin und wieder ein Puma in dieser Gegend auf, aber außer trockenem Puma-Kot haben wir nichts entdeckt, da die Farmer traurigerweise Jagd auf diese schönen Tiere machen, obwohl sie keine Viehzüchter sind.

Die letzten Tage stecken mir in den Knochen, denn ich habe Schaufeln und Spitzhacken den Berg hinaufgeschleppt, und ich frage mich insgeheim, wieso ich mir das in meiner Freizeit antue? Klar, ich kenne unseren Plan, wir wollen Fischechsen, sogenannte Ichthyosaurier, bergen. Aber dafür muss man doch nicht um die halbe Welt reisen. Ichthyosaurier gibt es auch in England und in Deutschland. In Holzmaden, südöstlich von Stuttgart, liegt eine der berühmtesten Fundstellen dieser Urzeittiere, direkt neben der Autobahn. Wieso also steile Berge in der nordamerikanischen Wüste hinaufklettern? Wozu die ganze Plackerei? Und warum sind diese Fischechsen überhaupt auf einem Berg zu finden? Das ist eines der spannendsten Rätsel der

Evolution der Wirbeltiere, wie ich im Folgenden ausführen werde.

Die Gesteine der Augusta Mountains wurden vor fast 250 Millionen Jahren am Grund eines riesigen Ozeans abgelagert, und darin eingeschlossen liegen die Überreste der ersten Fischechsen. Und obwohl die Paläontologie Ichthyosaurier schon seit rund 200 Jahren kennt, wissen wir bis heute nicht genau, wie sie entstanden sind. Das erste vollständige Skelett eines Ichthyosauriers wurde 1811 von der zwölfjährigen Mary Anning in Lyme Regis, an der Südküste Englands, gefunden. Das war dreizehn Jahre, bevor der allererste Dinosaurier wissenschaftlich beschrieben wurde. Wir wissen zwar, dass es sich bei Ichthyosauriern um Reptilien handelte und dass ihre Vorfahren an Land lebten – wer diese Vorfahren allerdings waren, ist bis heute ein Rätsel.

Was die Lösung dieses Rätsels so schwierig macht, ist das stark abgeleitete Skelett der Ichthyosaurier. Die Form ihrer Knochen hat sich im Laufe ihrer Evolution stark umgewandelt und unterscheidet sich infolge ihrer guten Anpassung an das Leben im Meer deutlich von ihren landlebenden Vorfahren. Sie besaßen keine Hände oder Füße mehr, sondern flossenartige Gliedmaßen, und ihr Kopf war lang und an der Schnauze spitz zulaufend, wodurch er eine bestmögliche Aquadynamik erreichte. Die Halsregion war kurz, und auf das Hinterhaupt folgte unmittelbar der Schultergürtel. Diese Tiere waren perfekt an das Leben im offenen Meer angepasst, und spätere Formen wurden durch ihre Schwanzflosse, die der von Haien ähnlichsah, und ihren torpedoförmigen Körperbau zu ausdauernden und schnellen Schwimmern. Am Ende bewegten sie beim Schwimmen nur noch ihre Schwanzflosse, während der Rest des Körpers steif blieb. Selbst die Seitenflossen dienten nicht mehr zur Fortbewegung, sondern nur noch zur Stabilisierung im Wasser und zum Manövrieren. Wenn der Vortrieb ausschließlich durch einen kräftigen Schlag der Schwanzflosse erzeugt wird, nennt man diese Fortbewegungsweise *thunniform*. Haie, Delfine und Thunfische, von denen dieser Name abgeleitet ist, bewegen sich auf die gleiche Art. Die ähnliche Körperform ist jedoch kein Hinweis auf eine enge Verwandtschaft, sondern deutet lediglich auf eine ähnliche Lebensweise und die Anpassung an das dichte Medium hin, in dem sie sich fortbewegen. Das Leben im offenen Meer zwang diese Tiere im Laufe ihrer Evolution, die gleiche Körperform anzunehmen, weil der Wasserwiderstand viel stärker ist als der Luftwiderstand an Land. Der Evolutionsdruck auf die Stromlinienform ist bei Meeresbewohnern besonders groß, weshalb die Tiere sich dort stärker ähneln. Wenn völlig unterschiedliche Tiere sich zu einem gleichen Körperbau hin entwickeln, spricht man von einer konvergenten Entwicklung. Der Körperbau der Ichthyosaurier war so stark von ihrem Leben im Meer beeinflusst, dass er nicht mehr mit dem ihrer Vorfahren vergleichbar war, sodass man diese Vorfahren auch nur schwer identifizieren und finden kann. Nicht zuletzt, weil sie an Land gelebt haben und somit auch nicht im gleichen Sedimentgestein vorkommen wie ihre schwimmenden Nachfahren.

Die Entstehung der Ichthyosaurier ist besonders faszinierend und mysteriös, da wir diese Tiere bereits in Gesteinen finden, die 250 Millionen Jahre alt sind. Es gibt keine Funde im Erdaltertum, vor der Trias – aber etwa eine Million Jahre nach dem verheerendsten Massenaussterben, das die Welt je gesehen hat, tauchen plötzlich die Ichthyosaurier auf. Und zwar schlagartig und massenhaft! In China und Japan, auf Spitzbergen und hier in Nevada sehen wir im Fossilbericht Hunderte, vielleicht sogar Tausende Fossilien dieser Meeresreptilien. Woher sie stammen, weiß keiner so genau. Aber diese Tiere sind alle vollständig an das Leben im Meer angepasst. Nun mag eine Million Jahre aus Sicht des Menschen nach einer unvorstellbar langen Zeit klingen, doch in Anbetracht der langen Entstehungsgeschichte des Lebens auf unserem Planeten und der Folgenschwere des Massenaussterbens am Ende des Perms ist das nicht mehr als ein Wimpernschlag. Insbesondere, wenn man bedenkt, dass sich ihre Skelette in dieser relativ kurzen Zeitspanne vollständig umgewandelt haben, dass aus ihren Händen Flossen wurden und sie sich von eierlegenden Landbewohnern zu lebendgebärenden Hochseeschwimmern entwickelten. In den Augusta Mountains von Nevada finden wir einige der ältesten Ichthyosaurier, wie sie sonst nur in der Nähe der chinesischen Stadt Hefei, knapp 500 Kilometer westlich von Shanghai vorkommen. Der Erhaltungszustand der Tiere in Nevada ist meist gut, Knochen und Skelette sind sogar dreidimensional überliefert. Im deutschen Holzmaden wurden Fossilien der Fischechsen im Laufe der Jahrmillionen hingegen als Folge der Gesteinsumwandlung plattgedrückt. Die Gesteinsschichten in Nevada liegen nicht ganz horizontal, sondern tauchen nach Süden hin leicht ab. So können wir, wenn wir nach Norden wandern, von einem Canyon zum nächsten, quasi durch die Zeit zurückreisen, immer ältere Gesteine anschauen und uns allmählich an die Perm-Trias-Grenze herantasten. Das Gebirge erstreckt sich von Norden nach Süden, und unsere

Grabungsexpedition führt uns in zwei Canyons: in den Favret Canyon, dessen Gestein aus der Mitteltrias stammt, und den weiter nördlich gelegenen Mustang Canyon mit Sedimenten aus der älteren Untertrias.

Inzwischen ist es Mittag, die Sonne knallt noch heißer vom Himmel, und ich esse unter einem großen Wacholderbusch mein Sandwich. Eine kleine Echse schielt von einem Stein aus neidisch auf das belegte Brot. Diese Tierchen sind kaum größer als Zauneidechsen, aber mit den großen Leguanen verwandt. Sie haben einen sandfarbenen Körper mit braunen Punkten und knallgelbe Füße. Am Hals finden sich zwei auffällige schwarze Bänder, die durch einen weißen Streifen voneinander getrennt sind. Man nennt diese Echsen *Great Basin Collared Lizard* und ich finde sie ausgesprochen hübsch. Das »Große Becken« (*Great Basin*) in ihrem Namen bezieht sich auf die geologische Struktur, in der sich auch die Augusta Mountains befinden. Es liegt im Westen der USA und reicht von Oregon im Norden bis nach Mexiko im Süden.

Ich trinke aus meiner Gallone noch einen großen Schluck Wasser, in das ich am Morgen blaues Gatorade-Pulver gemischt habe. In der Gebirgswüste hier ist die Luft so trocken, dass man gar nicht merkt, wie stark man schwitzt, weil der Schweiß sofort verdunstet. Man muss also sehr darauf achten, ausreichend zu trinken – besonders wenn man hier eine körperliche Arbeit verrichtet. Jetzt geht es weiter. Vor mir liegen elf große Steine, die aneinandergereiht etwa drei Meter lang sind und zusammen eine wurstförmige Konkretion bilden.

Als **Konkretion** bezeichnet man ein Mineral-Aggregat, das oft rund oder kugelförmig ist. In diesem Fall war es besonders lang und schmal, flach und oval. Es bestand aus einem harten feinkörnigen Sediment, das durch Porenwasser verbacken wurde und im Lauf der Zeit von einem Kristallisationsmittelpunkt aus nach außen gewachsen ist.

Bei dieser Konkretion bildet den Kristallisationsmittelpunkt ein marines Reptil, das wir in den Tagen zuvor ausgegraben haben. Es heißt *Omphalosaurus* und ist ein äußerst ungewöhnliches Tier. Die Konkretion misst zwar nur rund drei Meter in der Länge, aber da der Schwanz des Tieres fehlt, könnte es ungefähr fünf Meter lang gewesen sein. Trotz der enormen Größe war es vermutlich kein Räuber, der an der Spitze der Nahrungskette stand, sondern ernährte sich überwiegend von hartschaligen Tieren wie den häufig vorkommenden Ammoniten. Sie sind frühe Vertreter der Tintenfische, also Kopffüßer, aus deren Gehäuse wie bei dem heute noch lebenden *Nautilus* nur der Kopf und die Arme herausragen. Wir kennen die Ernährungsgewohnheiten der Omphalosaurier, weil sie ein sogenanntes Knackgebiss hatten, mit dem sie die dicken Schalen der Ammoniten zerquetschen oder aufbrechen konnten. Die Form und Anordnung der pilzförmigen Zähne geben den Paläontologen jedoch bis heute Rätsel auf, sie zählen zu den ungewöhnlichsten Zähnen im ganzen Tierreich.

Als wir das Tier endlich freigelegt haben, sind wir begeistert. Das Fossil ist besser erhalten, als es zunächst den Anschein hatte. Vor uns liegt ein vollständiges Skelett dieser Tiergruppe, wie es bisher noch nie ausgegraben wurde.

Martin war vor ein paar Jahren genau an dieser Stelle und hat ein paar kleine Knochenstücke aus dem Felsen ragen sehen. Leider hatte er damals nicht genug Zeit, um das Tier zu bergen, und konnte es kaum erwarten, wieder hierher zurückzukehren. Er wusste sofort, was er da gefunden hatte, denn er ist einer der führenden Experten für diese rätselhafte Tiergruppe und kennt die Anatomie der Omphalosaurier wie kein Zweiter.

Martin, das ist Professor Martin Sander von der Universität Bonn, der 2011 mein Lehrer und Mentor war und meine Diplomarbeit betreute. Er ist mein großes Vorbild und kennt die Augusta Mountains wie seine Westentasche. Zum Team gehören außerdem Lars Schmitz, der damals an der University of California in Davis unterrichtete, Martins Doktorand Koen Stein, der inzwischen an der Freien Universität in Brüssel beschäftigt ist, Herman Winkelhorst, ein holländischer Experte für marine Reptilien, und ich.

Jetzt sind wir zufrieden und legen uns der Reihe nach langgestreckt neben dem Tier auf den Boden, um Größenmaßstabsfotos zu machen, bevor die Gesteinsblöcke eingegipst werden. Diesen Moment zu beschreiben, fällt mir nicht leicht, denn auch wenn nicht alle meine Begeisterung für Ichthyosaurier oder Dinosaurier teilen, ist es sicher für jeden Menschen überwältigend, neben einem Fossil zu stehen oder zu liegen, das fast eine Viertelmilliarde Jahre lang im Felsen eingeschlossen war und das wir mit eigenen Händen ausgegraben haben. Wir sind die ersten Menschen, die einen Blick auf dieses Tier werfen können. Es ist einst auf den Grund des Meeres gesunken und wurde vom Schlamm eingebettet, noch bevor die Dinosaurier auf der Erde umherstreiften. Seither sind ganze Kontinente Tausende von Kilometern auseinandergedriftet, Ozeane haben sich aufgetan und wieder geschlossen, gewaltige Gebirge türmten sich auf und wurden wieder abgetragen. Plattentektonik und Gebirgsbildung haben dafür gesorgt, dass ehemaliger Meeresgrund zu einem Gebirge angehoben wurde. Diese gewaltigen Vorgänge rücken meinen Blick auf die Welt und meinen Platz darin ordentlich zurecht. Eine Viertelmilliarde Jahre – das ist unfassbar!

Wir sind aber nicht hier, um Rekorde zu brechen, sondern versuchen Hinweise für die Lösung eines der größten Rätsel in der Wirbeltierpaläontologie zu finden. Warum gab es so kurz nach dem Massenaussterben am Ende des Perms schon wieder eine derart komplexe und diverse Wirbeltierfauna in den Meeren der Unteren und Mittleren Trias, und woher kamen diese Tiere?

Das Sediment, in dem wir den *Omphalosaurus* gefunden haben, stammt eindeutig aus dem küstenfernen, offenen Meer. Das zeigen auch die vielen anderen Ichthyosaurierarten ohne Knackgebiss, die in dieser Gegend vorkommen. Dass es sich bei *Omphalosaurus* ebenfalls um einen Ichthyosaurier handelte, war nicht für jeden klar. Der Japaner Ryosuke Motani, Professor für Paläontologie an der University of California in Davis, äußerte beispielsweise 2011 erhebliche Zweifel an dessen Zugehörigkeit zu den Fischechsen, denn *Omphalosaurus* war kein gewöhnlicher Ichthyosaurier. Funde dieses Tieres sind weltweit selten und fast immer bruchstückhaft. *Omphalosaurus* hatte wahrscheinlich nicht die charakteristische Schwanzflosse seiner Verwandten und bewegte sich noch schlängelnd durch das Wasser. Da er auch flossenartige Paddel, einen stromlinienförmigen Körper und eine langgestreckte Schnauze besaß, war er nicht in der Lage, an Land zu gehen. *Omphalosaurus* ernährte sich aber von hartschaligen Tieren und nicht von Fischen wie andere Ichthyosaurier. Lange Zeit gab er den Forschern daher Rätsel über seinen Ursprung und seine Zugehörigkeit auf. Vor allem, weil Funde dieses Tiers meist nur aus Kieferfragmenten mit knolligen oder kugeligen Zähnen bestanden, deren Zahnschmelzkuppen wie die Hüte von Pilzen aussahen. Charakteristische Skelettelemente, die nur bei Fischechsen vorkommen und durch die man ihn eindeutig als eine solche hätte identifizieren können, fehlten in der Regel. Eine Zuordnung im Tierreich war also schwierig. Diese Zähne sind nämlich völlig untypisch für Fischechsen. Sie könnten sogar leicht mit denen der sogenannten Pflasterzahnechsen aus dem Germanischen Becken verwechselt werden. Dort lag zur Zeit der Unteren und Mittleren Trias ein Flachmeer, in dem diese Echsen häufig vorkamen. Sie hatten ebenfalls ein Knackgebiss, ihre Zähne waren aber ganz anders angeordnet. Wenn man nur einen Teil des Schädels findet und das Gaumendach fehlt, ist dieses Unterscheidungsmerkmal nicht gegeben. Untersuchungen mit einem Rasterelektronenmikroskop können höchstens Unterschiede am Zahnschmelz offenbaren.

Im Jahr 2011 war die Diskussion, um welches Tier es sich bei *Omphalosaurus* genau handelte und in welchem Ökosystem er vorkam, jedenfalls noch nicht völlig abgeschlossen. Martin plädierte für eine Zugehörigkeit zu den Ichthyosauriern und eine Lebensweise im offenen Meer. In den Augustabergen lag der Beweis dafür jetzt direkt vor uns. Der japanische Kollege hatte die Affinität zu den Ichthyosauriern angezweifelt und sah auch Lücken bei der Interpretation des Lebensraums. Das war für Martin damals schwer zu beweisen gewesen. Wir kannten *Omphalosaurus* zwar aus Nevada und Spitzbergen, was eindeutig ein vollmarines Signal war, doch in Gesteinen gleichen Alters aus der Anhui-Provinz in China fehlte *Omphalosaurus*. Hier gab es keine Berichte über Funde, obwohl diese Sedimente eine ähnliche Ablagerungsgeschichte hatten. Zusätzliches Kopfzerbrechen bereiteten uns zwei Funde aus dem Germanischen Becken, denn das war ein völlig anderer Lebensraum. Dort dürften eigentlich gar keine Omphalosaurier vorkommen, da das Meer flach war und andere Ichthyosaurier vollständig fehlten. Stattdessen gab es dort Pflasterzahnechsen, die bei allen anderen *Omphalosaurus*-Fundstellen fehlten und wahrscheinlich mit ihnen um Nahrungsressourcen konkurrierten.

Das Vorkommen von Omphalosauriern im Flachmeer des Germanischen Beckens machte wenig Sinn, und in fast 200 Jahren wurden dort bis auf diese beiden Fragmente nie weitere Omphalosaurier gefunden. Viele Hinweise deuten außerdem darauf hin, dass die Nahrung von *Omphalosaurus* nur im offenen Meer, weitab von der Küste, vorkam. Er ernährte sich von hartschaligen Organismen, die allesamt freischwimmend waren, und nicht etwa von sesshaften Muscheln oder Korallen, wie sie die Pflasterzahnechsen im Germanischen Becken wohl gefressen haben. Weltweit erholten sich die Korallen nur sehr langsam vom permischen Massensterben, und erst rund zehn Millionen Jahre nach dem Perm-Trias-Übergang hatten sich die Korallenriffe wieder vollständig regeneriert. Im Flachmeer ging dieser Prozess etwas schneller vonstatten.

In den Gesteinen Nevadas gibt es jedenfalls keinerlei Hinweise auf Korallen oder Muschelriffe. Das Sediment be-

steht aus Meeresboden aus dem offenen Meer. Es gibt nicht einmal Hinweise auf Würmer oder andere Organismen, die den Boden am Meeresgrund durchwühlt hätten. Solche Bodenbewohner bezeichnet man auch als Benthos, und das Wühlen, Zerfurchen oder Graben am oder im Boden wird Bioturbation genannt. In dieser Gegend gab es allerdings keine Bioturbation, kein Benthos und keine Korallen. Der Meeresgrund war tot. Er bestand nur aus schwefligem Schlick ohne Sauerstoff. Stattdessen fanden sich dort Myriaden von frei in der Wassersäule schwimmenden Muscheln, sogenannte Daonellen und Kopffüßer.

Die **Wassersäule** ist ein gedachter abgegrenzter Wasserkörper von der Oberfläche eines Gewässers bis zum Boden, mit dem man unter anderem biologische Zustände und Vorgänge in Seen oder im Meer modellhaft beschreiben kann, wofür man auch biologische Kennwerte wie das Vorkommen von Mikro- und Makroorganismen heranzieht.

Im Wasser selbst war die Situation nicht viel besser, denn auch hier gab es sauerstofffreie und sauerstoffarme Zonen. Die Gesteine, die das belegen, sind die sogenannten Schwarzschiefer. Die Daonellen und Ammoniten konnten mit diesem sauerstoffarmen Milieu offenbar besser umgehen als andere Tierarten, sodass dieser Lebensraum größtenteils artenarm war. Die wenigen Tierarten, die mit den widrigen Bedingungen hier zurechtkamen, traten jedoch massenhaft auf.

Die anoxischen Verhältnisse erklären vielleicht auch, warum wir bei unserer Grabung zwar zehn oder mehr Ichthyosaurier gefunden haben, aber vergleichsweise wenige Fische, die den Sauerstoff durch ihre Kiemen direkt aus dem Meer erhalten. Wenn er dort fehlt, können sie nicht überleben. Ichthyosaurier sind, genau wie Wale oder Delfine, vom Sauerstoffgehalt im Meer unabhängig und atmen nach dem Auftauchen den Luftsauerstoff. Die Bedingungen für die Fischechsen waren nicht gerade optimal, doch der niedrige Sauerstoffgehalt im Meer behinderte ihre Entwicklung nicht, solange sie genügend zu fressen hatten. Die lokale Geschichte in Nevada schien also klar, auch wenn das Rätsel um das Fehlen von *Omphalosaurus* in China und seine vermeintliche Anwesenheit im Germanischen Becken nach wie vor ungelöst blieb.

Erst die Studie eines Teams aus Bonn um die Paläontologin Tanja Wintrich, die sechs Jahre nach unserer Grabung in Nevada die zwei Kieferfragmente aus dem Germanischen Becken untersuchte, die man *Omphalosaurus* zugeordnet hatte, trug zur Klärung des Sachverhalts bei. Sie setzte ein Rasterelektronenmikroskop und Computertomografie ein, um die komplexe Mikrostruktur des Zahnschmelzes und den Aufbau der Zähne im Kiefer dieser beiden Fundstücke sichtbar zu machen. Bei einem Stück aus der Unteren Mitteltrias in Ostpolen lieferten die Merkmale des zahntragenden Fragments den eindeutigen Beweis dafür, dass es sich bei dem Kiefer tatsächlich um den eines *Omphalosaurus* handelte. Darauf wiesen die Form der Zähne, die

Morphologie der Zahnschmelzoberfläche, die einzigartige Zahnschmelzmikrostruktur und der sonderbare Zahnwechsel hin, den es so nur bei *Omphalosaurus* gab. Die Zähne des Tieres sind in der Tat verblüffend. Sie scheinen fast willkürlich aus dem Kiefer hervorzubrechen. Die Mikrocomputertomografie zeigt, dass unter den funktionalen Zähnen noch mindestens zwei weitere Generationen schlummern. Sie liegen aber nicht direkt unter den eruptierten Zähnen, sondern versetzt, ohne erkennbare Zahnwurzeln, und wachsen nicht aus Taschen heraus, sondern stecken einfach wahllos im Kiefer. Weil wir diesen Zahnaufbau noch nicht vollständig verstehen, spricht Tanja immer vom enigmatischen *Omphalosaurus*.

Das andere Stück aus dem Muschelkalk bei Rüdersdorf nahe Berlin stellte sich als Fragment des linken Oberkiefers einer Pflasterzahnechse heraus. Hier fehlten die charakteristischen Mikrostrukturen im Zahnschmelz, die Form und die Anordnung der Zähne im Kiefer waren ebenfalls abweichend. Nun ergab die Geschichte schon eher Sinn. Der flache Teil des Germanischen Beckens war also tatsächlich frei von Omphalosauriern, während der Fund im Osten Polens an einer Meerespforte lag, die das Germanische Becken des Muschelkalks mit dem offenen Meer der Tethys verband. Das Tier hatte sich vielleicht verirrt oder sich zu weit ins Becken vorgewagt, bevor es dort verendete.

Abgerundet wurde die Geschichte dann, als Martin 2020 erfuhr, dass in der Anhui-Provinz sehr wohl Zähne von Omphalosauriern gefunden worden waren und das sogar schon vor geraumer Zeit. Warum die Kollegen dort nicht von diesen Funden berichtet hatten und warum es keine wissenschaftlichen Artikel darüber gibt, ist schwer zu verstehen.

Von alldem wussten wir aber noch nichts an diesem Montag im Frühherbst 2011. Ich machte eine Zeichnung von der Lage der einzelnen Gesteinsbrocken zueinander, damit die Präparatoren sie später im Labor wieder richtig anordnen konnten. Danach durfte ich die Blöcke mit in Gips getauchten Bandagen einwickeln und Sackleinen darum schnüren. So waren sie für den Abtransport geschützt. Dafür kam extra ein Hubschrauber aus Winnemucca, der sie in einem riesigen Netz hinunter ins Tal flog. Koen und ich waren mit dem Piloten namens Ted, einem alten Vietnamveteranen, vom Basislager zur Grabungsstelle hinaufgeflogen. Der Aufstieg, für den wir sonst Stunden brauchten, geschah nun in drei Minuten. Ted landete das Fluggerät an einer kahlen, flachen Stelle, etwa 100 Meter vom *Omphalosaurus* entfernt. Er hielt nur so lange, bis Koen und ich aus dem Cockpit gehüpft waren und uns flink und gebückt unter den laufenden Rotorblättern weit genug entfernt hatten. Dann mussten wir die Steine ins Netz laden und es mit einem großen Haken an einem Seil befestigen, das vom Bauch des Hubschraubers herunterhing. Während er sich erneut von oben näherte, trugen wir Ohrenschützer und trotzdem war der Lärm noch beachtlich. Wir harrten neben dem Netz aus, bis der Hubschrauber nah genug war. Die Rotorblätter wirbelten Staub auf, und unsere Handgriffe mussten schnell und präzise ausgeführt werden, damit Ted schnell weiterfliegen konnte. Das Einhaken dauerte nur wenige Augenblicke und schon flog er mit der wertvollen Fracht davon. Wir liefen schnell zu einer Abbruchkante und beobachteten den Hubschrauber, der nun unter uns durch den Favret Canyon ins Tal flog. Was für ein eindrucksvoller Anblick! Wir folgten dem Hubschrauber zu Fuß und stiegen durch den Canyon ab. Auf halbem Weg kamen wir an einer weiteren markanten Stelle vorbei, die wir *Beer Point* getauft hatten. Von diesem Aussichtspunkt aus konnte man nämlich erstmals das Basislager sehen und das kühle Bier erahnen, das in einer Kühlbox dort auf uns wartete. Heute hatten wir es uns redlich verdient.

Nevadas Ichthyosaurier: Alles nur eine große Familie

Am Lagerfeuer des Basislagers aßen wir später zu Abend und tranken Wasser und ein paar Flaschen Bier. Für gewöhnlich kauften wir die günstigste Biersorte. Einmal entdeckte Lars im Supermarkt ein lokales Bier, auf dessen Label ein Ichthyosaurier abgebildet war, und er kaufte ein Sixpack davon. Es hieß *Ichthyosaur India Pale Ale* oder kurz *Icky* und stammte von der *Great Basin Brewery*. Es machte uns stutzig, dass die Brauerei eine geologische Struktur in ihrem Namen trug und ein Bier mit einem Etikett anbot, auf dem das Fossil dieses Bundesstaates abgebildet war. In den USA hat jeder Bundesstaat ein Motto, eine Blume, ein Tier oder sogar ein entsprechendes Fossil. Nevadas Fossil ist der Ichthyosaurier *Shonisaurus*, eine riesige walähnliche Fischechse aus der Oberen Trias.

Da unser Flieger ohnehin von Reno abhob, beschlossen wir, vor unserer Abreise auf jeden Fall noch einen Abstecher ins Brauhaus zu machen. Jetzt aber saßen wir noch am langsam erlöschenden Feuer und sprachen über die gute Arbeit und die zweite große Bergung, die wir für die kommenden Tage geplant hatten: Wir wollten das Meeresungeheuer der Augusta Mountains ausgraben, das wir an der Nordflanke des Favret Canyons entdeckt hatten. Dieses Monster war so riesig und hatte ein so großes Maul, dass es keine Fische, sondern andere Ichthyosaurier gefressen haben musste. Irgendwann räusperte sich Herman, weil er ein Kratzen im Hals spürte. Und als Koen und wenig später auch ich selbst dieses Kratzen verspürten, wussten wir: Es war höchste Zeit für unsere »Medizin«. Lars holte eine Flasche Tennessee Whiskey hervor, und nachdem jeder von uns einen kräftigen Schluck getrunken hatte, ließ das Kratzen sofort nach. Rein prophylaktisch nahmen auch Martin und Lars einen Schluck. Um uns war es inzwischen finster geworden, und bei dem klaren Himmel bot sich ein fantastischer Blick auf die Milchstraße. Dieser Ort war so abgeschieden und frei von Lichtverschmutzung, dass die Sterne strahlend am Himmel leuchteten wie in keiner anderen Gegend, die ich bis dahin kannte. Diese Abende am Feuer, an denen ich körperlich erschöpft, aber zufrieden mit meinem Tagwerk war, diese unverfälschte Natur, die Kameradschaft und die bedeutenden Funde machen die Augusta Mountains bis heute zu einem ganz besonderen Ort für mich.

Das große Monster, das wir ausgraben wollten, lag im Favret Canyon nahe der Stelle, wo wir zuvor den *Omphalosaurus* geborgen hatten, etwa 50 Meter tiefer an einem steilen Abhang. Die Gesteinsschichten stammen aus dem Anisium, der untersten Mitteltrias, und sind etwa 246 Millionen Jahre alt. Aus dem Berg stachen die runden Rückenwirbel des Tieres heraus, sie kullerten geradezu den Hang hinab. Die Rückenwirbel der Ichthyosaurier sind sehr markant: Bei senkrechter Draufsicht wirken sie kreisrund, und im Querschnitt sehen sie wie eine Sanduhr aus. Wir vermuteten, dass es sich bei diesem riesigen Tier um einen *Thalattoarchon* handelte. Das war ein gewaltiger Räuber, rund neun Meter lang und mit einem riesigen Schädel. Seine spitzen Zähne waren seitlich abgeflacht und maßen mindestens zwölf Zentimeter. Vorn und hinten hatten sie eine sägezahnartige Kante (Serration), mit der das Tier beim Zubeißen wie mit einem Steakmesser durch das Fleisch seiner Beute schneiden konnte. *Thalattoarchon* heißt mit vollem Namen *Thalattoarchon saurophagis,* was »der echsenfressende Herrscher der Meere« bedeutet. Ein vortrefflicher Name, wie ich finde.

Thalattoarchon war der allererste uns bekannte Spitzenräuber der Meere. Er konnte außerordentlich große Beute jagen und sie mit seinen Zähnen töten. Sein Gebiss war so konzipiert, dass er diese Beute nicht nur einfach herunterschlucken musste, wie das die meisten Fische tun, sondern große Fleischstücke davon abbeißen konnte. Bei *Thalattoarchon* waren die Zähne so geformt, dass sie zum Fangen und Fressen kleinerer Beute ungeeignet waren. Er war also darauf angewiesen, andere Fischechsenarten zu fressen, wie sein bildlicher Name verrät. Man kann seine Lebensweise vielleicht mit der heutiger Orcas vergleichen. Solche Jäger, die sehr große Beute töten können und an der Spitze der Nahrungskette stehen, werden auch als Apex-Räuber bezeichnet, und ihre Lebensweise hat weitreichende Auswirkungen auf das Ökosystem. Damit eine gesunde Population von Jägern aufrechterhalten werden kann, müssen die Beutetiere bis zu hundertmal häufiger vorkommen als ihre Jäger. Auf hundert Zebras in der Savanne darf statistisch nur etwa ein Löwe kommen. In den Meeren ist das Verhältnis zwar anders als bei Landlebewesen, trotzdem müssen Tiere, die Raubtieren als Nahrung dienen, in ausreichender Anzahl verfügbar sein, bevor die ökologische Nische des Jägers überhaupt besetzt werden kann. Man spricht hier von verschiedenen Trophieebenen.

> Die **Trophieebene** beschreibt die Stellung eines Organismus innerhalb der Nahrungskette. Die Nahrungskette folgt einer bestimmten Reihenfolge, an deren Anfang die sogenannten Primärproduzenten stehen, das sind Lebewesen, die Fotosynthese betreiben und sich nicht von anderen Tieren ernähren. Zu diesen fotosynthetischen Organismen gehören Landpflanzen und Algen oder Flechten. Sie stehen auf der ersten Trophieebene. Pflanzenfresser, wie zum Beispiel Schafe oder Kühe, werden als Konsumenten erster Ordnung bezeichnet und stehen auf der nächsten Trophieebene. Ihnen folgen die Konsumenten zweiter Ordnung, das sind Fleischfresser, die sich von Pflanzenfressern ernähren. Viele Ökosysteme gehen über diesen Komplexitätsgrad nicht hinaus. Den Konsumenten zweiter Ordnung folgen dann nur noch Destruenten wie Schimmelpilze oder Bakterien, die totes organisches Material und Exkremente zersetzen und deren Nährstoffe wieder dem Boden und dem Wasser zuführen und damit den Pflanzen zur Verfügung stellen.

Thalattoarchon stellte mindestens einen Konsumenten dritter Ordnung dar, also einen Fleischfresser, der sich von anderen Fleischfressern ernährte. Weil von einer Trophieebene zur nächsten deutlich weniger als zehn Prozent der Energie übertragen werden kann, gibt es keine Ökosysteme, die über fünf Trophieebenen hinausgehen. Es wird irgendwann, energetisch gesprochen, unwirtschaftlich, Raubtiere zu jagen und zu fressen, weil es so wenige von ihnen gibt und die Chancen auf einen Jagderfolg deshalb immer kleiner werden. Ganz abgesehen davon, dass sich Raubtiere in der Regel besser wehren und verteidigen können als Pflanzenfresser. Deshalb ist es absolut verblüffend, einen *Thalattoarchon* in einer Welt zu finden, die kurz nach dem Massenaussterben am Ende des Perms schon ein komplexes Nahrungsnetz entwickelt hatte. Das wäre etwa so, als gäbe es einen Superlöwen, der andere Löwen frisst. So etwas kommt im heutigen Tierreich nicht vor.

Als wir 2011 an diesem Nordhang standen und mit der Hacke einige Kubikmeter Dreck wegschaufelten, war uns noch nicht klar, wie sich die Ichthyosaurier so schnell diversifizieren und so viele ökologische Nischen belegen konnten. In diesem Moment erhofften wir uns nur, einen möglichst gut erhaltenen Schädel des Tieres vorzufinden.

Bei dem bis dahin einzigen geborgenen Exemplar eines *Thalattoarchon* fehlte die Schnauzenspitze, aber hier erhofften wir uns mehr Glück. Wir gruben in den Berg hinein und fanden zunächst den vorderen Teil der Wirbelsäule, den Schultergürtel, die Oberarmknochen der flossenartigen Vordergliedmaßen und das Hinterhaupt des Tieres, und es war bald klar, dass der Schädel vollständig erhalten war. Der Kopf steckte aber noch waagerecht mit der Schnauze im Berg. Das bedeutete, dass wir etwa zwei Meter Deckschutt abtragen und uns gut drei Meter in den Hang hineinarbeiten mussten. Wir gruben mit Schaufeln und Spitzhacken bis zu einer dicken weißgrauen Tuffschicht und dann weiter bis etwa zwanzig Zentimeter über der Konkretion, in der dieses Tier gefangen lag. Auf dieser Ebene gab es eine zweite, dünne, orangefarbene Schicht aus vulkanischem Tuff. Diese diente uns im Gelände als nützliche Markierung. Wenn wir den Tuff an anderer Stelle sahen, wussten wir, dass die Gesteine gleich alt waren und dass darunter fossilführende Sedimente lagen, womit die Wahrscheinlichkeit stieg, weitere Ichthyosaurier zu finden. Vulkanische Tuffe waren auch für die absolute Altersbestimmung der Gesteine wichtig.

Bei **Tuffen** handelt es sich um Eruptivgestein, das bei Vulkanausbrüchen aus dem Berg geschleudert wird und sich großflächig verteilen kann. Es besteht meist aus vulkanischer Asche und kleinen Gesteinsfragmenten, die durch die extreme Hitze miteinander verbacken wurden. Darin eingeschlossen, finden wir häufig Zirkone, die für eine radiometrische Datierung herangezogen werden können. Wenn man die darin befindlichen radioaktiven Elemente untersucht, die natürlichen Zerfallsprozessen unterworfen sind, kann man das Alter dieser Schichten sehr genau bestimmen.

Da das Fossil, das wir gerade ausgruben, unmittelbar unter einer Tuffschicht lag, konnten wir später im Labor sein Alter mit hoher Genauigkeit feststellen. Das war insofern wichtig, als weitere Leitfossilien, wie zum Beispiel Conodonten, Muscheln, Seelilien, Kalkalgen und Muschelkrebse, hier vollkommen fehlten – nur die Ammoniten nicht, die ebenfalls für die Altersbestimmung der Trias herangezogen werden können.

Neben den Ichthyosauriern bildeten die Ammoniten eine der Gruppen, die sich nach der Perm-Trias-Katastrophe am schnellsten erholten. Schon rund eine Million Jahre nach dem »Großen Sterben« waren sie weltweit wieder zahlreich vertreten. Man nimmt an, dass vermutlich nur zwei Gattungen dieser Kopffüßer das Massenaussterben am Übergang zur Trias überlebt haben, doch bereits in der untersten Trias lassen sich schon wieder über hundert Gattungen belegen. Damit ist eine sehr feine biostratigrafische Gliederung der Untertrias möglich.

Die **Biostratigrafie** basiert auf dem Prinzip der Fossilfolge und gliedert Gesteinseinheiten mithilfe von Fossilien, wobei die Fossilfolge besagt, dass eine Fossiliengemeinschaft im Laufe der Zeit von einer anderen ersetzt wird. Ist ein Fossil einmal ausgestorben und aus der Gesteinsabfolge verschwunden, kehrt es in der Stratigrafie nie mehr zurück.

Unserem Kenntnisstand nach gab es damals außer unseren Tuff-Funden aber keine weiteren Belege für vulkanische Asche in der Region. Wir konnten mit diesen Proben also zu dem üppigen biostratigrafischen Datensatz auch erstmals radiometrische Daten beisteuern. Deshalb packten wir ein paar große Tüten damit voll und nahmen sie mit.

Kurz vor dem Erreichen der Konkretion mussten wir vorsichtiger weiterarbeiten. Nach der dünnen orangefarbenen Schicht kamen nur noch Bürsten, Pinsel, Schraubenzieher und Austernmesser zum Einsatz. Als wir den Schädel schließlich freigelegt hatten, lag ein riesiger Kopf von etwa zwei Metern Länge vor uns, der bis zur Schnauzenspitze vollständig erhalten war, genau wie der Oberarmknochen, der 42,5 Zentimeter maß. Das mag nicht besonders groß klingen - aber für eine Fischechse ist es gewaltig.

Jetzt kam der schwierigste Teil unserer Arbeit: Schweren Herzens mussten wir nämlich das Loch wieder zuschütten. Wir legten Schaufeln und Spitzhacken neben den Schädel, breiteten eine Plane darüber und schütteten vorsichtig Lockergestein darauf, um das Skelett vor Verwitterung zu schützen. Uns war klar, dass wir das Tier in dieser Grabungssaison nicht mehr würden bergen können. Die Flugstunden des Hubschraubers waren einfach zu teuer, die Zeit war zu knapp und wir hatten nicht genug Gips und auch keine geeignete Kiste, um das Monstrum nach Deutschland zu schicken. Außerdem blieb uns nicht genug Zeit, um die nötigen Papiere und die Logistik zu beschaffen. Martin wusste aber, dass er wiederkommen würde. Wir warfen einen letzten sehnsüchtigen Blick auf dieses Prachtstück, während uns der Verdacht beschlich, dass es sich zwar um einen Apex-Räuber und einen Konsumenten dritter oder höherer Ordnung handeln mochte, aber nicht um einen *Thalattoarchon*, sondern eher um eine völlig neue Art. Dieser Koloss war nämlich noch viel größer als *Thalattoarchon*. Wir notierten die GPS-Koordinaten und starteten eine weitere Fossiliensuche.

Drei Jahre später wurde das Tier von einem anderen Team geborgen, und es dauerte Jahre, um es zu präparieren. Erst 2021 wurden die Ergebnisse wissenschaftlich veröffentlicht, zehn Jahre, nachdem wir den Schädel des Tieres freigelegt hatten. Es musste zu Lebzeiten rund siebzehn Meter lang und etwa 40 Tonnen schwer gewesen sein. Das ist fast doppelt so lang wie *Thalattoarchon* und entspricht etwa der Länge und dem Gewicht eines Pottwals. Allein der Schädel maß fast zwei Meter und die Kiefer waren mit vielen spitzen Zähnen bewehrt. Dieses Monster war der erste Riese des Tierreichs.

Inzwischen trägt er den wissenschaftlichen Namen *Cymbospondylus youngorum*. Der Gattungsname bedeutet auf Deutsch »Bootsrücken«, und der Artname ehrt das Ehepaar Tom und Bonda Young, die die Grabungen 2014 finanziell unterstützten. Es sind die Besitzer der *Great Basin*-Brauerei, die auch das *Icky*-Bier braut. Dieser Fund ist so besonders, weil dieses Tier so groß und gleichzeitig so alt ist. Es gibt zwar später in der Evolution der Ichthyosaurier ähnlich große und zum Teil sogar noch größere Tiere, doch der *Cymbospondylus youngorum* ist der erste walgroße Meeresriese der Erdgeschichte. Das ist deshalb so bemerkenswert, weil er nur etwa 2,5 Millionen Jahre nach dem Auftauchen der allerersten Ichthyosaurier entstanden ist und seine ersten marinen Vorfahren nur höchstens einen Meter groß waren. Das deutet auf eine unglaublich rasche Größenentwicklung hin. Eine ähnliche Größenentwicklung hat bei den Zahnwalen (Odontoceten), zu denen Orcas und die

Pottwale gehören, fast 25 Millionen Jahre gedauert, also zehnmal so lange.

Die rasche Evolutionsrate ist aber nicht das Einzige, was dieses Tier so besonders machte. Damit sich ein Tier dieser Größe überhaupt ernähren konnte, mussten im Nahrungsnetz sehr stabile Verhältnisse herrschen und die Nahrung musste in ausreichender Menge vorhanden sein. Zudem konnte sich ein zahntragendes Tier dieser Größe im Gegensatz zu den Bartenwalen nicht mehr von kleinen Ammoniten oder Fischen ernähren, weil es einen viel größeren Energiebedarf decken musste und nicht mehr so flink und wendig war, dass es kleiner Beute nachstellen konnte. *Cymbospondylus youngorum* hat sich daher wahrscheinlich nicht mehr von Ammoniten oder Fischen ernährt – oder höchstens von großen Ammoniten und sehr großen Fischen –, sondern von anderen, kleineren Ichthyosauriern. Er nahm eine höhere Ebene in der Nahrungspyramide ein und war vermutlich der Spitzenräuber in seiner Umwelt. *Cymbospondylus youngorum* war ein Konsument dritter Ordnung, also ein Fleischfresser, der andere Fleischfresser fraß.

All das ist den Paläontologen aber erst seit Kurzem klar. Im Herbst 2011 suchten wir weiter nach Ichthyosauriern, und Koen fand ein Skelett, das die Geländebezeichnung *Koen 1* bekam. Bei Grabungen erhalten die Funde nämlich zunächst keine wissenschaftliche Bezeichnung, weil man vor einer genauen Untersuchung nicht sicher sein kann, um welche Gattung oder Art es sich handelt, und weil manche Funde neue Tier- oder Pflanzenarten darstellen, die noch gar keinen wissenschaftlichen Namen besitzen. Martin fand einen weiteren kleinen *Cymbospondylus*, der

Martin 1 genannt wurde, und kurz darauf einen zweiten – *Martin 2*. Lars stieß auf einen kleinen Ichthyosaurier, einen *Phalarodon* (ein naher Verwandter der Mixosaurier), der den Namen *Lars 1* erhielt.

Am folgenden Tag fand Martin sogar noch einen dritten Ichthyosaurier, in dessen Brustkorb wir dicht neben seiner Wirbelsäule eine andere, kleinere Wirbelsäule entdeckten, und dann noch zwei weitere. Die großen Wirbel hatten einen Durchmesser von etwa vier Zentimetern, die kleinen nur etwa einen Zentimeter. Sie zeigten keine Anzeichen von Bissspuren, und die Knochenoberfläche war auch nicht durch Magensäure angegriffen. Das große Tier hatte die kleinen also nicht gefressen, nein – wir hatten es mit einem schwangeren Weibchen zu tun. Das war eine kleine Sensation! Bei dem Tier, das wir nun nicht *Martin 3*, sondern *Martina* tauften, handelte es sich nicht nur um eine neue Art, sondern auch um den damals weltweit ältesten Beleg für eine lebendgebärende Fischechse oder eines lebendgebärenden Reptils überhaupt. Vor diesem Weibchen waren lediglich zwei gültige Arten von *Cymbospondylus* aus den Augusta Mountains bekannt: *Cymbospondylus nichollsi*, der eine Körpergröße von etwa sieben Metern hatte, und *Cymbospondylus petrinus*, der bis zu 9,3 Meter lang wurde. *Martina* muss etwa 4,3 Meter lang gewesen sein, spätere Untersuchungen an ihrem Skelett zeigten, dass sie ausgewachsen und geschlechtsreif war. Obwohl sie kleiner war als die bereits bekannten Cymbospondylier, waren ihre Zähne genauso lang, was sie deutlich als neue Art auswies.

Wir verbrachten viel Zeit damit, den Gebirgshang nach Knochenfragmenten und Wirbeln abzusuchen, die wir vorsichtig einsammelten. Wir benutzten Gesteinskleber, um

Risse zu kleben und den restlichen Verbund zu fixieren. Wir notierten die Koordinaten und sammelten alle losen Stücke auf. Martin und ich arbeiteten an diesem Tag allein, weil Koen, Lars und Herman in die Stadt gefahren waren, um sich um den Versand des *Omphalosaurus* zu kümmern. Wir schütteten auch diese Stelle wieder zu, damit der Rest, der noch in dem anstehenden Gestein eingeschlossen war, geschützt war und bei einer zukünftigen Grabung geborgen werden konnte. Auch die würde drei Jahre auf sich warten lassen. Am Ende schulterte ich die losen Gesteinsbrocken von *Martina*, und wir machten uns auf den Rückweg ins Tal.

Ein Grund, warum Martin mich auf diese Grabung mitgenommen hatte, war meine Wandererfahrung und meine seiner Meinung nach große Belastbarkeit. Meist trug ich die schwere Ausrüstung den Berg hinauf und unsere Fossilfunde wieder hinunter. Ich bin vielleicht nicht der sportlichste Mensch, aber ich bin es gewohnt zu marschieren, und ich bin hartnäckig und geradezu dickköpfig. Auch wenn das Gepäck sehr schwer war, weigerte ich mich schlappzumachen.

Ein paar Monate zuvor war ich mit Martin und anderen Studierenden auf einer Exkursion in der Bletterbachschlucht in Südtirol gewesen. Dort hatten wir die Plombe einer Fußspur von einem Parareptil namens *Pachypes dolomiticus* im Flussbett gefunden. Solche Plomben sind natürliche Verfüllungen und entstehen, wenn Fußabdrücke mit härterem, verwitterungsbeständigem Material zugeschüttet werden. Der Name des Tieres bedeutet »schwerer Fuß aus den Dolomiten«. Es hat unmittelbar vor dem Massenaussterben an der Perm-Trias-Grenze gelebt und war damals einer der größten Pflanzenfresser. Seine natürliche

Trittsiegelfüllung war ziemlich schwer. Aber da ich schon wusste, dass Martin wenig später nach Nevada reisen würde, wollte ich ihm unbedingt beweisen, dass ich auch die strapaziösen Märsche in Nevada mit schwerem Gepäck meistern würde und dass ich unverzichtbar war.

Ich trug also die versteinerte Fußspur den ganzen Weg hinauf bis zum Museum, wo wir sie dem Kurator überreichten. Niemand der anderen sehr guten Studenten und Studentinnen gab einen so vortrefflichen Packesel ab wie ich. Martin nahm mich dann tatsächlich mit. Wir scherzten manchmal darüber, dass ich eine Art persönlicher Sherpa für ihn war, aber ich wollte unbedingt bei der Expedition in die Augusta Mountains dabei sein und war gerne bereit, alle Mühen auf mich zu nehmen. Ich trug also Gipssäcke den Berg hinauf und Teile des schwangeren *Ichthyosaurus*-Weibchens wieder hinunter. Dafür war ich Augenzeuge bei der Entdeckung dieser spektakulären Funde, sah Taranteln und Klapperschlangen und erlebte Alpenglühen in den Bergen von Nevada. Einmal, nach einem Wetterumschwung, bei dem die Temperaturen rasch abfielen, schneite es sogar auf dem Mount Cain, und Lars, Martin und ich erklommen den schneebedeckten Berg. Was für ein grandioses Naturschauspiel!

An einem der letzten Tage unserer Feldarbeit begaben wir uns bei der Suche nach Ichthyosauriern noch weiter zurück in die Erdvergangenheit in dem etwas weiter nördlich gelegenen Mustang Canyon. Martin hatte sich dieses Gelände noch nie vorgenommen, da es im Favret Canyon einfach so viel zu tun gab und nie genug Zeit dafür war. Der Mustang Canyon bestand aus Gesteinen der Untertrias, die noch älter waren und fast bis an die Perm-Trias-Grenze zurückreichten. Wenn wir hier Ichthyosaurier fänden, wären das sicher die ältesten Vertreter der Gruppe. Und tatsächlich – wir entdeckten gleich am Eingang des Canyons eine Stelle, wo sich einzelne Wirbel einer Fischechse aus dem Boden erhoben.

Zu unserem großen Bedauern sah es so aus, als hätte ein Fossilienjäger diese Stelle geplündert und den Schädel entfernt. Die Augusta Mountains sind der BLM, der Bodenschutzbehörde der USA, unterstellt, und ohne Genehmigung darf man hier nicht graben und auch nichts mitnehmen. Wir besaßen eine solche Genehmigung, weil unsere Grabungen wissenschaftlichen Zwecken dienten. Alle unsere Fossilien wurden nach ihrer Präparation und vollständigen Untersuchung wieder zurück in die USA gebracht und einer staatlichen Sammlung zugeführt. Fossilien-Wilderer hingegen plünderten Fundstellen, um die Skelette dann teuer an private Sammler zu verkaufen. Wie groß der wissenschaftliche Schaden ist, wenn Fossilien aus ihrem geologischen Kontext gerissen werden und nicht untersucht werden können, lässt sich nur erahnen. Wer auch immer dieses Fossil geraubt hatte, verhinderte damit die Entdeckung und Neubeschreibung einer bisher unbekannten Art.

Ich glaube, es war wieder Koen, der die übrig gelassenen Stücke zuerst fand. Sein Spürsinn war bemerkenswert, aber wir vergaben diesmal keine Grabungsnummer und keinen Spitznamen, weil die spärlichen Reste nicht ausreichten, um sinnvoll damit arbeiten zu können. Unser Ärger war verständlicherweise groß. Auf die achtlos zurückgelassenen Fragmente folgten aber *Koen 2* – ein kleiner, artikulierter Ichthyosaurier – und *Koen 3*, ebenfalls ein

Ichthyosaurier, bei dem wir tatsächlich Kiefer und Zähne erkennen konnten. Es waren die ersten Ichthyosaurier aus der Untertrias in Nevada, und sie schienen die ältesten Fischechsen überhaupt zu sein!

2014 wurden allerdings gleich zwei wissenschaftliche Artikel von dem bereits erwähnten japanischen Kollegen Ryosuke Motani veröffentlicht, die den Status quo der Nevadafunde änderte. In einem dieser Artikel lieferte er den ältesten Nachweis für Lebendgebären, und im anderen berichtete er von einem Ichthyosaurier-Fund aus der Stadt Chaohu in China, der noch älter war als die Exemplare aus dem Mustang Canyon. Damit wurden sowohl *Martina* als auch *Koen 2* von ihrem Thron gestürzt.

Nachdem ich während der gesamten Expedition außer Muscheln und Ammoniten nichts gefunden hatte, entdeckte ich im Mustang Canyon endlich meinen ersten Ichthyosaurier: *Armin 1*. Es war ein kleines, ebenfalls artikuliertes Exemplar, das im gleichen Schichthorizont abgelagert worden war wie *Koen 2* und *Koen 3*. Wir dokumentierten die Funde in unserem Logbuch, schützten sie mit einer Kappe aus Gips und notierten die Koordinaten. Dann deckten wir auch sie mit ein paar Schaufeln Erde vorsichtig ab. Für die Bergung blieb uns keine Zeit mehr, weil wir das Camp am nächsten Tag verlassen mussten. Bis heute sind diese drei Exemplare noch nicht abschließend wissenschaftlich untersucht. Zwar müssen wir immer damit rechnen, dass Wilderer die Stücke stehlen könnten, allerdings sind die Augusta Mountains so abgelegen und das Gebiet ist so weitläufig, dass man die Grabungsstellen ohne GPS-Daten nur schwer finden kann.

Unsere Kampagne war ungemein erfolgreich. Das lag

zum einen an der Erfahrung und dem Spürsinn der Teilnehmer, aber auch daran, dass die Fossilien dort besonders zahlreich erhalten sind. Das hängt mit den Umweltbedingungen der Trias zusammen, wo tote Tiere, die zum Meeresboden sanken, wegen der anoxischen Bedingungen dort nicht von Aasfressern aufgefressen, sondern rasch von Sediment bedeckt wurden.

Vieles, was wir bei dieser und den folgenden Grabungen entdeckten, konnten wir zum damaligen Zeitpunkt nicht genau interpretieren, und unsere Rekorde wurden irgendwann überboten. Die Wissenschaft braucht eben ihre Zeit, und ein Rekord ist letztlich unbedeutend, weil es in der Paläontologie um das Verstehen der Natur und der Evolution geht. Fossilien im Gelände zu suchen und zu bergen, ist mühsam und kostspielig, aber die größten Kosten verursacht am Ende die Präparation im Labor, die auch die meiste Zeit in Anspruch nimmt.

Unsere Grabung ist nun schon viele Jahre her, doch erst jetzt kommen Publikationen über diese Funde heraus. Ein Artikel über das schwangere Ichthyosaurierweibchen erschien 2020 und einer über das Monster der Augusta Mountains Ende 2021. Dass diese Veröffentlichungen über unsere Funde in Nevada so lange auf sich warten ließen, hängt tatsächlich mit der Präparation dieser Tiere zusammen. Sie ist extrem schwierig und unglaublich zeitaufwendig, da die Fischechsen in Konkretionen steckten. Wie bereits erwähnt, entstehen diese Aggregate, indem zirkulierende Porenwässer einen Kristallisationskeim aus anders geartetem feinkörnigem Sediment aussintern. Dadurch ist die Knolle sehr schwer, fest und besonders hart. Die versteinerten Knochen und das umgebende Gestein der Konkretion haben fast die gleiche Dichte und lassen sich nicht wie bei vielen anderen Fossilien problemlos entlang der Trennfläche zwischen Knochen und Matrix lösen.

Der *Omphalosaurus* war besonders schwer zu präparieren. An ihm haben sich gleich mehrere Präparatoren in Deutschland und in den USA vergeblich abgemüht. Aber obwohl die Bearbeitung noch nicht ganz abgeschlossen ist, lässt sich bereits einiges über das Tier sagen. Bis zu unserem Fund in Nevada wurde nirgendwo auf der Welt ein vollständiges Skelett oder auch nur annähernd komplettes Teilskelett eines *Omphalosaurus* gefunden und wissenschaftlich beschrieben. Unser Fund enthielt jedoch fast alle Rückenwirbel, weshalb heute kein Zweifel mehr daran besteht, dass *Omphalosaurus* eindeutig zu der Gruppe der Ichthyosaurier gehörte.

Das schwangere Weibchen war genauso schwer zu präparieren, und nur der exzellenten Arbeit des Präparators Olaf Dülfer am Geowissenschaftlichen Institut der Universität Bonn ist es zu verdanken, dass wir dieses Tier, aus seinem steinernen Gefängnis befreit, nun bewundern können. Es gehört Geschick und viel Erfahrung dazu, ein solches Fossil so aufzuarbeiten, dass es genau untersucht werden kann. Wegen dieser besonderen Leistung wurde das Tier schließlich zu Ehren des Präparators *Cymbospondylus duelferi* genannt.

Die genaue phylogenetische Analyse aller Ichthyosaurier aus den Augusta Mountains ergab am Ende, dass sie alle eng miteinander verwandt und im Grunde nur große oder kleine *Cymbospondylus* gewesen waren. Somit passten auch hier endlich alle Puzzleteile zusammen: *Cymbospondylus* war offenbar einer dieser Ichthyosaurier, die im Meer der

Mitteltrias erfolgreich die Nische des Räubers einnahmen, weil sie keine Konkurrenz von anderen Tiergruppen hatten. Die Nachfahren dieses Generalisten diversifizierten sich rasch und besiedelten unterschiedliche Lebensräume, wo große, mittelgroße und kleine Formen unterschiedlicher Beute nachstellten und sich rasch in neue Arten aufspalteten. Da keine anderen Tiere mit ihm konkurrierten, konnte *Cymbospondylus* Spezialisten für die unterschiedlichsten Nischen hervorbringen.

Die schwangere Fischechsendame war also eine neue Art aus der Gattung der Cymbospondylier (*Cymbospondylus duelferi*), und das Riesenmonster stellte sich als ein *Cymbospondylus* einer weiteren neuen Art heraus (*Cymbospondylus youngorum*). Ihre enge Verwandtschaft erklärt, wieso sich die Fischechsenfauna in Nevada in so kurzer Zeit so stark diversifizieren konnte und wie kurz nach dem Massenaussterben wieder ein hochkomplexes Nahrungsnetz entstehen konnte.

Aktuell sind die kleineren Fischechsen aus dem Mustang Canyon noch nicht vollständig präpariert, aber es wird spannend sein herauszufinden, ob sie mit Cymbospondyliern verwandt sind. Damit kämen wir den Ursprüngen dieser artenreichen Familie noch ein wenig näher. Mit an Sicherheit grenzender Wahrscheinlichkeit handelt es sich bei ihnen um bisher unbekannte Arten. Ob sie alle der gleichen oder unterschiedlichen Arten angehörten, wird sich bald zeigen. Wir rücken mit ihrer Erforschung dem geheimnisvollen Ursprung der Ichthyosaurier wieder einen Schritt näher.

Fremdartige Monster und das Fliegen unter Wasser

In Europa, im Germanischen Becken, sah die Unterwasserwelt der Mitteltrias ganz anders aus. Hier erholten sich Riffe vom Massensterben etwas schneller und die randmarinen Bereiche waren bald wieder voller Leben. Am Strand und im Wasser tummelten sich die seltsamsten Organismen. Überreste dieser ungewöhnlichen Lebewesen finden wir heute an der deutsch-holländischen Grenze in einem Steinbruch bei Winterswijk. Dort gibt es Schichten mit Landlebewesen, die bei Ebbe an den Strand kamen und auf Nahrungssuche gingen. Ihre Besuche waren so zahlreich, dass die Fährtenplatten auch als Tanzfläche bezeichnet werden. Wir finden Spuren von einer ausgestorbenen Gruppe pflanzenfressender Reptilien, den sogenannten Rhynchosauriern, und von Chirotherien, den Vorfahren der Krokodile, deren fünfzehige Spuren wie Handabdrücke aussehen, woher auch ihr Name stammt (*Chirotherium*, »das Handtier«).

Außerdem gibt es in diesem Steinbruch Abdrücke, die einer anderen Krokodilgruppe, den Aetosauriern, zugeordnet werden. Meine Lieblingsspur von dort heißt *Procolophonichnium*. Sie gehört zu einer ebenfalls ausgestorbenen Reptiliengruppe und weist Schuppen an den Fußsohlen auf. Das kalkige Sediment, in dem diese erhalten sind, ist so feinkörnig, dass selbst derart zarte Strukturen erhalten blieben. Nimmt man bei schwachem Licht eine Taschenlampe und hält sie in einem spitzen Winkel nah an die Oberfläche, kann man Streiflicht erzeugen und die filigranen Strukturen besonders gut sehen. Weil die Ablagerungen in

Winterswijk sowohl terrestrischen als auch marinen Ursprungs sind, finden wir von den Landtieren zwar unzählige Fußspuren, aber keine Knochen; bei den Meeresbewohnern verhält es sich anders. Im Meer sehen wir um einiges ungewöhnlichere Tiere, die im Fossilbericht nur für eine kurze Zeit während der Trias auftauchen und dann wieder verschwunden sind. Da gibt es zum Beispiel kleine marine Archosaurier, die Helveticosaurier genannt werden, oder die Placodontier (»Pflasterzähne«), die genau wie *Omphalosaurus* ein Knackgebiss hatten, sich aber in küstennahen Regionen aufhielten und sich von sesshaften hartschaligen Tieren ernährten. Andere Gruppen waren die Nothosaurier und der *Tanystropheus* – eines der seltsamsten Tiere überhaupt. Es hatte einen stark verlängerten Hals, der so lang war wie Rumpf und Schwanz zusammen, aber nur aus zwölf oder dreizehn Wirbeln bestand.

Alle diese Tiere kommen auch in Schichten gleichen Alters auf dem Monte San Giorgio vor. Dieser Berg liegt an der Grenze zwischen der Schweiz und Italien, und man hat von seinem Gipfel aus einen phänomenalen Blick auf den Luganer See. Auf dem Monte San Giorgio finden sich unter anderem auch die Pachypleurosaurier, die sogenannten »dickrippigen Echsen«. Sie gehören zur Gruppe der Echsenflosser, die in der Mitteltrias noch klein waren, aber bald darauf immer größer wurden und den Ichthyosauriern Konkurrenz machten. Die erfolgreichste Gruppe innerhalb der Echsenflosser waren die Plesiosaurier. Sie sind äußerst vielfältig und eine der langlebigsten Meeresreptiliengruppen. Die Plesiosaurier hatten eine einzigartige und rätselhafte Körperform, die wir heute im Tierreich nicht mehr kennen. Sie besaßen vier gleichmäßig geformte spitze

Flossen, einen langen versteiften Hals und einen kleinen Kopf. Fast zwei Jahrhunderte lang nahm man an, dass Plesiosaurier erst nach dem endtriassischen Massenaussterben im Jura auftauchten, bis Skelettüberreste in Bonenburg in der Nähe von Paderborn gefunden wurden, die zu einem Plesiosaurier aus der Trias gehörten. Das Tier wurde *Rhaeticosaurus* getauft, »die Echse aus dem Rhaetium«, was die oberste Stufe der Obertrias darstellt, die etwa 208,5 bis 201,3 Millionen Jahre alt ist. Histologische Untersuchungen deuten auf ein schnelles Wachstum und eine erhöhte Stoffwechselrate der Plesiosaurier hin, was als Anpassung an das Schwimmen und Jagen im offenen Meer gedeutet wird. *Rhaeticosaurus* untermauert die Annahme, dass eine Lebensweise im offenen Meer das Überleben der Plesiosaurier über die Trias hinaus erleichterte.

Die außergewöhnliche Anatomie der Plesiosaurier, in Verbindung mit ihrem aktiven Stoffwechsel, ermöglichte ihnen eine im Tierreich einzigartige Fortbewegungsweise: Sie konnten ihre vier gleichförmigen Flossen wie Tragflächen für einen sogenannten Unterwasserflug einsetzen. Keine andere Tiergruppe ist dazu imstande. Heute bewegen sich auch Pinguine auf diese Weise unter Wasser vorwärts, allerdings verwenden sie dabei nur ihre zwei Flügel, die Beine und Füße sind nicht beteiligt.

Ob Plesiosaurier ihre Flossen wirklich zum Unterwasserflug oder zum Rudern einsetzten, war lange nicht geklärt. Um diese Frage zu beantworten, reicht es nicht aus, nur die Arm- und Beinmuskulatur zu rekonstruieren, auch die Beckenmuskulatur und die Muskeln der Fingerglieder, die die tragflächenähnlichen Flossen formen, müssen berücksichtigt werden. Studien zur Hydrodynamik zeigen, dass besonders Muskeln, die der Flossenrotation dienen, für einen effizienten Unterwasserflug notwendig sind. Um Muskelgruppen einer ausgestorbenen Art rekonstruieren zu können, müssen wir zunächst die Muskelansatzstellen an den Knochen genau unter die Lupe nehmen und mit denen von nah verwandten, heute noch lebenden Gruppen wie den Schildkröten, den Krokodilen und den Schuppenechsen vergleichen. Außerdem müssen wir die entsprechenden Muskelfunktionen bei Meeresschildkröten, Pinguinen, Seelöwen und Walen verstehen, um verlässliche Aussagen über die Wirkweise der relevanten Muskelgruppen bei sekundär aquatischen Tieren treffen zu können. Untersuchungen zeigen, dass Plesiosaurier sehr wohl in der Lage waren, einen Flügelschlag mit den vorderen und hinteren Extremitäten zu vollziehen, während andere Muskeln die Vorder- und Hinterflossen beim Auf- und Abwärtshub an ihrer Längsachse drehen konnten.

Plateosaurus
Thrinaxodon
& Broomistega (Amphibie)

Kapitel 2
Neues Leben an Land

Überleben in der Hölle: Der Weg zur Dinosaurierherrschaft

An Land war die Untertrias gekennzeichnet von schrecklichen Dürreperioden, Bränden und einer globalen Durchschnittstemperatur von unerträglichen 45 Grad Celsius. Alle Landmassen waren zu dieser Zeit noch zu einem einzigen Superkontinent vereint, bevor sie über viele Jahrmillionen hinweg immer weiter auseinanderdrifteten. Diese Ur-Landmasse wird Pangäa genannt. Während es an den Küsten oder im Gebirge noch vereinzelt Vegetation gab, breiteten sich im Inneren Pangäas gewaltige Wüsten aus, die größer als die Sahara waren.

Ausgerechnet aus diesem Abschnitt der Erdgeschichte stammt eines der schönsten Fossilien, das ich kenne. Mein Kollege, Vincent Fernandez, und sein Team haben es 2013 in Afrika gefunden und an der multinationalen Forschungseinrichtung ESRF mittels Mikrocomputertomografie untersucht und wissenschaftlich beschrieben. Das Fossil ist nicht nur ausgesprochen schön, sondern gewährt uns auch einen einzigartigen Einblick in die harschen Lebensbedingungen vor rund 250 Millionen Jahren und zeigt uns die

Strategien, mit denen die Tiere mit ihnen umgingen. Es hilft bei der Entschlüsselung der Frage, warum manche Tiere überhaupt in dieser rauen, absolut lebensfeindlichen, ja geradezu infernalischen Umwelt überlebten und das Leben auf der Erde nach dieser Katastrophe fortbestehen konnte. Ich lernte Vincent Fernandez am ESRF kennen, als wir gemeinsam an einem Projekt über die Evolution der modernen Knochenfische forschten und Rippen und Kiefer von etwa hundert Fischen scannen mussten. Vincents Arbeit von 2013 handelt aber nicht von Fischen, sondern von besagtem Fossil, das zwei Tiere verschiedener Gattungen zeigt. Sie liegen in einem Grabbau, eng aneinandergeschmiegt, im Tode vereint. Die Erforschung der Umstände, wie diese beiden unterschiedlichen Tiere im selben Bau zu Tode kamen, erinnert mich an einen Kriminalfall, bei dem akribische Detektivarbeit, kleinste Hinweise und kluge Schlussfolgerungen wie bei Sherlock Holmes zur Aufklärung eines mysteriösen Falls führen.

In der rauen Umwelt zu Beginn der Trias herrschte jeden Tag ein harter Überlebenskampf. Gesteine, die uns von diesem Drama berichten können, findet man heute unter anderem im Karoo-Hauptbecken in Südafrika, dessen Gesteinsabfolge einen Zeitraum von vor dem Perm bis in den Jura abdeckt. Um zu verstehen, was kurz nach dem Perm-Massenaussterben passierte, muss man sich Gesteine aus der *Lystrosaurus Assemblage Zone* anschauen, einem kleinen Abschnitt mit fossilreichen Schichten innerhalb der Karoo-Gesteinsabfolge, die vor 251 bis 249 Millionen Jahren, also unmittelbar nach dem Massenaussterbeereignis, abgelagert wurden. Vincents spektakuläres Fossil stammt genau aus dieser Zone. In diesen frühesten Schichten der südafrikanischen Trias findet man viele versteinerte Knochen, aber auch unzählige Grabgänge und unterirdische Bauten, die man sich wie übergroße Maulwurfgänge vorstellen muss. Sie sind inzwischen aber nicht mehr hohl, sondern mit Sedimenten verfüllt.

Eine grabende Lebensweise ist eine heute weit verbreitete Anpassung bei Säugetieren. Sie ist nützlich bei der Aufzucht von Jungtieren und dient dem Schutz vor Raubtieren und extremen Wetterverhältnissen. In den Schichten des Karoo-Beckens finden wir Hunderte sogenannter Ichnofossilien unmittelbar nach der Perm-Trias-Grenze.

Wenn man von ausgestorbenen Tieren nicht ihre Knochen, sondern Fußspuren, Abdrücke der Haut, Grabspuren oder Grabbauten findet, bezeichnet man diese als **Spurenfossilien** oder Ichnofossilien.

Die Vielzahl der Grabbauten in Südafrika lässt vermuten, dass eine grabende Lebensweise bei zahlreichen Tetrapoden schon vor mehr als 250 Millionen Jahren weit verbreitet war.

Tetrapoden sind alle landlebenden Wirbeltiere, also Amphibien, Reptilien, Säugetiere und Vögel.

Der Zeitraum, aus dem diese Fossilien stammen, ist besonders durch die rauen klimatischen Bedingungen in der

Karoo gekennzeichnet, und die überproportionale Dichte der Ichnofossilien spiegelt die entscheidende Überlebensstrategie vieler Tetrapoden in dieser Zeit wider. Manchmal enthalten Höhlenfüllungen noch die Überreste ihrer Verursacher, was uns wichtige Informationen über die damalige Wirbeltierökologie liefert. Trotz der Fülle an Bauabgüssen bleiben dokumentierte Funde von Wühlern in den Bauten aber selten, was die grabende Lebensweise der Urzeittiere verschleiert. Wir können allerdings daraus lernen, dass Höhlen für die Tiere der frühesten Trias eine stabile und geborgene Umgebung boten. Es gibt Hinweise, die auf saisonale Ruhephasen ihrer Bewohner deuten, die wahrscheinlich durch Ressourcenknappheit hervorgerufen wurden wie beispielsweise durch langanhaltende Dürreperioden. Die Vielfalt der Höhlenformen legt nahe, dass die Höhlen Rückzugsorte verschiedener Tiere waren und für unterschiedliche Zwecke ausgegraben wurden. Die häufigsten Spurenverursacher waren sogenannte Therapsiden. Das sind Amnioten, aus denen die heutigen Säugetiere hervorgingen.

Amnioten sind eine Großgruppe der Wirbeltiere, die alle Landwirbeltiere einschließt, mit Ausnahme der Amphibien. Vertreter der Amnioten besitzen die Fähigkeit, sich völlig unabhängig vom Wasser fortpflanzen zu können. Ihre Entwicklung vollzieht sich in einer mit Fruchtwasser gefüllten Fruchtblase statt über ein vollaquatisches Kaulquappenstadium.

Therapsiden entstanden wahrscheinlich im frühen Perm und hatten, wenn man von den heutigen Säugetieren absieht, ihre Blütezeit im Perm und zu Beginn der Trias, wo sie in einigen Ökosystemen die dominierenden Jäger waren. Dann tauchten die ersten Dinosaurier auf, verdrängten sie allmählich und lösten sie schließlich an der Spitze der Nahrungskette ab. Die Therapsiden waren bedrohliche Raubtiere von beachtlicher Größe, sie wurden jedoch ab der späten Trias von den Dinosauriern zu einem Nischendasein verdammt. Danach gab es rund 150 Millionen Jahre lang nur noch kleine bis nagetiergroße nachtaktive Therapsiden, die sich erst nach Sonnenuntergang aus dem Dickicht hervorwagten, wenn die großen Dinosaurier schliefen.

Am Anfang der Trias waren diese Tiere aber noch größer und räuberisch. Eines von ihnen war *Thrinaxodon*. Er gehört zur Untergruppe der Cynodontier oder Hundezahnartigen, die so genannt werden, weil sie Eckzähne ähnlich wie die von Hunden besaßen. Sie tauchen im Fossilbericht schon vor 270 Millionen Jahren erstmals auf. Damals war die Welt für sie noch in Ordnung. Die Pflanzen wuchsen noch üppig und lieferten Nahrung für ihre Beutetiere, doch als Folge der endpermischen Katastrophe wurde die Vegetation vielerorts beschädigt. Brände, Luftverschmutzung und saurer Regen zerstörten die üppigen Wälder, was dazu führte, dass der atmosphärische Sauerstoffgehalt von etwa 30 auf etwa 10 bis 15 Prozent sank. Die überlebenden Hundezahnartigen fanden sich nun in einer völlig neuen Welt wieder.

Thrinaxodon wurde inzwischen als Hauptverursacher der Grabbauten in Südafrika identifiziert. Manchmal liegt eines dieser Tiere zusammengerollt in seinem Bau. *Thrinaxodon* war ein Fleischfresser mit scharfen Zähnen und wurde etwa einen halben Meter lang, seine Beine befanden sich unter dem Körper und er hatte einen ziemlich kurzen Schwanz. An der Schädelseite von *Thrinaxodon* entdeckte man kleine Vertiefungen, die auf Schnurrhaare hindeuten, aber nicht unbedingt als Beweis für ein Ganzkörperfell gelten. Die Schnurrhaare halfen dem Tier wahrscheinlich bei der Orientierung im Dunkel seiner Bauten. Seine grabende Lebensweise wird als Anpassung an den extrem heißen Sommer interpretiert. Untersuchungen an der Knochenmikrostruktur von Cynodontiern deuten darauf hin, dass sie längere Ruhephasen in ihren Bauten verbracht haben. Heute kennen wir solche Ruhephasen beispielsweise bei Bären, die einen Winterschlaf halten. Die Hundezahnartigen machten aber eher einen Sommerschlaf, wofür sie ihre Bauten anlegten. Dieses ästivierende Verhalten bei Therapsiden ist eine Überlebensstrategie während der extrem heißen Sommermonate.

Ästivation ist eine Form von Sommerschlaf, bei dem der Stoffwechsel herabgesenkt und jegliche Aktivität als Anpassung an widrige Umweltbedingungen heruntergefahren oder ganz ausgesetzt wird. Sie kann während Hitzeperioden oder Trockenzeiten erfolgen und unter ariden Klimabedingungen auch saisonal auftreten. Ein ästivierendes Verhalten gibt es heute noch bei manchen Faltern oder Schneckenarten.

Nachdem Vincent Fernandez das fragliche unpräparierte Fossil mittels Synchrotronbildgebung untersucht hatte, wusste er zwar, dass in dem Gesteinsblock der *Thrinaxodon* eingeschlossen war (ein paar Stellen des Skeletts lugten sogar an der Oberfläche hervor), aber bemerkenswerterweise zeigten die Daten noch ein zweites Skelett. Als dann klar war, dass es sich dabei um eine ganz andere Art handelte, war die Sensation komplett! Vincent und sein Team hatten eine einzigartige Assoziation von zwei kompletten, nebeneinanderliegenden Skeletten entdeckt: einen hundezahnartigen *Thrinaxodon* und eine Amphibie namens *Broomistega*, eingebettet im selben Sandsteingrab. Dabei muss man sich den *Broomistega* wie einen übergroßen, dickbauchigen Salamander vorstellen. Warum die beiden unterschiedlichen Tiere gemeinsam in einem Bau steckten, war zunächst völlig unklar. Doch das Material bot erstmalig die Möglichkeit zur Untersuchung verhaltensbezogener Interaktion zweier nicht verwandter Tierarten aus der Trias. Das Team wollte herausfinden, ob diese Interaktion zufällig war oder ob sie Vorteile für eines der beteiligten Tiere bot. Die Synchrotrondaten zeigten, dass bei dem Amphib, einem Jungtier, sieben Rippen gebrochen, aber wieder verheilt waren. Der Heilungsprozess belegte, dass sich das Trauma bereits mehrere Wochen vor dem Tod ereignet hatte und nicht von dem *Thrinaxodon* verursacht worden war. Die Brüche waren nicht tödlich gewesen, sie hatten die Fortbewegung und die Atmung des Tieres aber sicher stark beeinträchtigt. Beide Skelette sind exquisit erhalten, in vollständiger anatomischer Artikulation und in natürlicher Körperhaltung, was darauf hindeutet, dass die Tiere mit intaktem Weichgewebe, einschließlich der Haut und der

Muskeln, und möglicherweise sogar lebendig begraben wurden. *Broomistega* war nicht in der Lage, ein Loch in die Erde zu graben, und daher wohl nicht der ursprüngliche Baubewohner, sondern nur ein Gast gewesen. Amphibien wie *Broomistega* sind gut an das Leben im Wasser angepasst und haben daher keine so harten Knochen wie Landbewohner. Ihr Körperbau ist ungeeignet, um selbst Bauten anzulegen. Zwar gibt es keinen eindeutigen anatomischen Beweis dafür, dass *Thrinaxodon* ein aktiver Wühler war, aber da bereits mehrere Tiere dieser Art in Bauten gefunden wurden, ist es anzunehmen. Der *Thrinaxodon* war also der primäre Bewohner und wahrscheinlich auch der Erbauer der kleinen Höhle und *Broomistega* nur ein Besucher. Weil das Amphib und der Hundezahnartige eng umschlungen in diesem Bau lagen, ist es naheliegend, dass sie zeitgleich zu Tode kamen und dass der *Broomistega* nicht nachträglich und zufällig in das Loch geschwemmt wurde. Dann nämlich lägen die Tiere hintereinander.

Eine Beute-Räuber-Beziehung ist ebenfalls unwahrscheinlich, da beide Skelette fast vollständig intakt sind und keines der Tiere am jeweils anderen herumgenagt oder es gebissen hat. Der *Broomistega* hat neben seinen Rippenbrüchen noch eine Bisswunde über dem linken Auge, die von den Eckzähnen eines Cynodontiers herrühren könnte. Doch der Abstand der beiden Löcher in seinem Knochen beträgt 16,5 Millimeter, während die Zähne des *Trinaxodon* im Bau aber nur dreizehn Millimeter auseinanderstehen. Der Hundezahnartige war also nicht der Schuldige. Der *Broomistega* scheint davor einem noch größeren Tier entkommen zu sein. Vielleicht hatte er von dieser Begegnung auch seine Rippenbrüche. Das arme Tier hatte offensichtlich ein raues Leben.

Eine weitere Überlegung war, dass der *Thrinaxodon* den großen Salamander vielleicht in seinen Bau gezerrt hat, um ihn später zu fressen. Eine Aufbewahrung von Nahrung in Höhlen kommt im Tierreich durchaus vor, allerdings werden dabei meist keine verderblichen Lebensmittel gehortet. Lebende Tiere als Futter in Höhlen zu halten, ist eher ungewöhnlich, besonders in heißen Gefilden, die eine schnelle Zersetzung des Kadavers begünstigen. Aufgrund des Fehlens von Verletzungen, die auf den *Thrinaxodon* zurückzuführen sind, und der geringen Wahrscheinlichkeit des Hortens verderblicher Nahrung kann man die oben genannte Hypothese sicher ausschließen.

Wirbeltiere unterschiedlicher Gattungen treten im heutigen Tierreich nur dann gemeinsam in Höhlen auf, wenn äußere Faktoren wie Nahrungssuche, Raubtiervermeidung oder harte klimatische Bedingungen eine Rolle spielen, wenn zum Beispiel eine der beiden Arten den Bau verlässt, ein Eindringling den Wirt verjagen kann oder wenn der Wirt die Anwesenheit des neuen Gasts toleriert. Besonders in rauen Klimaten gibt es unter Landtieren auch heute noch Fälle, bei denen Gäste von einem Wirt geduldet werden. Eine solche Wohngemeinschaft bietet Vorteile bei der Abwehr von Räubern und steigert durch die erhöhte Wachsamkeit auch die Überlebenswahrscheinlichkeit der beteiligten Tiere. Trotzdem bleiben solche Fälle die Ausnahme. Jungtiere heute noch lebender Amphibien sind dafür bekannt, dass sie Höhlen als schützende Rückzugsorte vorübergehend verwenden. Das könnte auch eine plausible Erklärung für die Anwesenheit des *Broomistega*-Jungtiers sein. Die Tatsache, dass der *Broomistega* nicht von dem mutmaßlichen *Thrinaxodon*-Wirt angegriffen oder verletzt wurde, legt außerdem nahe, dass der Hundezahnartige die Anwesenheit des Eindringlings duldete oder ihn nicht vertreiben konnte. Vielleicht war der *Thrinaxodon* bereits tot oder befand sich in einer Körperstarre. Wäre er allerdings schon vor der Überschwemmung seines Baus tot gewesen, hätte die Totenstarre vermutlich längst eingesetzt. Doch die seitliche Krümmung seiner Wirbelsäule deutet eher auf einen Todeskampf kurz vor dem Ertrinken im Schlamm hin. Der *Thrinaxodon* starb also entweder kurz vor der Überschwemmung und die Totenstarre hatte sich schon wieder gelöst, oder sein Tod stand im Zusammenhang mit der Überschwemmung. Da die Annahme, dass der *Thrinaxodon* vor der Flut starb, außergewöhnliche Umstände voraussetzt, scheint es plausibler zu sein, dass der Hundezahnartige den Salamander in seinem Bau tolerierte. Der Todeszeitpunkt des *Broomistega* lässt sich durch die Überschwemmung einigermaßen terminieren und spricht für ein freiwilliges Betreten des Baus. Seine gekrümmte Wirbelsäulenhaltung deutet ebenfalls darauf hin, dass er kurz vor dem Hochwasserereignis oder während der Überschwemmung verendet ist.

In der frühen Trias war das Klima trocken, und die Dürre wurde nur einmal im Jahr von einer heftigen Monsunsaison unterbrochen. Während der heißesten Monate erstarrten die Tiere, weshalb die Ästivation auch als eine Erklärung für die Therapsidenskelette in den Bauten des Karoo-Beckens herangezogen werden kann. Besonders die meist ruhende oder zusammengerollte Position der Tierskelette stützt diese Annahme. Studien über die Ästivation bei heutigen Säugetieren weisen darauf hin, dass eine längere Inaktivität und das Fasten gerade in den Arm- und Beinknochen zu einem Wachstumsstop führen können. Eine

Wachstumsverlangsamung oder Wachstumsunterbrechungen kann man im Knochenquerschnitt an verschiedenen Marken und Linien erkennen.

> Linien von Wachstumshemmung werden als **LAG** bezeichnet. Dieser Begriff kommt aus dem Englischen und ist eine Abkürzung für *Lines of Arrested Growth*. Bei wechselwarmen Tieren lassen sich solche LAG feststellen, bei Säugetieren kommen sie hingegen unter gewöhnlichen Bedingungen nicht vor. LAG wurden aber bereits in den Langknochen mehrerer Therapsiden beobachtet, von denen einige in zusammengerollten Positionen entdeckt wurden, was auf ihr ästivierendes Verhalten hinweist.

Interessanterweise zeigen knochenhistologische Untersuchungen des *Thrinaxodon* aber keine solchen LAG. Wir müssen daher annehmen, dass eine grabende Lebensweise für eine kontinuierliche Wachstumsrate des Tieres sorgte. Die Bauten milderten die extreme Hitze ab, starke Klimaschwankungen wurden durch stabile Umgebungstemperaturen und gleichbleibende Luftfeuchtigkeit in ihrem Inneren ausgeglichen. Das half diesen Tieren bei der Regulierung ihrer Körpertemperatur unter extremen klimatischen Bedingungen, und sie konnten auch mit dem Ressourcenmangel leichter fertig werden. Der *Thrinaxodon* konnte ohne Sommerschlaf in einem Torpor-Stadium überleben.

Torpor beschreibt einen Schlafzustand, der bei kleinen Säugetieren oder Vögeln vorkommt und mit einer Art Lethargie vergleichbar ist, bei der Stoffwechselprozesse auf ein Minimum abgesenkt werden. Der Körper wird »auf Sparflamme« gehalten. Die Tiere verharren im Torpor meist in einer Körperstarre. In diesem Zustand können sie für eine längere Zeit ohne Wasser oder Nahrung überleben.

Der Torpor, der von Säugetieren bei extremen Wetterbedingungen selbst eingeleitet werden kann, besteht – im Gegensatz zum ununterbrochenen Sommerschlaf – aus mehreren kurzen Ruhephasen von wenigen Tagen. Wachstumshemmungslinien werden dabei undeutlicher oder fehlen ganz, sodass sie im Knochenquerschnitt von Arm- und Beinknochen nicht mehr erkannt werden können. Da das Wachstum des Tieres nicht gänzlich stoppt, fehlen die charakteristischen LAG.

Die ungewöhnliche Wohngemeinschaft des *Thrinaxodon* und des *Broomistega* und auch die zahlreichen anderen *Thrinaxodon*-Exemplare in zusammengerollter Körperhaltung legen nahe, dass sich diese Hundezahngattung für Ruhephasen in ihren Bau zurückgezogen hat. Da die histomorphologischen Marker fehlen, die auf eine Unterbrechung des Knochenwachstums hindeuten, waren diese Perioden aber offenbar nur von kurzer Dauer. Solche vorübergehenden Erstarrungsphasen sind bei Säugetieren ein ursprüngliches Merkmal und damit wahrscheinlicher als der spezialisierte Stoffwechsel eines Winterschlafs. In diesem Säugetiervorfahren existierte noch eine gewisse Plastizität im Stoffwechsel, das heißt, diese Tiere konnten diesen verlangsamen, wenn die äußeren Bedingungen ungünstig wurden. Menschen sind dazu nicht in der Lage. Haben wir über einen längeren Zeitraum nicht genug Nahrung oder Wasser, sterben wir. Die Fähigkeit, bedrohlichen klimatischen Bedingungen durch eine grabende Lebensweise zu entfliehen und damit auch einen Nahrungsmangel länger zu überdauern, trug bestimmt zum Überleben kleiner und mittelgroßer Cynodontier in der Perm-Trias-Krise bei, genauso wie die Variabilität oder Plastizität ihres Stoffwechsels.

Doch als die goldene Ära der großen Amphibien und Hundezahnartigen vorbei war, liefen um den Bau des im Tode vereinten Paars bereits kleine flinke zweibeinige Echsen herum, die mit den extremen Temperaturen viel besser zurechtkamen. Und so steht der Tod des *Thrinaxodon* und des *Broomistega* auch symbolisch für den Untergang ihrer jeweiligen Tiergruppen. Der Leidensweg dieser ungleichen Mitbewohner wirft schicksalhaft seine Schatten voraus und kündigt auch den Niedergang ihrer nächsten Verwandten an.

Der Drache, der ein Tyrannosaurus sein wollte

Die kleinen zweibeinigen Echsen, die um den *Thrinaxodon*-Bau herumstreiften, waren die Archosaurier. Zu ihnen gehören, einfach ausgedrückt, alle Krokodilverwandten und Dinosaurier.

Wenn man die Archosaurier als die letzten gemeinsamen Vorfahren der Krokodile und Vögel sowie aller ihrer Nachkommen betrachtet, dann ist diese Gruppe in der frühesten Untertrias entstanden. Andere Definitionen beziehen sich nicht auf eine reine Verwandtschaft, sondern auf Merkmale im Skelett, die nur in dieser Gruppe vorkommen.

> Solche exklusiven Merkmale innerhalb einer Gruppe werden als **Synapomorphien** bezeichnet. Zu den Synapomorphien der Archosaurier gehören tief im Kiefer verankerte Zähne, ein kammartiger Knochenvorsprung an der Hinterseite des Oberschenkelknochens, mindestens zwei Lendenwirbel, die mit den Beckenknochen verbunden sind, eine Schädelöffnung vor dem Auge und zwei dahinter und eine Öffnung am Unterkiefer.

Folgt man dieser Definition, kann man die ersten Vertreter schon im Kupferschiefer finden, einer Gesteinsschicht aus dem obersten Perm, die etwa 256 bis 259 Millionen Jahre alt ist. Solche anatomischen Merkmale erscheinen auf den ersten Blick wenig beeindruckend, sie machten die Archosaurier aber zu regelrechten Superhelden der Trias – oder zu Superschurken, wie ich im Folgenden darlegen werde.

Die Schädelöffnung vor der Augenhöhle (das sogenannte Antorbitalfenster) reduzierte das Gewicht des Schädels, der bei frühen Archosauriern relativ groß war, ähnlich wie bei modernen Krokodilen. Die Unterkieferfenster reduzierten wohl bei einigen Formen auch das Gewicht des Kiefers und verteilten die Beißkräfte besser, sodass diese Tiere fester und effizienter zubeißen konnten. Der Knochenvorsprung an der Hinterseite des Oberschenkelknochens bot eine große Muskelansatzstelle. Stärkere Muskeln ermöglichten bei frühen Archosauriern einen aufrechten Gang und halfen ihnen oder ihren unmittelbaren Vorfahren, das katastrophale Aussterben der Perm-Trias zu überleben. Der aufrechte Gang erleichterte den Archosauriern auch das Atmen, während sie sich fortbewegten. Es befreite sie von der sogenannten Carrier'schen Einschränkung, die bei den Eidechsen vorkommt.

> Bei der **Carrier'schen Einschränkung** (*Carrier's constraint*) handelt es sich um das Phänomen, dass luftatmende Wirbeltiere mit zwei Lungenflügeln bei der Fortbewegung ihren Körper seitlich verbiegen müssen und nur schwer atmen können, während sie laufen. Die seitliche Beugung dehnt einen Lungenflügel und drückt dabei den anderen zusammen, wodurch die verbrauchte Luft von einer Lungenhälfte in die andere gepresst und nicht vollständig ausgeatmet wird, um Platz für frische Luft zu schaffen. Eidechsen können daher nur kurze Sprints machen und müssen sich danach ausruhen, um durchzuatmen.

In der späten Trias wurden Tiere mit der Carrier'schen Einschränkung von zweibeinigen Arten gejagt, die diesen Nachteil nicht hatten. Die Atmung war besonders wichtig in der Trias, weil der Sauerstoffgehalt in der Luft seit dem Perm drastisch abgefallen war und nur langsam wieder anstieg. Auch in diesem Zusammenhang hatten die Archosaurier einen entscheidenden Vorteil: Sie besaßen eine vogelähnliche Lunge! Es gibt mehrere wichtige Unterschiede in der Funktionsweise der Lungenatmung bei Vögeln im Vergleich zu anderen Wirbeltieren. Die Lungen von Vögeln behalten während der Atmung ein gleiches Volumen bei. Außerdem werden sie unidirektional belüftet. Das bedeutet, dass die Luft immer nur in eine Richtung strömt. In der menschlichen Lunge bewegt sich die Atemluft wie in einem Gezeitenfluss hin und her (bidirektional). Dieser Rhythmus ist bei allen Säugetieren gleich, die Lunge wird dabei mithilfe des Zwerchfells aufgeblasen und komprimiert, fast wie ein Blasebalg. Um jedoch eine unidirektionale Strömung zu erreichen, werden verschiedene Luftsäcke im Körper in einer komplexen Abfolge aufgeblasen und entleert, wie eine ganze Reihe miteinander verbundener Bälge. Die Lunge, die sich in der Mitte zwischen den Luftsäcken befindet, wird sowohl während der Einatmung als auch während der Ausatmung in einer Richtung mit frischer Luft versorgt. Die Luftsäcke füllen sich durch die Erweiterung der Brust- und Bauchhöhle mit dieser frischen Luft. Das Brustbein schwingt nach vorn und unten, während sich die Rippen und die Brustwand seitlich bewegen. Das Ausatmen wird durch eine Kompression der Luftsäcke mittels der Skelettmuskulatur verursacht. In einer Welt mit wenig Luftsauerstoff war das ein entscheidender Vorteil.

Nun wurden inzwischen auch unidirektionale Lungen in Waranen und Leguanen beobachtet. Das könnte bedeuten, dass sich diese Art Lunge schon vor der Abspaltung der Archosaurier von den anderen Echsen entwickelt hat. Wenn das stimmt, hätte sich dieser Lungenbauplan bereits im Perm gebildet, wofür es bisher jedoch keine fossilen Beweise gibt. Es könnte aber auch bedeuten, dass sich dieses

Konzept mehrfach und unabhängig voneinander, also konvergent im Tierreich entwickelt hat.

Ohne das Bronchiensystem innerhalb des Lungengewebes fehlt den Leguanen allerdings eine Schlüsselinnovation, die das Luftströmungsmuster bei Vögeln so sehr verbessert, dass es sie zum aktiven Vogelflug befähigt. Dieses Bronchiensystem wurde wahrscheinlich durch die natürliche Selektion begünstigt, weil es Stoffwechselvorgänge bei hoher Aktivität erleichtert. Und während die Einbahnstraßenlunge vielleicht schon im Perm entwickelt wurde, sehen wir dieses spezielle Bronchiensystem in der Lunge erst nach der Aufspaltung von Krokodilen und Dinosauriern in der Trias, was wunderbar mit der Sauerstoffknappheit in der Atmosphäre korreliert. Eine Superlunge, während den anderen Tieren die Luft wegblieb – das brachte die Entwicklung der Dinosaurier rasend schnell voran und verdrängte immer mehr andere Tiere aus ihren Lebensräumen.

Aber nicht alles drehte sich nur um die Atmung. Um ein erfolgreicher Beutejäger zu sein, musste man auch große Kiefer mit kräftigen Zähnen haben und stark genug sein, um seine Beute töten zu können. Manchmal half also auch bloße Muskelkraft. Wenn man aber große Beutetiere jagen wollte, musste man sie nach dem Erlegen auch in mundgerechte Stücke zerbeißen können. Das bedeutete, dass man Knochen durchtrennen musste, um Körperteile vom Kadaver zu lösen.

Die Fähigkeit, Knochen zu zerbeißen oder sogar zu fressen, um sie als Nahrungsquelle zu nutzen, bezeichnet man als Osteophagie. Ein osteophages Fressverhalten scheint bei fleischfressenden Dinosauriern aber selten gewesen zu sein. Das lässt sich gut erklären, wenn wir uns erinnern, dass die Schädel von Dinosauriern sehr leicht gebaut waren. Sie hatten eine Schädelöffnung vor dem Auge und zwei dahinter und eine Öffnung am Unterkiefer, um Spannungen, die beim Beißen entstehen, optimal zu verteilen und abzubauen. Diese Öffnungen besaßen alle Dinosaurier, es sind Synapomorphien der Archosaurier. Außerdem waren die Zähne von Raubsauriern schmal und klingenähnlich. Sie konnten damit sehr gut Fleisch zerschneiden, aber keine Knochen zerbeißen. Diese Zähne wären bei Tieren mit einer osteophagen Ernährungsweise meist abgebrochen oder zersplittert. Deshalb finden wir nur selten Bissspuren auf Knochen in Ökosystemen, die von Dinosauriern dominiert werden.

Eine große Ausnahme bilden die Tyrannosauriden der späten Kreidezeit. Sie hatten massive Schädel und dicke, robuste Zähne, die tief im Kiefer verankert waren. Bei diesen Tieren sieht man häufig abgenutzte Zähne im Kiefer und bei den Knochen ihrer Beutetiere starke Bissmarken, die mit den Zähnen von *Tyrannosaurus* zusammenpassen.

Wenn keine solchen Bissspuren vorliegen, fällt es uns schwer, mit Sicherheit zu sagen, was die Raubtiere gefressen haben. Natürlich kann man über den Fossilbericht ermitteln, welche Tiere als mögliche Beute infrage kommen, aber das ist sehr ungenau. Hier erweist sich der versteinerte Mageninhalt von Dinosauriern als viel nützlicher. Leider sind Fossilien, die ihre letzte Mahlzeit verraten,

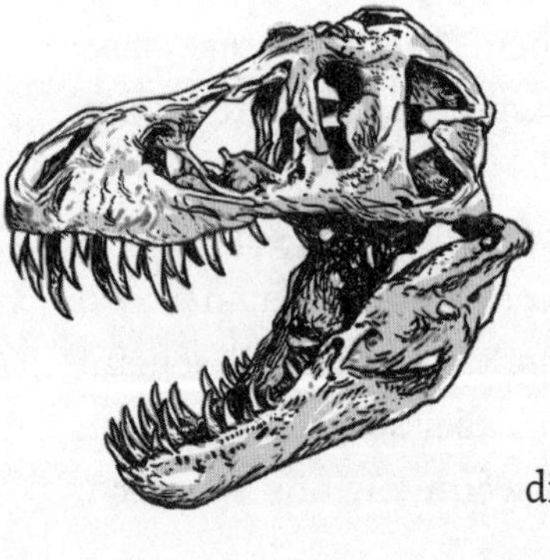

relativ selten. Viel häufiger findet man dagegen den versteinerten Kot von Dinosauriern, die sogenannten Koprolithen, über die sich Rückschlüsse auf die Ernährungsgewohnheiten von Dinosauriern ziehen lassen. Dabei sind die Kotsteine von Fleischfressern sehr viel häufiger zu finden als die von Pflanzenfressern, da sie Phosphat enthalten und ein viel größeres Erhaltungspotenzial aufweisen. Bei manchen Vögeln entdeckt man aber auch Hinweise auf ihre Ernährungsweise, ohne den Kot untersuchen zu müssen: Eulen und andere Raubvögel würgen schwer verdauliche Reste ihrer Beute hoch und speien sie aus. Man spricht dabei von Speiballen oder Gewölle, die ebenfalls versteinern können und dann Regurgialithen genannt werden.

Ein Kollege, der sich wie kaum ein Zweiter mit Koprolithen von Archosauriern auskennt, ist Martin Qvarnström von der Uppsala-Universität in Schweden. Ich habe ihn bei einer Tagung in Albuquerque, New Mexico, kennengelernt, wo er einen Vortrag über Kotsteine aus der Oberen Trias in Polen hielt. Er hatte diese Koprolithen am ESRF in Grenoble mittels Synchrotron-Mikrotomografie gescannt, und sein Vortrag in Albuquerque war eindrücklich. Martin hat eine sehr lässige und gleichzeitig souveräne Art, über sein Forschungsgebiet zu erzählen, er kann komplexe Sachverhalte verständlich erklären und die Zuhörer in seinen Bann ziehen.

Martin untersuchte knochenreiche Koprolithen und Regurgialithen von einem Archosaurier, dessen Bauplan dem der Dinosaurier schon sehr ähnlich war. Sie wurden aus der spätesten Mitteltrias und der frühen Obertrias in Polen gefunden. Dieser Archosaurier trägt den wissenschaftlichen Namen *Smok wawelski*. Das Tier wurde nach dem Wawel-

Drachen aus der polnischen Volkssage benannt. *Smok* hat also nichts mit den Drachen Smaug aus Tolkiens Roman *Der Hobbit* zu tun, der in einem Berg über einen Goldschatz wacht. Hier handelt sich nämlich nicht um eine Figur aus einem Fantasyroman, sondern um einen echten Räuber aus der Trias.

Der besondere Schädelaufbau des Tieres und der Inhalt der Koprolithen legen nahe, dass dieses Tier Knochen zerbissen und gefressen hat. Auch einige andere anatomische Merkmale deuten bei *Smok* auf Osteophagie hin. Der Wawel-Drache hatte beispielsweise einen massiven Kopf und einen robusten Körper wie die Tyrannosaurier. *Smok* ist also *Tyrannosaurus* optisch ähnlich und liefert damit den Hinweis auf eine konvergente Evolution, die mit einer ähnlichen Ernährungsökologie in Zusammenhang steht.

Die Zusammensetzung der Koprolithen von *Smok* bestätigen, was der Schädelbau bereits vermuten lässt. Sie bestehen zur Hälfte aus Zahn- und Knochenfragmenten. Die Zahnfragmente stammen aber nicht von seiner Beute, es handelt sich vielmehr um abgebrochene Spitzen seiner eigenen Zähne, die er mit der Nahrung verschluckt hat. Diese Nahrung war sehr vielfältig und bestand aus Fischen, kleinen Säugetieren und Echsen, riesigen Dicynodontiern und großen Temnospondylen. Die Dicynodontier und Temnospondylen waren so groß, dass *Smok* sie nicht auf einmal herunterschlucken konnte, und viele der salamanderähnlichen Lebewesen hatten knöcherne Hautplatten, die er zunächst durchbeißen musste.

Ein anderes Tier aus Polen war den Dinosauriern noch ähnlicher: der *Silesaurus*. Er gehört zu einer Gruppe, die wir die Dinosauromorpha nennen. Das sind Archosaurier, die schon fast wie echte Dinosaurier aussahen, sich aber noch in einigen Merkmalen unterschieden. *Silesaurus* hatte vier schlanke lange Beine und einen grazilen Körperbau. Er war etwas über zwei Meter lang und wird heute als der nächste Verwandte der echten Dinosaurier angesehen. *Silesaurus* ist das am besten untersuchte Tier aus dieser Gruppe, von ihm sind über zwanzig Skelette bekannt. Er hat viel zu unserem besseren Verständnis über die frühe Entwicklung der Dinosauromorphen beigetragen.

Martin Qvarnström hat auch Koprolithen von diesem Tier untersucht und spannende neue Entdeckungen gemacht. Lange hatte man *Silesaurus* für einen Pflanzenfresser gehalten, aber Martin und sein Team haben durch Kotsteine herausgefunden, dass *Silesaurus* tatsächlich ein Allesfresser war. In seinem versteinerten Kot fanden sie die Überreste vieler Chitinpanzer von Käfern. Dass wir überhaupt so spannende Entdeckungen in Koprolithen machen können, verdanken wir der Computertomografie und den leistungsstarken Synchrotrongeräten. Früher musste man Kotsteine mit Steinsägen aufschneiden, um zu sehen, was darin enthalten ist. Von außen kann man nämlich meist nicht erkennen, ob und welche Nahrungsreste in den Koprolithen versteckt sind. Beim Zerschneiden der Steine besteht natürlich die Gefahr, dass man den Inhalt zerstört oder den Koprolithen an der falschen Stelle zerteilt, sodass an der Schnittoberfläche gar nichts zu erkennen ist. Mit einer Mikrotomografie können wir jedoch alle Details in unglaublich feiner Auflösung sehen, ohne das Fossil zerstören zu müssen.

Diese Scans zeigen uns, dass *Silesaurus* Insekten gejagt hat. Vielleicht tat er das, indem er Laub auf dem Boden aufgewühlt und dann schnell zugeschnappt hat, wenn ein Käfer zum Vorschein kam. Diese Strategie kann man auch bei heutigen Vögeln noch beobachten. Obwohl die Kotsteine Käfer enthielten, was nahelegt, dass *Silesaurus* hauptsächlich Insekten fraß, ist es wahrscheinlich, dass er auch Pflanzen verzehrte. Darauf deuten seine Zähne hin, die sehr unregelmäßig und weniger zahlreich im Kiefer verteilt waren als bei den meisten Pflanzenfressern. Aber auch sonst ist das Tier spannend, weil es uns verrät, wie das offene Kugelgelenk am Becken der Dinosaurier entstanden ist, und möglicherweise in Zukunft auch, wann Archosaurier Federn entwickelt haben.

Die ältesten uns bekannten Hinweise auf Federn sind etwa 150 Millionen Jahre alt. Diese Federn gehören zu den Urvögeln aus Bayern, über die ich später noch mehr erzählen werde. Ob Dinosauromorpha schon Federn hatten, ist im Moment noch unklar, denn bis heute gibt es keine Indizien dafür. Es wäre spannend zu wissen, zu welchem Zeitpunkt die Federn entstanden sind, denn auch wenn es bisher keinen Beweis für sie gibt, bedeutet das nicht, dass Federn bei Dinosauromorphen grundsätzlich fehlen. Untersuchungen an der inneren Knochenstruktur von *Silesaurus* ergaben, dass er, genau wie die Dinosaurier, eine schnelle Wachstumsrate und einen sehr aktiven Stoffwechsel hatte. Er konnte also eine konstante innere Körpertemperatur aufrechterhalten. Federn hätten *Silesaurus* geholfen, diese Wärme besser zu speichern.

Silesaurus galt früher als sogenannter fakultativer Zweibeiner, denn er konnte zwischen einer Fortbewegung auf vier oder zwei Beinen wählen. Bei den meisten anderen Dinosauromorphen nahm man an, dass sie ausschließlich zweibeinig waren. Allerdings deuten die neuesten Untersuchungen darauf hin, dass es sich bei *Silesaurus* und seinen Verwandten durchwegs um Vierbeiner handelte, weil ihre Vordergliedmaßen deutlich länger waren, als bisher angenommen. Das bedeutet, dass sich die Zweibeinigkeit erst bei den echten Dinosauriern entwickelt hat.

Außerdem zeigen neueste Funde, dass die Gliedmaßen von *Silesaurus* ganz anders aussahen als die von Dinosauriern. Seine Oberschenkelknochen verliefen zwar senkrecht, waren aber seitlich mit der Hüfte verbunden. Das ist anders als bei den Dinosauriern und Säugetieren. Und weil der Gelenkkopf des Oberschenkels bei *Silesaurus* weder geneigt noch in eine offene Gelenkpfanne eingepasst war und die Beine nicht unter dem Körper lagen, waren diese Tiere keine echten Dinosaurier und folglich auch keine Vogelbeckendinosaurier. Die offene Gelenkpfanne unterscheidet die Dinosaurier nämlich von anderen Tieren.

Dieser Schritt in der Evolution vollzog sich erst nach der Entstehung der Silesaurier und zeigt, dass die ersten echten Dinosaurier innovativer waren als ursprünglich angenommen. Obwohl *Silesaurus* auf vier Beinen lief, dienten die Vorderbeine ihm eher als Stütze und weniger zur Fortbewegung. Es war nur noch ein kleiner Schritt, bis die ersten Dinosaurier ihren Körper so ausbalancierten, dass sie sich zweibeinig fortbewegen konnten. Das bot den Vorteil, schneller laufen zu können als auf allen vieren, und ihr Kopf war höher über dem Boden. Gleichzeitig eröffnete es neue Anwendungsmöglichkeiten für ihre Hände, sie konnten beispielsweise nach der Nahrung greifen oder sie als Waffen verwenden. Es erklärt auch, warum sich die echten Dinosaurier schlussendlich gegen die Dinosauromorphen durchsetzten, denn ihre sehr spezielle, agile Fortbewegungsweise wird als eine der Schlüsselinnovationen angesehen, die der Gruppe zu ihrem Siegeszug verhalfen.

Wo die wilden Kerle wohnen

Der Aufstieg der Dinosaurier war ein wichtiges Ereignis in der Geschichte der Wirbeltiere. Allerdings ist der genaue Zeitpunkt der Entstehung und die frühe Aufspaltung der Dinosaurier von anderen Dinosauromorphen nicht ganz klar. Oftmals ist eine Unterscheidung von Dinosauromorphen und Dinosauriern schwierig, wie wir beim Beispiel von *Silesaurus* schon gesehen haben. Es gibt aber ein Tier aus Tansania, bei dem die Frage der Zugehörigkeit noch verzwickter ist. Es heißt *Nyasasaurus* und wurde 2013 erstmals untersucht. Der Gattungsname bezieht sich auf den Malawi- oder Njassasee, der auch Nyasa genannt wird. *Nyasasaurus* war entweder der älteste Dinosaurier oder das am nächsten verwandte Schwestertaxon dieser Gruppe.

> Ein **Taxon** bildet in der Biologie eine Gruppe von Lebewesen, die unter einem bestimmten Namen bekannt sind. Diese Gruppe wird einem bestimmten Rang zugeordnet, wie zum Beispiel einer Art, einer Gattung, einer Familie oder einer Ordnung. Die Internationalen Regeln für die Zoologische Nomenklatur regeln, welcher wissenschaftliche Name für ein bestimmtes Taxon korrekt ist.

Das Tier besitzt eine einzigartige Kombination von Dinosauriermerkmalen und zeigt bereits eine erhöhte Wachstumsrate auf. Die Untersuchungen von *Nyasasaurus* deuten darauf hin, dass sich die globale Verbreitung von Dinosauriern wahrscheinlich nur sehr langsam vollzogen hat. Überreste des Tieres stammen aus der Mitteltrias und sind etwa fünfzehn Millionen Jahre älter als die nächsten Funde aus dieser Region. Eine phylogenetische Analyse von 2013 zeigt, dass es sich bei *Nyasasaurus* tatsächlich um einen Dinosaurier handelt.

Allerdings liegt er verwandtschaftlich noch außerhalb aller anderen Dinosauriergruppen, er ist weder ein echter Echsenbeckendinosaurier noch ein echter Vogelbeckendinosaurier. Da das Skelett von *Nyasasaurus* aber unvollständig ist, könnten weitere Funde die Zuordnung noch verändern, weshalb der genaue Zeitpunkt des Ursprungs der Dinosaurier und das Tempo ihrer Diversifizierung bis heute unklar bleiben. Trotzdem gibt es unter Paläontologen stetig wachsende Übereinstimmung darin, dass die Dinosaurier bereits ursprüngliche, wenngleich seltene Bestandteile der terrestrischen Ökosysteme der frühen Trias waren und dass ihr Aufstieg langsam und in den meisten Fällen regional erfolgte.

Die ältesten, verlässlich datier- und identifizierbaren Dinosaurier stammen aus der frühen Obertrias Argentiniens, einem Zeitraum vor ungefähr 230 Millionen Jahren. Bis zum Ende des Karniums waren dann alle drei großen Dinosaurierlinien, die Ornithischia, die Sauropodomorpha und die Theropoda, vorhanden. Zu den ältesten Dinosaurierfunden weltweit gehören *Eoraptor*, *Saturnalia* und *Panphagia* aus Südamerika, die der sauropodomorphen

Linie zugeordnet wurden. Der älteste echte Dinosaurier Afrikas ist *Mbiresaurus*, der erst 2022 beschrieben wurde und aus Simbabwe stammt.

Sauropodomorpha war die erste große Dinosauriergruppe, die sich während der Trias ausbreitete und diversifizierte. In dieser Zeit durchliefen die Dinosaurier große Veränderungen ihres Körperbaus, sie wurden Pflanzenfresser, ihre Größe nahm zu und sie wechselten zu einer vierbeinigen Fortbewegung. Am Ende der späten Trias, etwa 30 Millionen Jahre nach der Entstehung der Dinosaurier, dominierten die Sauropodomorphen weltweit die Nische der großen Pflanzenfresser in allen kontinentalen Ökosystemen.

Es gab verschiedene Linien mit sehr unterschiedlichen Körpergrößen, zweibeinige Arten, etwa zehn Kilogramm schwer, bis zu mehr als fünf Tonnen schwere Vierbeiner, außerdem Tiere mit unterschiedlicher Nahrungsbiomechanik und Fortbewegungsweise. Aktuell liegen etwa vierzehn verschiedene Arten von Sauropodomorphen aus den Schichten der oberen Trias im Nordwesten Argentiniens und Südbrasiliens vor. Das ist etwa die Hälfte aller Arten, die weltweit für die Trias bekannt sind. Durch diese Funde hat unser Wissen über die sauropodomorphe Fauna in den letzten fünfzehn Jahren deutlich zugenommen. Diese südamerikanischen Sauropodomorphen sind für das Verständnis des Ursprungs und der frühen Diversifizierung dieser Gruppe von großer Bedeutung, sie zeigen uns, was den Dinosauriern zu ihrer Vormachtstellung innerhalb der Gruppe von Landwirbeltieren in der späten Trias verhalf.

Die ersten Riesen: Hundert Langhalsdinosaurier im Schlamm

Die ältesten Dinosaurier mögen zwar aus der Trias in Südamerika oder Afrika stammen, aber es gibt auch in Europa bemerkenswerte Funde. Eine der interessantesten und wahrscheinlich größten europäischen Fundstellen für Dinosaurierskelette liegt in der Nordschweiz, nahe dem Rhein, weniger als zehn Kilometer von der deutschen Grenze entfernt. Aus der mittleren Stufe der Obertrias, also irgendwann im Zeitraum zwischen 228 und 208,5 Millionen Jahren vor unserer Zeit, verendeten dort, in der Gemeinde Frick, Hunderte Plateosaurier und blieben im Tonstein erhalten. *Plateosaurus* war ein bis zu zehn Meter langer und vier Tonnen schwerer Pflanzenfresser, das größte Tier seiner Zeit in Europa.

Plateosaurus hatte einen kleinen Kopf, der auf einem langen, biegsamen Hals mit zehn Halswirbeln saß. Sein Körperbau erinnert bereits ein wenig an die großen Langhalsdinosaurier (Sauropoden), deren Vorfahre er war. Sein Rumpf war gedrungen und er hatte, ähnlich wie seine Nachkommen, einen langen, flexiblen Schwanz. Seine langen Beine trug er senkrecht unter dem Körper. *Plateosaurus* konnte auf allen vieren gehen, bewegte sich aber in der Regel zweibeinig. Dabei berührten nur seine Zehen den Boden, aber nicht die Fußballen, was darauf hindeutet, dass er, zumindest zeitweise, schnell auf zwei Beinen laufen konnte. Dazu waren die echten Langhalsdinosaurier nicht mehr in der Lage.

Den größten Unterschied zu den Sauropoden stellten die kurzen Vordergliedmaßen dar, die etwa halb so lang wie die Hinterbeine waren. Mit seinen kurzen Armen und den Händen mit den langen Krallen konnte er große Gegenstände greifen und festhalten. Seine Brust und sein Schultergürtel waren relativ schmal.

Als ich den Aufschluss in dem aktiven Tonsteinbruch in Frick 2011 bei einer Exkursion besuchte, traf ich dort auf eine alte Studienkollegin aus Mainz, die gerade dabei war, ein neues, nahezu vollständiges Skelett eines Plateosauriers zu bergen. *Plateosaurus* war wahrscheinlich der häufigste Dinosaurier in der späten Trias und es gibt in Mitteleuropa mehr als 50 Fundorte. Da viele vollständige Skelette des Plateosauriers gefunden wurden, ist er wohl einer der bekanntesten triassischen Dinosaurier.

Die ersten Überreste eines *Plateosaurus* wurden 1834 von dem Chemieprofessor Friedrich Engelhardt in der Nähe von Nürnberg entdeckt. Er übergab den Fund an Hermann von Meyer, der heute als Begründer der Wirbeltierpaläontologie in Deutschland gilt. Von Meyer schrieb am 4. April 1837 in einem Brief an die Zeitschrift *Neues Jahrbuch für Mineralogie, Geologie und Paläontologie*:

»Herr Dr. Engelhardt in Nürnberg brachte zur Versammlung der Naturforscher in Stuttgart einige Knochen von einem Riesenthier aus einem Breccien-artigen Sandstein des oberen Keupers seiner Gegend. Dieser Fund ist von großem Interesse. Die Knochen rühren von einem der massigsten Saurier her, welcher infolge der Schwere und Hohlheit seiner Gliedmaßenknochen dem *Iguanodon* und *Megalosaurus* verwandt ist. Diese Reste gehören einem neuen Genus an, das ich *Plateosaurus* nenne; die Species ist *Plateosaurus Engelhardti*. Das Ausführliche darüber werde ich später bekannt machen.«

Von Meyer erkannte die Ähnlichkeit von *Plateosaurus* mit den in England beschriebenen Echsen des Erdmittelalters. Als er das Tier 1837 benannte, existierte der Begriff Dinosaurier noch nicht, den der britische Paläontologe Sir Richard Owen erst 1841 einführte. *Plateosaurus* war damit der erste in Deutschland beschriebene Dinosaurier und einer der ersten überhaupt, die mit einem eigenen Namen bedacht wurden. Bis zu diesem Zeitpunkt waren weltweit nur vier andere Dinosauriergattungen bekannt. Als in der Mitte des 19. Jahrhunderts erste Funde von *Plateosaurus* im süddeutschen Trossingen gemacht wurden, gab August Quenstedt, ein anderer zeitgenössischer Paläontologe, *Plateosaurus* den Spitznamen »schwäbischer Lindwurm«, in Anlehnung an die Drachen vieler germanischer Sagen.

Obwohl es mehr als 50 Fundstellen in Deutschland gibt, und noch viele mehr in Frankreich und in der Schweiz, stammen die meisten vollständigen Skelette und ein Großteil des freigelegten Materials nur aus ein paar wenigen Aufschlüssen. Die wichtigsten drei sind Frick in der Nordschweiz, Trossingen in Südwestdeutschland und Halberstadt in der Mitte Deutschlands. Die Ablagerungsbedingungen dieser Fundorte sind sehr ähnlich, weshalb die drei Orte auch als »*Plateosaurus* Knochenschichten« beschrieben werden.

Diese Schichten erstrecken sich über Tausende von Quadratmetern. In Frick ist das Knochenfeld mindestens eineinhalb Kilometer lang, und etwa alle zehn Meter taucht ein neues Skelett auf. Interessant ist, dass es an die-

sem Fundort eine große Anzahl vollständiger *Plateosaurus*-Skelette gibt, dass aber alle anderen Wirbeltiere dort fehlen. Die einzige Ausnahme bilden einige wenige primitive Schildkröten der Gattung *Proganochelys*, die sich hier und da zwischen den Plateosauriern befinden. Die Aufschlüsse in Frick, Trossingen und Halberstadt sind besonders spannend, weil die Skelette der Plateosaurier dort in aufrechter Position im Sediment stecken.

Allerdings sind die Hinterbeine bei vielen Exemplaren angewinkelt und die Oberschenkel weit gespreizt, sodass die Knie zur Seite zeigen. In dieser Position sehen die Beine ein wenig wie die von Fröschen aus. Aufgrund dieser Körperhaltung war von Anfang an klar, dass die Tiere nach ihrem Tod nicht mehr durch Flüsse weitertransportiert, sondern an Ort und Stelle vom Sediment begraben wurden. Aber wie kamen diese Plateosaurier zu Tode? Wieso sind bei vielen Exemplaren die Beine angewinkelt? Und wieso sehen wir die gleiche Körperhaltung bei zahlreichen Tieren an drei verschiedenen Orten, die Hunderte Kilometer voneinander entfernt liegen?

Dass die Plateosaurier so zahlreich im Fossilbericht vertreten sind, deutet darauf hin, dass sie die häufigsten Pflanzenfresser in ihrem Ökosystem waren. Sie wurden oft in Massenansammlungen gefunden, was ein Indiz dafür ist, dass sie in Herden auftraten und weite Gebiete durchwanderten. Die Fundhorizonte der Fossillagerstätte von Frick werden als Playa-Schichten bezeichnet. Das Wort *playa* kommt aus dem Spanischen, wo es schlicht »Strand« bedeutet. In der Geologie sind Playas aber Ebenen innerhalb meist abflussloser Becken. Diese Becken können beispielsweise in Tälern zwischen einigen Bergen liegen oder eine küstennahe Ebene darstellen. Sie werden im Lauf der Zeit allmählich von salzhaltigen Ton- oder Mergelschichten bedeckt. Wenn es dann regnet oder der Grundwasserspiegel steigt, verwandelt sich die Ebene in einen flachen Salzsee oder einen Salzsumpf.

Für die Herden von Plateosauriern, insbesondere für die schweren Tiere unter ihnen, die über diese Playa-Ebenen wanderten, bildeten kleine, flache Rinnen im dichten Schlamm des Mergels wirkungsvolle Fallen. Die großen Tiere blieben im Sumpf stecken, während die Jungtiere entkommen konnten. Die Plateosaurier versuchten sich aus dem Schlamm freizustrampeln, aber ihre Hinterbeine fanden keinen festen Boden unter dem zähen Matsch, und sie sanken immer tiefer ein, bis sie letztendlich erschöpft aufgaben. Die Beinmuskulatur war dann so geschwächt, dass die Tiere in sich zusammensackten. Der Hinterleib sank tiefer in den Schlamm und die kraftlosen Beine wurden auseinandergedrückt.

Während die Tiere hilflos im Morast steckten, kamen kleine Raubsaurier und fraßen ihre Oberkörper, die aus dem Schlamm ragten – egal ob die Plateosaurier schon verendet waren oder noch lebten. Diese Räuber waren keine großen Killer wie der *Tyrannosaurus*, sondern tatsächlich winzige Tiere, die unter anderen Umständen niemals in der Lage gewesen wären, einen bis zu acht Meter langen *Plateosaurus* zu erlegen. Obwohl wir bis vor Kurzem noch keine Knochen dieser Räuber finden konnten, wissen wir, dass sie da waren, denn das belegen Hunderte abgestoßene und abgebrochene kleine Fleischfresserzähne in den *Plateosaurus*-Knochenschichten. Die Fleischfresser machten sich über die wehrlosen Plateosaurier in ihren Schlammlöchern her, sodass bei den aufrecht in Sediment eingebetteten Tieren oft der Kopf, der Hals und die Schultern fehlten.

Es gibt aber noch eine zweite Form der Ablagerung, in der vollständige Skelette in liegender Position überliefert sind. Bei diesen Exemplaren sind der Hals und der Schwanz stark über den Rücken gebogen, was auf eine Austrocknung und Mumifizierung nach dem Tod hinweist. Bei kräftigem Regen wurden diese ausgetrockneten Kadaver dann von Schlammströmen mitgerissen und an tieferen Stellen erneut abgelagert. Im Verlauf der Zeit trocknete der Schlamm aus und setzte sich. Dadurch und durch die Last neuer Ablagerungen wurden die spröde gewordenen Knochen der Plateosaurier plattgedrückt. Die ausgetrockneten Weichteile wie Haut, Muskeln und Sehnen blieben nicht erhalten, da sie allmählich zerfielen.

Obwohl in der Tongrube in Frick die ersten Skelette bereits Anfang der Sechzigerjahre gefunden wurden und dabei auch viele Raubsaurierzähne auftauchten, dauerte es über 40 Jahre, bis im Jahr 2006 ein Hobbypaläontologe in einer höheren Schicht endlich das erste Skelett eines Fleischfressers entdeckte. Leider fehlte diesem Skelett der Kopf, der aber drei Jahre später bei einer genaueren Untersuchung des umliegenden Gesteins gefunden wurde. 2019 wurde das Tier beschrieben und erhielt den wissenschaftlichen Namen *Notatesseraeraptor frickensis*. Der Gattungsname *Notatesseraeraptor* bedeutet »der Räuber mit den Mosaikmerkmalen« und bezieht sich darauf, dass dieser Fleischfresser unterschiedliche Merkmale verschiedener Raubsauriergruppen in sich vereint. Der Artname *frickensis* verweist auf den Fundort, die Gemeinde Frick. Obwohl man in der Schweiz schon seit vielen Jahrzehnten Überreste von Dinosauriern und ihre Fußspuren gefunden hat, ist *Notatesseraeraptor* der erste fleischfressende Dinosaurier in diesem Land. Wenn man bedenkt, dass es von Trossingen, Halberstadt und Frick Hunderte *Plateosaurus*-Skelette gibt, aber kaum andere Dinosaurier, dann kommt einem die Entdeckung des Schweizer *Notatesseraeraptor* geradezu wie ein Lottogewinn vor.

Ähnlich wie die Raubsaurier sind Jungtiere von *Plateosaurus* in den Playa-Ablagerungen praktisch nicht vorhanden, sie wurden erst fünfzig Jahre später in Frick gefunden. Die kleinsten Exemplare maßen etwa fünf Meter. Vielleicht waren kleinere Tiere noch leicht genug, um der Schlammfalle der *Plateosaurus*-Knochenschichten zu entkommen. Martin Sander, mein ehemaliger Professor aus Bonn, behauptete sogar, dass man in Frick niemals Jungtiere finden würde. Er hatte als junger Mann dort eine großangelegte Bergung geleitet und maßgeblich zu der Entschlüsselung der Todesursachen der Plateosaurier beigetragen. Über zwanzig Jahre lang behielt er mit seiner Prognose recht. Dann passierte allerdings etwas völlig Unerwartetes, das seine Prophezeiung widerlegte und gleichzeitig bestätigte. Eine von Martins Studentinnen beschrieb für ihre Masterarbeit mehrere Wirbel eines Plateosauriers aus Frick. Die Wirbel waren noch nicht völlig verwachsen und ließen sich deshalb eindeutig einem Jungtier zuordnen – allerdings waren sie riesengroß, viel größer als bei manchen ausgewachsenen Tieren. Trotzdem bestand kein Zweifel daran, dass es sich um dieselbe Art handelte. Anfangs konnte sich niemand einen Reim darauf machen, bis man sich die innere Knochenstruktur dieses Tieres und anderer Plateosaurier genauer ansah. Dabei stellte sich heraus, dass diese Dinosaurier offenbar noch nicht den gleichen aktiven Stoffwechsel hatten wie ihre Nachfahren. Sie wuchsen einfach schnell, wenn es warm war und viel zu essen gab, und langsamer, wenn nicht genügend Ressourcen vorhanden waren. Diese Tiere zeigten also eine gewisse Plastizität in ihrer Körperentwicklung. Das bedeutet, dass man an der Größe des Tieres nicht zwingend sein Alter ablesen kann. Dieses Jungtier war noch nicht völlig ausgewachsen, aber schon jetzt um einiges größer als viele seiner erwachsenen Artgenossen. Und obwohl es erst wenige Jahre alt war, versank es im Schlamm, weil sein Körpergewicht den kritischen Schwellenwert überstieg. Entgegen Martins Prophezeiung fand sich also doch ein Jugendlicher unter den Opfern, aber dieses Tier war mehr als fünf Meter lang und bestimmt schon über eine Tonne schwer.

Es bleibt also spannend, ob Frick uns nicht auch in Zukunft noch mit neuen Funden überraschen wird, die uns zwingen unsere Ansichten zu überdenken. Die Chancen dafür stehen gut, denn das Knochenfeld hat allem Anschein nach eine viel größere Ausdehnung als gedacht. Erst vor Kurzem wurden bei Erdarbeiten für ein Neubaugebiet auf der anderen Seite des Tals weitere Plateosaurier entdeckt. Mit den zahlreichen Funden der letzten Jahre gilt Frick heute als eine der ergiebigsten Dinosaurier-Fundstellen Europas. Halberstadt in Sachsen-Anhalt wird Frick diesen Rang nicht mehr ablaufen. Zwar gab es dort 1910 und 1914 umfangreiche Grabungen, doch die Fundstelle wurde später überbaut und ist heute nicht mehr zugänglich.

In Trossingen in Baden-Württemberg wurden die ersten Dinosaurierknochen schon im Jahr 1904 gefunden. Dort begannen ab 1911 die ersten Grabungen, zwei vollständige

Skelette wurden dann 1913 im Naturkundemuseum in Stuttgart gezeigt. In den 1920er-Jahren erfolgte eine zweite Grabung, bei der deutsche und amerikanische Kollegen zusammenarbeiteten. Sie bargen insgesamt zwölf Skelette, von denen ein Exemplar im American Museum of Natural History in New York ausgestellt wurde. In den 1930er-Jahren fand noch eine dritte Grabung statt, aber leider wurden zwei Drittel der geborgenen Funde im Zweiten Weltkrieg zerstört.

Daneben gibt es noch Dutzende kleinerer Fundstellen in Deutschland, viele davon in Franken rund um Nürnberg, wo über tausend einzelne Knochen geborgen wurden. Andere berühmte Fundstellen liegen in Burgund in Frankreich, und es gibt sogar Berichte über einen Verwandten von *Plateosaurus* aus Grönland. Sogar in der Nordsee, vor der Küste Norwegens, hat man bei Erdölbohrungen 2600 Meter unter dem Meeresboden einzelne Knochen von *Plateosaurus* entdeckt. Vermutlich war er in der Oberen Trias in ganz Europa verbreitet, eng verwandte Gattungen sogar auf allen Kontinenten, mit Ausnahme von Australien. Dass diese Tiere weltweit vorkamen, ist nicht verwunderlich, wenn man bedenkt, dass in der Trias alle Kontinente noch zusammenhingen und den Urkontinent Pangäa bildeten. Selbst in Argentinien lebten in der Oberen Trias relativ große Verwandte von *Plateosaurus* wie beispielsweise *Riojasaurus* und *Lessemsaurus*. Sie waren noch ein Stück größer als *Plateosaurus* und nahmen mit ihrer Länge von bis zu zwölf Metern die noch größeren Sauropoden vorweg, die ihnen im Jura nachfolgen sollten. In der Trias waren diese Prosauropoden allerdings in ihren jeweiligen Ökosystemen noch die größten Tiere. Zumindest glaubte man das lange Zeit – bis unlängst eine äußerst ungewöhnliche Entdeckung nicht im Gelände, sondern in der Sammlung des Tübinger Naturkundemuseums gemacht wurde. Dort wurden nämlich die Überreste eines bereits 1922 entdeckten »Plateosauriers« noch einmal genauer untersucht. Dabei stellte man fest, dass es sich in Wirklichkeit nicht um einen Plateosaurier, sondern tatsächlich um eine ganz neue Art handelt, die viel enger mit den Sauropoden als mit dem *Plateosaurus* verwandt ist. Der neue Name lautet *Tuebingosaurus*. Diese Erkenntnis könnte weitreichende Folgen haben und die Paläontologen dazu zwingen, sich die »Plateosaurier« in allen historischen Sammlungen Deutschlands, Frankreichs und der Schweiz noch einmal anzuschauen. Vielleicht ist nicht alles *Plateosaurus*, was *Plateosaurus* zu sein scheint.

Bis zum Ende der Trias hatten sich die Dinosaurier jedenfalls so stark weiterentwickelt, dass sie zu wahren Superhelden ihrer Zeit wurden. Und so bot das Massensterben, das der Trias folgte, den Dinosauriern ungeahnte Entfaltungsmöglichkeiten: eine Krise als Chance.

Die Prosauropoden entwickelten sich zu Riesen und die Fleischfresser wurden zu gefährlichen Räubern. Die Beine, die sie unter dem Körper trugen, boten gleich fünf Vorteile:

1. Mit zwei senkrecht unter dem Körper schwingenden Beinen konnten sie schneller laufen.

2. Die Zweibeinigkeit ermöglichte es ihnen außerdem, ihre Hände anderweitig einzusetzen. Sie konnten etwas greifen oder festhalten, ihre Krallen als Waffen benutzen und andere Tiere damit verletzen oder töten.

3. Der aufrechte Gang verhinderte, dass sie ihre Körper über den Boden schleifen mussten, wie das bei Eidechsen der Fall ist. Dadurch waren die Dinosaurier weniger anfällig für Überhitzung, selbst wenn der Untergrund stark erwärmt war.

4. Ihre aufrechte Körperhaltung ermöglichte es ihnen außerdem, weiter in die Ferne zu blicken und eine mögliche Gefahr oder Beute frühzeitig zu erkennen. Das bot ihnen die Gelegenheit, rasch zu reagieren, und erwies sich als großer evolutiver Vorteil.

5. Durch ihre aufrechte Haltung mussten sie den Körper beim Gehen weder seitlich verbiegen noch wurde die Luft von einer Lungenhälfte zur anderen gepresst. Sie konnten sie vollständig ausatmen, um Platz für frische Luft zu schaffen. Das verbesserte die Atmung in einer Umwelt, die weniger sauerstoffreich war als heute.

Langgestreckte, senkrecht unter dem Körper liegende Beine waren aber nicht die einzige Schlüsselinnovation der Dinosaurier. Ihre Vogellunge, in Verbindung mit der effizienteren Atmung, ermöglichte es ihnen, ausdauernd und lange zu laufen. Damit konnten sie weiträumige Gebiete erschließen und sich über die ganze Welt verbreiten.

Und irgendwann nach der Abspaltung von anderen dinosaurier-ähnlichen Tieren wie beispielsweise *Silesaurus* entwickelten die Dinosaurier ein Gefieder. Das war vielleicht eine Anpassung an eine neue Katastrophe, von der die Welt heimgesucht wurde. Dieses Mal wurde es nicht heißer, sondern richtig kalt, und die Dinosaurier waren darauf vorbereitet. Das endtriassische Massenaussterben vor etwa 201 Millionen Jahren war eines der fünf großen Aussterbeereignisse in der Erdgeschichte. Neben den Conodonten im Meer starben dabei vier Großgruppen innerhalb der Krokodillinie aus, die bis dahin noch Konkurrenten der Dinosaurier gewesen waren: die Rauisuchier, die Phytosaurier, die Aetosaurier und die Ornithosuchier. Diese Großgruppen waren in der Trias ähnlich erfolgreich wie die Dinosaurier. Dabei sind die Ursachen für das Massenaussterben in diesem Zeitraum nicht ganz klar. Manche Kollegen führen hier Meeresspiegelschwankungen an. Außerdem müssen klimatische Veränderungen damit einhergegangen sein. Normalerweise sind Klimaschwankungen sehr langsame Prozesse, wobei dieses Aussterbeereignis möglicherweise ganz abrupt vonstattenging. In weniger als 50 000 Jahren waren alle Conodonten und viele Krokodil- und Amphibienarten ausgestorben. Andere Ursachen können Vulkanismus und ein Asteroideneinschlag gewesen sein, oder eine Kombination von beidem.

Weil der Meeresspiegel aber äußerst niedrig war – er befand sich an der Trias-Jura-Grenze weltweit an einem Tiefstand –, müssen wir annehmen, dass das Wasser anderweitig gebunden war. Eine Studie von 2022 fand heraus, dass in Nordchina Belege für Moränen am Ende der Trias vorliegen.

> Eine **Moräne** ist Material, das von Gletschern mitbewegt und andernorts als Schutt abgelagert und aufgehäuft wird.

Damit wird eine Klimakatastrophe wieder wahrscheinlicher, und eine Vereisung der Polkappen mag zu einer deutlichen Abkühlung geführt haben.

Das Federkleid der Dinosaurier bot in dieser rauen Umgebung einen erheblichen Vorteil. Damit konnten sie sogar unter eisigen Winterbedingungen auf die reiche, immergrüne arktische Vegetation zugreifen oder auf die Jagd nach Tieren gehen, die diese Pflanzen als Nahrungsgrundlage benötigten. Immer wiederkehrende, heftige Vulkanausbrüche, die zu vulkanischen Wintern mit massiv verringerter Sonneneinstrahlung führten, bewirkten ein Massensterben an Land, dem alle mittelgroßen bis großen Nicht-Dinosaurier zum Opfer fielen. Diese Reptilien waren nicht ausreichend isoliert und wurden infolgedessen dezimiert. Sie wurden von Dinosauriern ersetzt, die warm eingepackt und gegen die Kälte geschützt waren. Mit ihrem plüschigen Gefieder hatten sich diese Tiere gut auf kalte Temperaturen eingestellt und konnten sich im Jura durch eine schnelle Anpassung rasch verbreiten. Diese ökologische Expansion führte die Dinosaurier auch in Regionen, die davor nur von großen nicht gefiederten Reptilien dominiert waren.

DER JURA

201,3 BIS 145 MILLIONEN JAHRE VOR HEUTE

Europasaurus
Archaeopteryx

Torvosaurus

Kapitel 3
Die Dinosaurier der Morrison-Formation

Der Krieg um die Knochen

Alles, was wir heute über Dinosaurier wissen, verdanken wir vielen Paläontologen weltweit, die immer neue Fossilien entdecken, beschreiben und untersuchen. Dabei ist die Art und Weise, wie Dinosaurier gefunden werden, oftmals fast genauso interessant wie die Tiere selbst. Die aus meiner Sicht spannendste Geschichte über Dinosaurierjäger handelt von der Rivalität der beiden Amerikaner Othniel Charles Marsh und Edward Drinker Cope. Sie suchten unter anderem in der Morrison-Formation nach Dinosauriern, einer der bekanntesten Gesteinsabfolgen in Nordamerika, in denen Fossilien entdeckt wurden, und sie waren es, die *Stegosaurus*, *Brontosaurus*, *Camarasaurus* und *Diplodocus* erstmals wissenschaftlich beschrieben. Im 19. Jahrhundert lieferten sich die beiden Paläontologen im sogenannten Wilden Westen eine handfeste Auseinandersetzung um die Entdeckung neuer Dinosaurierarten. Es kam dabei sogar zu Schießereien und Sabotage. Die Hitzköpfe nahmen in Kauf, dass manche ihrer Funde der Wissenschaft für immer verloren gingen. Die Fehde wurde so erbittert ausgefochten, dass die Zeitungen des Landes ausführlich darüber berichteten und den Streit als die Knochenkriege (*The Bone Wars*) bezeichneten.

Die Ereignisse von damals waren so wild und abenteuerlich, dass man meinen könnte, sie stammten aus der Feder eines Autors für Wildwestromane. Rund 120 Jahre, bevor der Blockbuster *Jurassic Park* die Massen in die Kinos zog, beschäftigte dieses Dinosaurierspektakel die Medien, und die Menschen strömten scharenweise zu den Zeitungsständen, um von den abenteuerlichen Entwicklungen des Knochenkriegs zu erfahren. Es war keine Hollywood-Geschichte, die Jung und Alt begeisterte, sondern die damals neue Erkenntnis, dass es Dinosaurier gegeben haben musste. Die Funde der gigantischen Knochen der Urzeitechsen erschienen auf den Titelseiten der Zeitungen in aller Welt, und besonders in den USA war das Interesse riesig. Erstmals wurden hier Meldungen von riesenhaften, bizarren Ungetümen aus einer fernen Erdvergangenheit veröffentlicht, von denen man Versteinerungen in Colorado, Wyoming und Montana gefunden hatte. Diese Gebiete waren in den 1870er-Jahren noch fast unentdeckt, und die Armee kämpfte dort gegen indigene Völker und verdrängte sie von ihrer angestammten Heimat. Die Geschichten von Dinosauriern, Cowboys, Indianerstämmen und zwei exzentrischen Professoren wurden von den Lesern gierig aufgesogen.

Denn nicht nur die Funde sorgten für interessanten Stoff für Geschichten, sondern auch die Menschen, die nach den Urzeitechsen suchten. Dass es Dinosaurier gab, war damals noch gar nicht lange bekannt. Der erste Dinosaurier wurde 1824 von dem Geologen und Paläontologen William Buckland in England beschrieben, und Sir Richard Owen, der berühmte britische Mediziner und Zoologe, prägte den Begriff Dinosauria im Jahr 1842. Da waren Cope und Marsh beide schon auf der Welt. Den ersten amerikanischen Dinosaurier fand der Paläontologe Joseph Leidy im Jahr 1858. Dass Othniel Charles Marsh und Edward Drinker Cope wenig später eine regelrechte Jagd auf Fossilien auslösten, bei der die Jäger nicht nur mit Schaufeln und Meißeln, sondern auch mit Revolvern und Gewehren bewaffnet waren, lag wohl insbesondere an ihren außergewöhnlichen Persönlichkeiten. Jeder der beiden wollte der Erste sein, der die nächste neue Dinosaurierart entdeckte, und so wurden Kollegen zu Erzfeinden und Fundstellen bis aufs Blut verteidigt. Die beiden Männer schütteten rücksichtslos Aufschlüsse zu, vernichteten Knochenfragmente und sprengten in manchen Fällen ganze Fundstellen, nur um ihre Funde vor anderen Forschern zu verbergen.

Cope und Marsh begegneten sich zum ersten Mal in Berlin im Winter 1863, wo Marsh gerade studierte. Cope war auf einer Europareise, und alle beide entkamen durch ihren Aufenthalt im Ausland einer Einberufung und den Schrecken des Amerikanischen Bürgerkriegs, obwohl sie im wehrfähigen Alter waren. Auch damals half es schon, wenn man reich war. Während auf den Schlachtfeldern in der Heimat Hunderttausende starben, konnten die beiden Männer in Deutschland in Ruhe studieren und reisen. Copes Vater soll seinen Sprössling vor allem wegen einer Affäre nach Europa geschickt haben, die er für nicht standesgemäß hielt und dadurch unterbinden wollte. Als sich Cope und Marsh kennenlernten, waren sie sich anfangs wohlgesinnt. Sie sollen sogar gemeinsame Spaziergänge durch

Berlin unternommen und sich später Briefe geschrieben haben, und sie tauschten Fossilien, Fotos und Manuskripte untereinander aus.

Im Grunde waren sie aber sehr verschieden – Cope, der eifrige Autodidakt aus der reichen Quäkerfamilie mit einem scharfsinnigen, akademischen Verstand, und der eher behäbige, aber äußerst methodisch vorgehende Marsh, der aus armen Verhältnissen stammte und einen reichen Onkel hatte, der ihn mit enormen finanziellen Mitteln ausstattete. Dieser Onkel war George Peabody, ein Geschäftsmann, Investmentbanker und einer der großen Philanthropen seiner Zeit. Marsh konnte dank seines Onkels die berühmte Yale University besuchen, wo er Geologie und Paläontologie studierte, ein damals relativ neues Fach, und danach noch Anatomie in Deutschland. Als die beiden in Berlin aufeinandertrafen, dauerte es nicht lange, bis sich Spannungen und erste kleine Intrigen zwischen ihnen entwickelten. Das lag vermutlich auch daran, dass Marsh damals zwar schon zwei akademische Titel erworben, aber nur wenige wissenschaftliche Artikel veröffentlicht hatte. Der fast neun Jahre jüngere Cope hingegen konnte, obwohl er seine schulische Ausbildung nach dem sechzehnten Lebensjahr abgebrochen hatte, bereits 37 wissenschaftliche Publikationen vorweisen.

Diese beiden Männer trugen unglaublich viel zur Erforschung der Dinosaurier und anderer prähistorischer Tiere bei. Cope war ein brillanter Kopf, er beschrieb mehr als 1000 neue Wirbeltierarten und veröffentlichte im Laufe seines Lebens etwa 1400 wissenschaftliche Artikel, ein Rekord, der bis heute ungebrochen ist. Marsh, der sich im letzten Jahr seines Studiums befand, als Charles Darwin sein Buch über die Entstehung der Arten veröffentlichte, war einer der ersten Gelehrten, die Darwins Evolutionstheorie in den USA übernahmen. Er vertrat früh die Ansicht, dass Vögel eng mit den Dinosauriern verwandt seien, und stellte 1877 die Theorie auf, dass sie die Nachfahren dieser Urzeittiere seien. Dass er zu dieser Erkenntnis gelangte, hängt vermutlich damit zusammen, dass der Urvogel Archäopteryx bereits im Jahr 1861 in Deutschland erstmals wissenschaftlich beschrieben wurde – also nur wenige Jahre vor Marshs Reise dorthin, und sein Geld hat es sicher ermöglicht, dass er sich das Fossil selbst ansehen konnte. Er war eigentlich Geologe und nicht so versiert wie Cope, wenn es um die Anatomie von Wirbeltieren ging, hatte aber gute Beziehungen zu einflussreichen Kreisen und war ein kluger Stratege mit politischem Geschick. So wichtig beide Männer für die Erforschung der Dinosaurier auch waren – sie waren offenbar schwierige Zeitgenossen. Marsh wurde nachgesagt, er sei vom Ehrgeiz zerfressen, übergriffig, skrupellos und egoistisch. Cope wird als aufbrausend und überheblich beschrieben. Es konnte also nicht lange dauern, bis es zu den ersten Reibereien kam.

Sobald sie nach Amerika zurückgekehrt waren, wurden die beiden Wissenschaftler an verschiedene Universitäten berufen: Marsh bekam den ersten Lehrstuhl für Paläontologie in den USA an der Universität Yale, und Cope wurde Professor für Zoologie am Haverford College, allerdings erst nachdem seine Eltern ihre Beziehungen hatten spielen lassen. Er bekam einen Ehren-Mastertitel verliehen, ohne den er nicht Professor werden konnte. Beide Wissenschaftler benannten zunächst noch ein paar neue Arten nach dem jeweils anderen, was in der Paläontologie eine große Ehre ist. Cope nannte ein fossiles Amphib *Ptyonius marshii*, und Marsh revanchierte sich, indem er einem riesigen Meeresreptil den Namen *Mosasaurus copeanus* gab. Aber Marshs Geste war weniger freundlich, als es den Anschein hatte. Wie sich nämlich herausstellte, stammte der Mosasaurier aus einem Steinbruch in New Jersey, in dem eigentlich Cope arbeitete. Er hatte Marsh diesen Steinbruch im Jahr 1868 gezeigt, und der hatte hinter Copes Rücken mit dem Landbesitzer vereinbart, dass neue Fossilien von dort zuerst ihm gezeigt werden sollten, ohne dass Cope davon erfuhr. Dadurch wurde die Erstbeschreibung fossiler Arten schnell zu einem Wettstreit.

Cope hielt Marsh für intellektuell unterlegen und behauptete – anfangs hinter vorgehaltener Hand, später öffentlich –, dass Marsh ohne seine Unterstützung nie etwas veröffentlicht hätte. Er warf seinem Kollegen außerdem vor, ihn nur benutzt zu haben, um sich seines Verstandes zu bedienen. Umso demütigender war es für Cope, dass ausgerechnet Marsh sich vor aller Welt über ihn lustig machte, als er bei der Rekonstruktion des marinen Reptils *Elasmosaurus* den Schwanz und den Hals des Tieres verwechselte und den Kopf versehentlich am Schwanzende verortete. Marsh nutzte diesen Fauxpas, um das Wunderkind Cope bloßzustellen.

Copes Publikation über den *Elasmosaurus* erschien 1868. Danach sprachen die zwei Streithähne nie mehr wohlwollend übereinander, und ab 1873 waren ihre Auseinandersetzungen regelrecht feindselig, sie warfen sich unter anderem Inkompetenz vor. Der eigentliche Knochenkrieg startete dann im Jahr 1877, als Marsh einen Brief von einem Schullehrer aus Colorado erhielt. Dieser Lehrer, ein Hobbyfossiliensammler, und ein Bekannter waren in den Bergen in der Nähe der Stadt Morrison gewandert, wo sie im Sandstein nach versteinerten Blättern suchten. Stattdessen fanden die beiden große Knochen, die in den Felsen eingebettet waren. Der Lehrer schrieb in dem Brief an Marsh, dass es sich bei den Knochen wohl um einen Wirbel und einen Oberarmknochen einer gigantischen Echse handle. Er ließ Marsh insgesamt ungefähr 750 Kilogramm versteinerte Knochen zukommen. Als Marsh einmal jedoch nicht gleich antwortete, schickte der Lehrer auch Cope einige der Exemplare. Davon bekam Marsh Wind und veröffentlichte seine Forschungsergebnisse so schnell wie möglich. Außerdem zahlte er dem Lehrer hundert Dollar für die Funde, was diesen veranlasste, Cope erneut zu schreiben und ihn zu bitten, er möge doch seine Proben an Marsh weiterleiten. Das kränkte Cope ungemein. Allerdings erhielt er im März 1877 Knochen von einem anderen Schulleiter aus Cañon City, ebenfalls in Colorado. Diese Überreste stammten von einem Dinosaurier, der noch größer gewesen sein musste als der, den Marsh beschrieben hatte. Es war ein Langhalsdinosaurier, der den Namen *Amphicoelias fragilis* erhielt. *Amphicoelias* ist uns heute kaum bekannt, weil das Cope'sche Original leider zerstört wurde oder verschollen ist. In Fachkreisen gilt seine Art aber als heißer Anwärter für den Rekord des größten je gefundenen Dinosauriers. Das Tier wurde inzwischen in *Maraapunisaurus* umbenannt.

Dieser unglaubliche Fund auf der Seite seines Rivalen veranlasste Marsh zum Handeln. Als er durch zwei Arbeiter der Union Pacific Railroad, einer Eisenbahngesellschaft, die damals eine Ost-West-Verbindung quer durch die Staaten baute, von einem riesigen Knochenfeld nordwestlich von

Laramie in Como Bluff erfuhr, schickte er einen seiner Leute dorthin, um die Ausgrabungen zu übernehmen. Como Bluff stellte sich als eine Goldgrube für Fossilien heraus, es war ein regelrechter Dinosaurierfriedhof. Doch Cope erfuhr wenig später ebenfalls von dem Ort und beauftragte seine eigenen Männer, dort nach Knochen zu suchen. Dabei sabotierten beide den Fortschritt des anderen, so gut es ihnen möglich war. Marsh versuchte mit seinem Geld und seinen politischen Beziehungen gegen Cope vorzugehen und dessen Veröffentlichungen zu verhindern. Cope warb einige von Marshs Männern ab. Weil beide befürchten mussten, dass ihre Arbeiter das Lager wechseln und Fundstellen ausplaudern könnten, waren sie äußerst diskret bezüglich der genauen Lage ihrer Fossilien. Als Henry Fairfield Osborn, damals Student der Paläontologie in Princeton, Cope besuchte, um ihn zu fragen, wo man denn im amerikanischen Westen Fossilien finden könne, verweigerte der höflich eine Antwort. Osborn sollte bei der Entdeckung von anderen Dinosauriern noch eine große Rolle spielen, ich werde später in diesem Buch von ihm berichten.

Die berühmtesten Funde aus den Knochenkriegen – und die berühmtesten Funde aus der Morrison-Formation überhaupt – stammen alle aus der Fundstelle Como Bluff. Der Ausgrabungsort liegt im Westen von Wyoming und enthält eine Abfolge von Sedimenten des Oberen Jura. Dort wurden zum ersten Mal die folgenden Dinosaurier beschrieben: *Allosaurus*, *Stegosaurus*, *Apatosaurus*, *Brontosaurus* und *Diplodocus*.

Die Arbeiten am Como Bluff markierten auch den Höhepunkt der Streitigkeiten der beiden Wissenschaftler, und die Methoden, mit denen sie versuchten, den jeweils anderen zu übertrumpfen, uferten völlig aus. Rücksichtslos wurden bei dem Versuch, Funde vor dem anderen zu verbergen, Aufschlüsse zugeschüttet, Knochenfragmente vernichtet und in manchen Fällen offenbar ganze Fundstellen gesprengt. Der Schaden, der bei diesen Aktionen der Wissenschaft zugefügt wurde, ist nicht zu beziffern. Um sich gegen die Bestechung seiner Männer durch Marsh zu wehren, heuerte Cope sogar einige Revolverhelden an, und einmal bewarfen sich die Fossiliensucher beider Lager mit Steinen. Dass dabei niemand verletzt wurde, war reines Glück. Eine Zeit lang arbeitete sogar der legendäre Bisontöter William Cody, der als Buffalo Bill in die Geschichte einging, für Marsh und versorgte ihn und sein Team mit frischem Bisonfleisch.

Die Knochenkriege dauerten über fünfzehn Jahre und ließen ein Chaos an Namen für die ausgestorbenen Giganten zurück – und zwei gebrochene Männer, die verarmt und immer noch zerstritten kurz vor Ende des 19. Jahrhunderts starben.

Kapitel 4
Deutschlands Dinosaurier

Wie auf einer Insel ein Riese zum Zwerg wurde

Die Dinosaurierbücher, die ich in meiner Kindheit gelesen habe, handelten immer von denselben Dinosauriern: vom *Tyrannosaurus, Triceratops, Stegosaurus, Brontosaurus* und *Ankylosaurus*. All diese Tiere kennen wir von Funden aus den USA. Die meisten meiner Bücher stammten von amerikanischen Autoren und waren ins Deutsche übersetzt worden. Darin waren also die Faunen des Jura und der Kreidezeit von Nordamerika beschrieben.

Die spektakulären Funde aus China waren zu dieser Zeit noch nicht gemacht, und Berichte über Dinosaurier aus Südamerika hatten den Weg in populärwissenschaftliche Bücher nicht gefunden. Ich hatte zwar als Kind schon von den Entdeckungen der ersten Dinosaurier in England gehört, die über 150 Jahre zurücklagen, und von den Expeditionen nach Afrika, die um 1910 stattfanden. Aber über die aktuelle Forschung in diesen Ländern erfuhr man nichts in den deutschen Kinderbüchern und auch nur wenig über Funde in Deutschland. Die einzigen Ausnahmen waren *Plateosaurus* aus der Trias sowie *Compsognathus* und *Archäopteryx* aus dem Jura. Da Deutschland im Mesozoikum zu weiten Teilen vom Meer bedeckt war, die Dinosaurier jedoch ausnahmslos an Land lebten, finden wir hier überwiegend Ichthyosaurier, Meereskrokodile, Seelilien und Ammoniten. Sowohl *Compsognathus* als auch *Archäopteryx* stammen aus Lagunenablagerungen. Sie haben dort nicht gelebt, sondern sind durch ungewöhnliche Umstände in diese flachmarinen Bereiche gelangt. In solchen Sedimenten findet man keine größeren Dinosaurier, stattdessen eher Fische, Pfeilschwanzkrebse und gelegentlich eine Flugechse, die unglücklich in die Lagune gestürzt ist. Weil das Jurameer aber in weiten Teilen relativ seicht war, gab es darin stellenweise auch Inseln, und von einer dieser Inseln stammt *Europasaurus*.

Zu keinem anderen Dinosaurier habe ich eine ähnlich starke, persönliche Bindung wie zu *Europasaurus,* und mit keinem anderen hatte ich beruflich so viele Berührungspunkte. Für meine Diplomarbeit habe ich das Hinterhaupt und das Innenohr einiger Langhalsdinosaurier mithilfe von Computertomografie untersucht, wovon einer ein *Europasaurus* war. Das Originalmaterial dieses Tieres ist im Dinosaurierpark in Münchehagen untergebracht, für den ich später eine Zeit lang gearbeitet habe. Ich setzte mich dafür ein, dass der Park den Abguss eines vollständigen Skeletts von *Europasaurus* nach Japan verkaufte, der Teil einer Sonderausstellung östlich von Tokio wurde. Ich durfte damals zur Eröffnung reisen, beim Aufbau des Skeletts helfen, einen Vortrag halten und war in einem kleinen Begrüßungsvideo auf der Messe zu sehen. Die Schau hieß *Mega 2015,* und das Begleitbuch zur Ausstellung enthielt einen kurzen Artikel von mir, der von *Europasaurus* und seinem Fundort handelte.

Über keinen anderen Dinosaurier habe ich so viele Vorträge gehalten wie über *Europasaurus,* und ich hatte dabei das unterschiedlichste Publikum. Ich sprach nicht nur vor den Ausstellungsbesuchern in Japan, sondern auch vor einer Vielzahl internationaler Kollegen und hielt sogar einen Vortrag im Rahmen der Kinder-Universität in Göttingen. Das hat mir besonders viel Spaß gemacht. Die Veranstaltung trug den Namen: »*Europasaurus*: Ein Zwerg unter Riesen! – Dinoforscher als Detektive«. Dabei haben die Kinder gut mitgearbeitet. Sie stellten spannende Fragen zu Dinosauriern und Fossilien, und ich zeigte ihnen einige Originalknochen des *Europasaurus,* die alle sehr klein waren, obwohl die Langhalsdinosaurier für gewöhnlich riesengroß wurden. Wir überlegten gemeinsam, ob es sich vielleicht um die Knochen eines Jungtieres handeln könnte, und kamen zu dem Schluss, dass es eher ein ungewöhnlich kleines erwachsenes Tier sein müsse.

Die Erklärung dafür klingt tatsächlich wie eine Detektivgeschichte. *Europasaurus holgeri* wurde erstmals in Norddeutschland entdeckt. Der Gattungsname bedeutet »die Echse aus Europa«, und der Artname ehrt den Finder der ersten Überreste, Holger Lüdtke, einen Fossiliensammler aus der Region. Der Fundort ist der Langenberg-Steinbruch im Harz, wo Sedimente aus dem Oberen Jura aufgeschlossen wurden, die rund 154 Millionen Jahre alt sind.

Dieser Steinbruch hat sich als eine außergewöhnliche Fossillagerstätte entpuppt. Seine Kalkstein- und Mergelschichten wurden infolge tektonischer Bewegungen um etwa 60 bis 70 Grad aufgestellt und formen heute eine Steilwand. Sie haben eine Fülle einzigartiger Wirbeltierfossilien hervorgebracht, die eine spezialisierte Inselfauna darstellen, wie sie für den Oberen Jura nirgendwo sonst auf der Welt beschrieben wurde.

Ich war einige Male in diesem Steinbruch, um dort ebenfalls nach Fossilien zu suchen. Leider fand ich keine Dinosaurierüberreste, dafür eine sehr große Schildkröte. Ihr Rückenpanzer hatte einen Durchmesser von mindestens 80 Zentimetern, und den schweren Block, in dem das Fossil eingeschlossen war, konnte ich nicht einmal mit zwei Kollegen tragen. Der Findling lag auf einem riesigen Hügel voller Felsbrocken, die nach einer Sprengung quer über den Hang verstreut worden waren. Die Schwerkraft half uns dabei, den Block den Hang hinunterzurollen, und am Fuße der Felswand lud ein Mitarbeiter des Steinbruchs den Stein auf einen Gabelstapler und schaffte ihn fort. Der Rückenpanzer der Schildkröte, der an der Gesteinsoberfläche deutlich sichtbar war, wies mehrere Bissspuren auf. Doch es ist schwer zu sagen, wer die kreisrunden Wunden verursacht hat. Im Oberen Jura gab es viele große und räuberische Meeresreptilien, aber der Übeltäter war höchstwahrscheinlich ein Krokodil, da bereits Überreste von mindestens vier unterschiedlichen Krokodilarten vom Langenberg bekannt sind. Neben Krokodilen, Schildkröten und Dinosauriern wurden dort auch kleine Säugetierzähne, Flugechsen und Eidechsen entdeckt.

Der bemerkenswerteste Fund vom Langenberg ist aber tatsächlich der *Europasaurus*. Während einige Gattungen der Langhalsdinosaurier zu den größten Landtieren aller Zeiten zählen, stellt *Europasaurus* den ersten eindeutigen Zwergsauropoden dar und ist nur von diesem Fundort bekannt. Histologische Studien von Martin Sander und seinem Team haben gezeigt, dass einige der Exemplare dort trotz ihrer geringen Körpergröße bereits ausgewachsen waren.

Während nahe Verwandte von *Europasaurus* wie *Camarasaurus* und *Brachiosaurus* Längen von mehr als zwanzig Metern erreichten, betrug die maximale Körpergröße von *Europasaurus* wahrscheinlich weniger als acht Meter, bei einem Körpergewicht von 800 bis 1200 Kilogramm. Martin Sander und sein Team folgerten 2006 daraus, dass *Europasaurus* ein Beispiel für eine sogenannte Inselverzwergung war. Zu Lebzeiten des Tiers wurde offenbar eine Sauropodenpopulation vom Festland abgeschnitten und entwickelte sich auf einer Insel im niedersächsischen Becken unter Isolation in nur wenigen Generationen zu einer zwergwüchsigen Form, während ihre nächsten Verwandten auf dem Festland Riesen blieben.

Inselverzwergung ist ein evolutionsbiologisches Phänomen, bei dem die Größe von Tieren, die in einem isolierten Ökosystem leben, innerhalb weniger Generationen abnimmt. Meist geschieht das auf Inseln, wo diese Tiere keine Fressfeinde fürchten müssen. Doch auch in anderen Lebensräumen wie in Höhlen, einsamen Tälern oder unerreichbaren Bergregionen kann dieses Phänomen auftreten.

Weitere Beispiele für Inselverzwergung sind der *Homo floresiensis*, ein kleinwüchsiger Verwandter des modernen Menschen, der bis vor zirka 60 000 Jahren auf der indonesischen Insel Flores gelebt hat, das Zwergmammut von der russischen Wrangelinsel vor der Küste Alaskas, wo es bis vor etwa 3700 Jahren noch solche Mammuts gab, und die verzwergte Ziege *Myotragus* aus Mallorca, die vor etwa

4500 Jahren ausstarb. Seit ungefähr 2000 Jahren sind auch die Zwergnilpferde auf Madagaskar ausgestorben, wobei Berichte von einzelnen Sichtungen die Annahme stützen, dass diese Tierart in abgelegenen Regionen der Insel etwas länger überlebt hat. Ein Beispiel von heute noch existierenden verzwergten Arten ist das Sumatra-Nashorn Indonesiens.

Inselverzwergung kann durch eine evolutionäre Vorverlegung der Geschlechtsreife oder durch einen völligen Abbruch der individuellen Entwicklung eines Tieres hervorgerufen werden. Beides kann zu einer Beibehaltung juveniler Merkmale in späteren Lebensstadien, also zu einer Pädomorphose, führen.

Die hohe Anzahl von Individuen in verschiedenen Wachstumsstadien in Langenberg bietet eine einzigartige Gelegenheit, die Wachstumsphasen und Variabilität dieses kleinen Sauropoden zu untersuchen. Eine solche Bandbreite kann man nirgendwo sonst auf der Welt finden. Die hervorragende Erhaltung einer großen Anzahl von Schädelelementen von mindestens fünfzehn Tieren und von Körperskeletten von mehr als zwanzig Tieren ermöglichen es den Wissenschaftlern, eine detaillierte phylogenetische Untersuchung dieser *Brachiosaurus*-Verwandten durchzuführen. Sie ist eine wichtige Voraussetzung für das Verständnis der Evolutionsgeschichte dieser Sauropodengruppe, denn da die Kontinente im Oberen Jura in Bewegung waren und auseinanderdrifteten, entwickelten sich die Dinosaurierfaunen im Süden und im Norden unterschiedlich. Dabei hatten einige europäische Dinosaurier dieser Zeit Beziehungen zu zeitgenössischen nordamerikanischen Faunen, während andere mit chinesischen Faunen verbunden zu sein schienen. Die Brachiosauriden, zu denen auch *Europasaurus* gehört, wurden sowohl auf dem nördlichen als auch auf dem südlichen Kontinent gefunden.

Aus der Fülle an Schädelknochen wählten wir den am besten erhaltenen Hirnschädel von *Europasaurus* und scannten ihn in Bonn mithilfe eines Computertomografen, um mit einer Modellierungssoftware ein 3-D-Modell des Gehirns, der Hirnnerven und des Innenohrs zu erzeugen. Da ich bereits in meiner Zeit an der Universität Bonn die Gelegenheit hatte, einige solcher Scans selbst durchzuführen, erstellte ich auch diese Computermodelle.

2015 präsentierte ich mit einer Kollegin und einem Kollegen unsere Ergebnisse bei einer Tagung in Dallas, Texas. Der Dinosaurierpark hatte uns vorab einige Stücke für unsere Forschung ausgeliehen und fein säuberlich in Kisten verpackt, die innen reichlich mit Schaumstoff ausgekleidet waren. Die Fossilien waren lange in den Räumlichkeiten der Universität Bonn aufbewahrt gewesen, und als ich später zur Sonderausstellung nach Japan flog, hatte ich erneut mit dem sehr zerbrechlichen und filigranen Material zu tun. Einige der Originalknochen von *Europasaurus* sollten Teil der Ausstellung sein. Zum Glück sind die wertvollen Stücke nie zu Schaden gekommen, denn ich habe sie immer mit äußerster Vorsicht behandelt.

Bis eines Tages leider doch ein Missgeschick passierte: Ich war in Eile und lief mit einem Koffer von meinem Büro zum Computertomografen, der in einem anderen Gebäude untergebracht war. Als ich die Treppen hinabstürmte, verfehlte ich die letzte Stufe und stürzte – und der Koffer glitt mir aus der Hand. Vor meinen Augen segelte er durch die Luft, während mich blankes Entsetzen packte. Ich hatte mir das Knie ziemlich übel angestoßen, aber in dem Moment spürte ich keinen Schmerz. Der Koffer enthielt den am besten erhaltenen Hirnschädel eines *Europasaurus,* und als ich ihn öffnete, sah ich, dass seitlich ein Stück abgebrochen war. Ich war so erschrocken, dass mir Tränen in die Augen schossen. Das war ein einzigartiges, besonders wertvolles Stück, und ich hatte es beschädigt. Ich war verzweifelt und lief sofort zu Olaf, unserem Präparator. Er merkte, dass ich völlig aufgelöst war, und beruhigte mich. Da das Teil mit einem glatten Bruch abgetrennt worden war, hatte Olaf keine Mühe, es mit einem speziellen Fossilienkleber wieder zu befestigen.

Die Resultate zeigten schließlich, dass sich die Untersuchung des Schädels gelohnt hatte. Da sein vorderer Teil unvollständig war, konnten die Riechkolben und Teile des Großhirns zwar nicht rekonstruiert werden, doch es gelang uns, den hinteren Bereich des Gehirns und die meisten Hirnnerven genau nachzubilden. Darüber hinaus konnten wir verschiedene Gefäßstrukturen darstellen, wie zum Beispiel die Lagena und die Innenohre, die Gleichgewichtsorgane des Tieres.

Im Langenberg-Steinbruch finden wir Überreste von *Europasaurus* nur bis zu einem bestimmten Schichthorizont, und danach gibt es keinerlei Hinweise mehr. Es war lange unklar, warum *Europasaurus* plötzlich aus dem Fossilbericht verschwunden ist. In den letzten Jahren scheinen wir dem Rätsel aber auf die Spur gekommen zu sein. In jüngeren Schichten, nur wenige Meter über dem Fundhorizont von *Europasaurus,* tauchen im Fossilbericht des Langenberg-Steinbruchs große Fußspuren auf. Sie stehen vermutlich in direktem Zusammenhang mit dem Aussterben von *Europasaurus* und anderer Inselzwerge, die in der Region vorkommen. Die Schicht, in der diese Fußabdrücke häufig auftauchen, befindet sich etwa fünf Meter über dem Horizont von *Europasaurus*.

Die Stratigrafen, die diese Gesteinsabfolge untersucht haben, schätzen, dass dies etwa 35 000 Jahren entspricht. Die aktuelle Arbeitshypothese lautet, dass es zwischenzeitlich zu einer Meeresspiegelsenkung kam und dadurch eine Landbrücke zwischen der Sauropodeninsel und dem Festland entstand. So konnten Raubsaurier auf die Insel gelangen, die sehr groß gewesen sein müssen. Es ist nicht ganz klar, um welche Tiere es sich dabei handelte, allerdings deuten die Form der Trittsiegel und vereinzelte Funde von Krallen darauf hin, dass es sich um nahe Verwandte des *Allosaurus* gehandelt haben muss, den wir aus der Morrison-Formation kennen.

Ein möglicher Kandidat ist der *Neovenator*. Den Fußspuren nach zu urteilen, müssen die Tiere sieben bis acht Meter lang gewesen sein. Durch das Eindringen dieser Raubsaurier kam es auf der Insel zu einem Faunenumsturz. Die Fleischfresser, die zuvor auf der Insel lebten, waren eher klein, und es herrschte offenbar ein natürliches Gleichgewicht zwischen Theropoden und Europasauriern. Für den riesigen *Neovenator* waren die verzwergten Langhälse aber leichte Beute. Die Europasaurier hatten ihm nichts entgegenzusetzen und starben innerhalb weniger Generationen aus.

Die erste Feder, die alles veränderte:
Der Archäopteryx

In der Wissenschaft spielen Zufälle oft eine zentrale Rolle, und ein solcher Zufall war die Entdeckung des Urvogels *Archäopteryx*, den Hermann von Meyer im September 1861 erstmals beschrieb.

Eigentlich befasste sich von Meyer in seiner Abhandlung mit der einzelnen Feder eines Urzeittieres und erwähnte nur in einem Nebensatz ein komplettes Skelett, das aus den gleichen Schichten kam und Merkmale von Vögeln und Reptilien aufwies. Wörtlich schrieb er: »Von unseren lebenden Vögeln zeigt es manche Abweichung.«

Bemerkenswert ist der Text, weil von Meyer ihn weniger als zwei Jahre nach dem Erscheinen von Darwins Buch *Über die Entstehung der Arten* schrieb. Darwin führte in diesem Werk zahlreiche Belege für seine Theorie an, dass alle Tier- und Pflanzenarten von einem gemeinsamen Vorfahren abstammen müssten. Zwar geht von Meyer nicht auf Darwins Buch ein, er scheint aber die Theorie bereits zu kennen und zu akzeptieren. Den zugrundeliegenden Prozess für die schrittweise Veränderung aller Tier- und Pflanzenarten nannte Darwin Evolution und als treibende Kraft sah er den Wettbewerb der Arten um Ressourcen und Lebensräume an, bei dem die natürliche Auslese diejenigen Formen begünstigt, die stärker oder besser an ihren Lebensraum angepasst sind. Mit der Veröffentlichung dieses Buches wurde eine breite Öffentlichkeit erstmals mit Gedanken zur Entstehung der Arten konfrontiert, die der biblischen Schöpfungsgeschichte widersprachen.

Was Darwins Theorie damals so schwer zu begreifen machte, war das Fehlen von Bindegliedern im Fossilbericht. Die Gegner seiner Theorie argumentierten, dass man wesentlich mehr Übergangsformen von einer zur anderen Art finden müsse, sollten die Arten tatsächlich auseinander hervorgegangen sein. Dass mit der Urfeder nun unmittelbar nach dem Erscheinen von Darwins Buch auch ein Beleg für seine Theorie gefunden wurde, war bestimmt hilfreich.

Auf die Feder und das erste vollständige Skelett des *Archäopteryx* im Jahr 1861 folgte ein weiterer spektakulärer Fund des Urzeitvogels in den 1870er-Jahren. Dieses Fossil ist im Naturkundemuseum in Berlin zu sehen und gilt als eines der schönsten Exemplare. Das erste *Archäopteryx*-Skelett findet sich heute im Naturkundemuseum in London. Insgesamt wurden bisher zwölf Urvögel und eine Feder gefunden. Bei einem dieser Tiere ist inzwischen klar, dass es sich nicht um einen *Archäopteryx* handelt, sondern um einen kleinen gefiederten Raubsaurier, der wahrscheinlich eher mit den sichelklauentragenden Raptoren verwandt war als mit Vögeln. Die anderen Exemplare zeigen ebenfalls Unterschiede, die eine Untergliederung in verschiedene Arten rechtfertigen. Deshalb vermeiden es einige meiner Kollegen inzwischen, diese Tiere *Archäopteryx* zu nennen, sie nennen sie schlicht Urvögel.

Im Jahr 1860 schlug der britische Biologe und vergleichende Anatom Thomas Henry Huxley vor, dass Vögel Nachkommen der Dinosaurier seien. Er wies dabei auf Skelettähnlichkeiten von Dinosauriern, dem seiner Meinung nach

»ersten Vogel« *Archäopteryx* und den modernen Vögeln hin. Marsh tat es ihm gleich in den USA, und seine Erstbeschreibungen früher mesozoischer, zahntragender Vögel wie des *Ichthyornis* und des *Hesperornis* unterstützten diese These.

Diese Ansicht hielt sich bis zum Ende des 19. Jahrhunderts, bis der dänische Paläontologe Gerhard Heilmann 1926 die Theorie ablehnte und in seinem einflussreichen Buch *The Origin of Birds* schrieb, dass Vögel keine Dinosaurier sein könnten, da Dinosaurier kein Gabelbein hätten. Stattdessen verschmelzen bei Vögeln das linke und das rechte Schlüsselbein miteinander und verwachsen zu einem V-förmigen Knochen. Danach war es fast 40 Jahre still um dieses Thema, und man ging im Allgemeinen davon aus, dass Vögel krokodilähnliche Vorfahren gehabt haben müssen, bis der amerikanische Paläontologe John Ostrom 1964 einen kleinen fleischfressenden Dinosaurier entdeckte, den er *Deinonychus* nannte, was auf Deutsch »Schreckenskralle« bedeutet. Wir kennen diese Dinosaurier als die sichelklauentragenden Raptoren aus den *Jurassic Park*-Filmen. Ostrom bemerkte die unverkennbare Ähnlichkeit des Skeletts mit dem heutiger Vögel. Daraufhin untersuchte er auch das Skelett des *Archäopteryx* eingehend, was ihn zu der Behauptung veranlasste, dass Huxley recht gehabt hatte und dass sich die Vögel tatsächlich aus den Dinosauriern entwickelt hatten. Um Ostroms Verdienste zu würdigen, wurde 2017 ein gefiederter Raubsaurier aus dem Altmühltal *Ostromia* genannt. Dieser *Ostromia* ist übrigens das vermeintliche *Archäopteryx*-Exemplar, das in Wirklichkeit ein Raptor war – und sein Namenspate daher äußerst treffend.

Die Arbeiten Ostroms und die anschließenden Veröffentlichungen des Paläontologen Robert Bakker leiteten eine regelrechte Renaissance der Dinosaurierforschung ein und führten zu einem tiefgreifenden Umdenken bei fast allen Aspekten der Dinosaurierbiologie. Sie schufen die Grundlage für unser heutiges Bild von Dinosauriern und für die Art und Weise, wie diese Tiere in Film und Fernsehen dargestellt werden. Und das alles begann mit dem Fund einer einzigen Feder des *Archäopteryx*.

Die Entdeckung des *Archäopteryx* ist aber nicht nur historisch von großer Bedeutung. Besonders die letzten drei Exemplare haben dazu beigetragen, dass wir diese Tiere heute besser verstehen. Oliver Rauhut und sein Team von der Münchner Universität waren deshalb auch in der Lage, sie von einem kleinen Raubsaurier zu unterscheiden, der ebenfalls im Plattenkalk entdeckt wurde. Sie tauften ihn *Alcmonavis*, »den Vogel vom Altmühlfluss«.

Im zehnten Exemplar von *Archäopteryx*, das exzellent erhalten ist, waren erstmals Strukturen am Schädel erkennbar, die man davor nicht beobachten konnte, und seine Fußknochen wiesen ungewöhnliche Merkmale auf. Beim elften Skelett sind die Federn besonders gut erhalten und man kann genau die Deckfedern erkennen. Das Forscherteam konnte zeigen, dass die Federn des *Archäopteryx* wie bei modernen Vögeln bereits asymmetrisch geformt waren. Was das bedeutet und wie wichtig diese Entdeckung ist, werden wir in einem späteren Kapitel besprechen, wenn wir uns die Entwicklung der Vögel genauer anschauen.

Das bisher letzte Fossil wurde 2010 in einem Steinbruch in der Nähe des Köschinger Forstes nördlich von Ingolstadt entdeckt. Es stammt aus Schichten der sogenannten Mörnsheim-Formation und ist mit etwa 153 Millionen Jahren der bisher älteste Fund des Urvogels. Das Fossil ist etwa genauso alt wie die Schichten von der Zwergeninsel vom Langenberg. Das macht mich hellhörig, denn es ist durchaus denkbar, dass wir eines Tages vielleicht auch Überreste eines Urvogels vom Langenberg entdecken werden. Martin Sander hat das schon vor einigen Jahren vorausgesagt, und ich bin gespannt, ob er recht behalten wird. Sollte so ein Tier tatsächlich eines Tages auftauchen, ich würde es *Sanderopteryx predicta* nennen – »die vorhergesagte Sander'sche Feder«.

Die Abenteuer von Werner Janensch

Ich bin ganz im Süden Deutschlands am schönen Bodensee aufgewachsen und kam erst nach der Wiedervereinigung zum ersten Mal nach Berlin. Damals wollte ich natürlich als Erstes das Museum für Naturkunde in Ostberlin besuchen, um dort vor allem das Berliner *Archäopteryx*-Exemplar und das *Brachiosaurus*-Skelett zu sehen. *Brachiosaurus*, die sogenannte »Armechse«, war ein großer Langhalsdinosaurier, dessen Vorderarme länger waren als die Hinterbeine, ganz anders als bei vielen anderen Sauropoden wie zum Beispiel *Diplodocus*, *Brontosaurus* und *Apatosaurus*. Das Skelett in der großen Dinosaurierhalle des Museums besteht aus Originalknochen. Bis zum heutigen Tag ist es das größte vollständige Originalskelett eines Dinosauriers auf der ganzen Welt. Das Tier muss zu Lebzeiten etwa 23 Meter lang gewesen sein und sein Kopf ragt über zwölf Meter empor. Gefunden wurde das Skelett – oder vielleicht sollte ich besser sagen: die Skelette – von dem Paläontologen Werner

Janensch. Streng genommen handelt es sich nämlich bei diesem Ausstellungsstück nicht nur um einen, sondern um gleich zwei Dinosaurier derselben Art. Weil Janensch mehrere Teilskelette fand, die sich gegenseitig gut ergänzten, entschloss man sich beim Aufbau dieser Rekonstruktion dazu, ein Komposit aus den Knochen der Tiere zu bauen, um ein möglichst vollständiges Skelett zeigen zu können. Der Entdecker Janensch war ein bedeutender Wirbeltierpaläontologe, Geologe, Forschungsreisender und einer der wichtigsten deutschen Dinosaurierspezialisten seiner Zeit. Als junger Mann reiste er nach Afrika, um dort nach Dinosauriern zu suchen.

Ende des 19. Jahrhunderts willigte Reichskanzler Otto von Bismarck, dem Beispiel Englands und Frankreichs folgend, nach langem Drängen der imperialistischen Bewegung in Deutschland schließlich ein, Kolonien in Afrika zu erwerben. Eine dieser Kolonien wurde Deutsch-Ostafrika genannt. Sie bestand von 1885 bis 1918 und umfasste die heutigen Länder Tansania, Burundi sowie Ruanda und einige Gebiete von Mosambik. Die Kolonie hatte eine Gesamtfläche von 995 000 Quadratkilometern und war damit fast dreimal so groß wie die Bundesrepublik heute. Deutsch-Ostafrika war die größte Kolonie des Deutschen Reiches, am Ende lebten dort fast acht Millionen Menschen. Nach dem Ende des Ersten Weltkriegs wurde die Kolonie, gemäß den Bestimmungen des Versailler Vertrags, zwischen Belgien und Großbritannien aufgeteilt und der Verwaltung des Völkerbundes unterstellt.

Den jungen Janensch verschlug es im April 1909 nach Deutsch-Ostafrika. Drei Jahre zuvor hatte ein Bergbauingenieur dort einen riesigen Knochen entdeckt, der am

Hang eines Hügels aus dem Boden ragte. Die Einheimischen nannten den Hügel Tendaguru, den steilen Berg. Die dort aufgeschlossenen Gesteinsschichten des Oberen Jura werden als die Tendaguru-Formation bezeichnet. Sie gilt als eine der wichtigsten Aufschlüsse für Wirbeltierfauna aus dem Jura auf der Südhalbkugel. Der Tendaguru-Hügel liegt in der Nähe der Hafenstadt Lindi an der Südostküste der damaligen Kolonie. Heute gehört die Stadt zu Tansania. Der Bergbauingenieur, der den Fund machte, informierte seinen Vorgesetzten in Hannover, und dieser leitete den Bericht an die Kommission für die landeskundliche Erforschung der Schutzgebiete weiter. Diese Abteilung des Reichskolonialamtes befasste sich mit der geografischen Untersuchung der deutschen Protektorate. Über Umwege gelangte die Nachricht über den Fund zu Hans Meyer, einem deutschen Afrikaforscher, und schließlich zu dem Paläontologen Eberhard Fraas. Man bat Fraas, den Fund vor Ort zu untersuchen, und er reiste mit dem Dampfschiff nach Lindi, wo er im August 1907 eintraf.

Nach einem fünftägigen Fußmarsch erreichte Eberhard Fraas den Tendaguru. Ihm war sofort klar, dass es sich um Dinosaurierknochen handeln musste. Fraas beobachtete außerdem, dass die Tendaguru-Formation ungewöhnlich fossilienreich war. Der Bergbauingenieur, der die Entdeckung gemacht hatte, schloss sich ihm an und half ihm mit einem lokalen Team, zwei große Skelette von Langhalsdinosauriern zu bergen und nach Deutschland zu verschiffen. Diese Riesen wurden später als die Gattungen *Tornieria* und *Janenschia* beschrieben.

Fraas versuchte nach seiner Rückkehr ins Deutsche Reich, genügend Geld für eine Afrikaexpedition aufzubringen. Er fand Gehör bei Professor Wilhelm von Branca, dem damaligen Leiter des Geologisch-Paläontologischen Instituts und Museums der Königlichen Friedrich-Wilhelms-Universität zu Berlin. Für von Branca war es eine Frage des deutschen Nationalstolzes, einem solchen Projekt zum Erfolg zu verhelfen. Er sammelte bei seinen reichen Freunden eine große Geldsumme und schickte seinen besten Mann, den Kurator Werner Janensch, nach Afrika. Janesch kam im April 1909 in Daressalam an und leitete bis zum Jahr 1912 vier Feldkampagnen. Da in der Region um den Tendaguru jedoch Tsetsefliegen vorkamen, die besonders bei Pferden und anderen Lasttieren die Naganaseuche verursachen, musste sich Janensch auf die Hilfe vieler einheimischer Träger verlassen. In der ersten Saison beschäftigte er ungefähr 160 ortsansässige Arbeitskräfte. Mit ihrer Unterstützung eröffnete er rund hundert Aufschlüsse und verschiffte die geborgenen Fossilien nach Deutschland.

Neben den von Fraas entdeckten Sauropoden *Tornieria* und *Janenschia* gab es noch weitere Langhalsdinosaurier in der Tendaguru-Formation. Einer war der mittelgroße *Dicraeosaurus*, der in diesen Schichten relativ häufig vorkam und heute ebenfalls im Berliner Naturkundemuseum ausgestellt ist. Der Fund, der Janensch aber berühmt machte, war ein größerer Sauropode, der einen Kilometer nordöstlich des Hügels zum Vorschein kam. Janensch machte die Entdeckung des Riesen bereits im Juni 1909 und nannte das Tier später *Brachiosaurus brancai*. Der erste Fund bestand aus einigen Schwanzwirbeln, dem Kreuzbein, dem Beckenknochen, einigen Rippen, den Ober- und Unterarmen, Schulterblättern, Oberschenkelknochen und den Waden- und Schienbeinen. Obwohl es sich um ein nicht ganz ausgewachsenes Jungtier handelte, waren die Oberarmknochen bereits 1,60 Meter lang und die Oberschenkelknochen ganze 1,55 Meter.

Es folgte im August 1909 ein zweiter Fund, bei dem in einem großen Aufschluss etwa 150 Knochen von verschiedenen Dinosauriern entdeckt wurden, darunter auch zwei Oberschenkelknochen von *Brachiosaurus*. Im September desselben Jahres fand Janensch in einer dritten Grube, weit verstreut, noch weitere Knochen und dazu Knochenfragmente, die bereits stark verwittert waren und nicht genau identifiziert werden konnten. Der wichtigste Fund gelang ihm schließlich im Oktober 1909, südlich des Hügels, am Ufer des Kitukituki-Flusses, wo gleich zwei Skelette von *Brachiosaurus* lagen. An dieser Stelle waren die Knochen so zahlreich, dass Janensch dort bis 1912 weitergrub. Er vermutete, dass das Tier im Schlamm versunken sein musste, da es in einer aufrechten Haltung gefunden wurde, bei der Arme und Beine senkrecht im Sediment steckten.

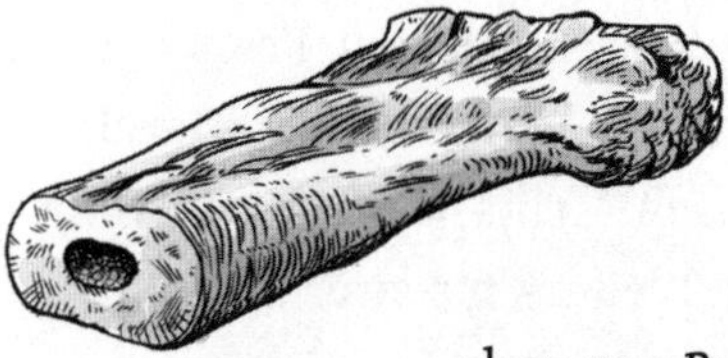

Insgesamt muss Janensch mindestens sieben Individuen gefunden haben. Wie viele es tatsächlich waren, ist ungewiss. Er führte nicht genau Buch und dokumentierte auch nicht alle Fundstellen. Außerdem wurden einige Fossilien aus Tansania 1943 bei einem Luftangriff auf Berlin durch die Alliierten zerstört. Janensch hatte so viel Material gesammelt, dass zu diesem Zeitpunkt noch gar nicht alle Kisten aus Afrika geöffnet und untersucht worden waren, weshalb vermutlich mancher Schatz damals verloren ging. Werner Janensch verbrachte den Rest seiner Karriere damit, die Funde zu untersuchen und zu beschreiben. Als er am Material von *Brachiosaurus* arbeitete, fiel ihm auf, dass viele Elemente eine große Ähnlichkeit mit einem Tier aus der Morrison-Formation hatten, das der amerikanische Paläontologe Elmer Riggs bereits 1903 beschrieben hatte. Er hatte es *Brachiosaurus altithorax* genannt. Janensch gab den Langhälsen aus der Tendaguru-Formation denselben Gattungsnamen, fügte aber mit *brancai* einen neuen Artnamen hinzu, um von Branca zu ehren.

Als der Paläontologe Gregory S. Paul 1988 die Skelette des *Brachiosaurus altithorax* und des *Brachiosaurus brancai* untersuchte, kam er zu dem Schluss, dass es gerechtfertigt sei, für beide Tiere eine Untergattung aufzustellen. Paul war sich der historischen Bedeutung der Namen bewusst und schlug vor, die Tiere *Brachiosaurus (Brachiosaurus) altithorax* und *Brachiosaurus (Giraffatitan) brancai* zu nennen. In der Praxis wurde diese Bezeichnung mit Untergattungsnamen allerdings nie verwendet.

Die Situation änderte sich erst, als Mike P. Taylor, ein weiterer Paläontologe, 2009 einen Artikel publizierte, in dem er erläuterte, dass es bei diesen Tieren tatsächlich so viele Unterschiede gab, dass man ihnen verschiedene Gattungsnamen geben müsse. Er nannte Janenschs Tier *Giraffatitan brancai*. Ich erinnere mich noch sehr gut an den Artikel, da ich kurz vor seinem Erscheinen mein Paläontologie-Studium in Bonn wieder aufgenommen hatte. Mein erster Vortrag im Seminar war eine Zusammenfassung des Artikels, und wir diskutierten darüber, ob diese Umbenennung gerechtfertigt sei. Zufälligerweise war Mike Taylor wenig später in Bonn zu Besuch, und ich konnte mich auch mit ihm persönlich über dieses Thema unterhalten. Eines seiner Argumente war, dass Janensch die Originalknochen von *Brachiosaurus altithorax* vermutlich nie gesehen hat.

Allerdings frage ich mich, ob dieses Argument relevant ist. Ich habe beide Dinosaurier mit eigenen Augen gesehen, und sie schienen mir sehr ähnlich zu sein. Außerdem führte Taylor an, dass die Anzahl der Unterscheidungsmerkmale der beiden Tiere so groß sei, dass man sie definitiv namentlich trennen müsse. Dieses Argument finde ich nachvollziehbar, allerdings nicht haltbar. Die Internationalen Regeln für die Zoologische Nomenklatur, die die Benennung und Klassifikation aller Tierarten international festschreiben, geben nämlich nicht vor, in wie vielen Merkmalen sich ein Tier vom anderen unterscheiden muss, um zu einer anderen Gattung zu zählen.

Weil das keineswegs trivial ist und um meinen Standpunkt zu verdeutlichen, will ich ein Beispiel anführen: Im heutigen Tierreich gibt es die sogenannten Eigentlichen Großkatzen, die mit dem wissenschaftlichen Namen *Panthera* bezeichnet werden. Zu den Großkatzen gehören der Tiger (*Panthera tigris*), der Jaguar (*Panthera onca*), der Löwe (*Panthera leo*), der Leopard (*Panthera pardus*) und der Schneeleopard (*Panthera uncia*). Alle diese Tiere sehen sehr unterschiedlich aus, leben in verschiedenen Lebensräumen und sind zum Teil unterschiedlich groß und schwer. Dennoch gehören sie zu ein und derselben Gattung. Niemand käme auf die Idee, diese Gattung aufzuspalten. Bloß weil sich die beiden Langhälse unterscheiden, ist das noch kein hinreichender Grund, sie in verschiedene Gattungen aufzuteilen.

Nur wenn andere Dinosauriergattungen im Dinosaurierstammbaum zwischen den beiden stünden, müsste man zwingend den Namen ändern. Aber der einzige Dinosaurier, der vielleicht dafür infrage kommen könnte, ist *Sonorasaurus thompsoni* aus Arizona. In einer Studie von 2016 liegt *Sonorasaurus* zwischen »*Giraffatitan*« und *Brachiosaurus,* in einer anderen Studie von 2017 sind »*Giraffatitan*« und *Brachiosaurus* aber näher verwandt und *Sonorasaurus* ist nur ein Schwesterntaxon von »*Giraffatitan*«.

Das Problem bei dem Stammbaum von 2016 wäre, dass der Gattungsname gespalten würde und ein anderer Gattungsname dazwischenläge. Das ist nach den Regeln der Zoologischen Nomenklatur nicht möglich. Die Gattung *Brachiosaurus* würde dadurch paraphyletisch werden. Das bedeutet, dass *Sonorasaurus* aus einer größeren Gruppe abgespalten würde, obwohl er weniger Unterschiede aufweist, da er ja zwischen den anderen beiden läge, und der verbleibende Rest, also *B. altithorax* und *B. brancai,* in Ermangelung weiterer sichtbarer Merkmale in einem Topf zusammenblieben. Das wäre dann tatsächlich falsch und würde keinen Sinn ergeben.

Aber selbst wenn wir dem Stammbaum von 2016 folgen, gibt es zwei Möglichkeiten: Entweder wir benennen *B. brancai* tatsächlich um oder wir müssten *Sonorasaurus* in *Brachiosaurus thompsoni* ändern. Aus meiner Sicht wäre Letzteres eher vertretbar, da es den Namen *Sonorasaurus thompsoni* noch nicht so lange gibt. Interessant wird die genaue Einordnung vielleicht noch einmal werden, wenn der im August 2022 in Portugal gefundene Brachiosauride untersucht und wissenschaftlich beschrieben ist. Er gilt jetzt schon als der größte je in Europa gefundene Dinosaurier. Um welche Art es sich handelt, ist aber noch ungewiss.

DIE UNTERKREIDE

145 BIS 100,5 MILLIONEN JAHRE VOR HEUTE

Iguanodon
Neovenator
Polacanthus
Baryonyx

Kapitel 5
Argentinien – wo die Riesen leben

Die Langhalsdinosaurier, die alles in den Schatten stellen

Das Berliner *Brachiosaurus*-Skelett von Werner Janensch war über viele Jahrzehnte das größte vollständige Originalskelett eines Langhalsdinosauriers weltweit, das man in einer Ausstellung bewundern konnte. Andere Kandidaten für den Titel des größten Landlebewesens kamen meist aus den USA. Doch in den frühen 1990er-Jahren wurden gewaltige Knochen von noch viel größeren Giganten in Argentinien gefunden. Diese Riesen gehören zu einer Gruppe von Langhalsdinosauriern, die Titanosaurier genannt werden und bis in die Kreidezeit überlebten. Die allerersten Funde von Titanosauriern aus Südamerika wurden zwar schon vor etwa 130 Jahren gemacht, aber erst in den 1990er-Jahren fand man Überreste von Langhalsdinosauriern, die an die Grenzen dessen reichten, was physiologisch überhaupt vorstellbar schien. Mit der Beschreibung von *Argentinosaurus* im Jahr 1993 wurde der Welt ein Dinosaurier vorgestellt, der 30 Meter lang gewesen sein muss und, je nachdem welchem Autor und welcher Rechenmethode man folgen mag, wahrscheinlich zwischen 60 und 90 Tonnen gewogen hat!

Sauropoden sind in vielerlei Hinsicht einzigartig. Wir kennen heute im Tierreich keine vergleichbaren Lebewesen. Sie haben einen Bauplan, den es bei keiner anderen Tiergruppe gibt. Das offensichtliche und wichtigste Merkmal ist ihr Hals. Kein anderes Tier hat einen so langen Hals wie die Langhalsdinosaurier. Sicher werden viele an dieser Stelle automatisch an eine Giraffe denken und sagen, dass auch Giraffen lange Hälse haben. Das ist jedoch relativ – der Hals einer ausgewachsenen männlichen Giraffe kann bis zu 1,80 Meter lang werden. Das entspricht der durchschnittlichen Größe eines Mannes in Deutschland. Aus unserer Sicht ist das enorm. Manche Dinosaurier hatten aber einen zwölf oder gar vierzehn Meter langen Hals. Im Vergleich dazu ist der Hals einer Giraffe geradezu winzig. Um einen solchen extrem langen Hals hervorzubringen, entwickelten die Sauropoden zunächst einen und dann einen zweiten zusätzlichen Halswirbel und verlagerten außerdem den Schultergürtel nach hinten, sodass aus dem ersten Rückenwirbel funktional ein weiterer Halswirbel wurde. Außerdem wurde jeder einzelne Halswirbel deutlich länger, während das Gewicht der Wirbel deutlich verringert wurde. Das war möglich, weil die Wände der Wirbelknochen papierdünn und mit einem komplexen Netzwerk aus Luftsäcken durchzogen waren. Diese Luftsäcke sorgten durch eine unidirektionale Luftströmung für eine effiziente Atmung, und die Sauropoden waren dadurch auch in der Lage, überschüssige Hitze besser abzutransportieren und eine Überhitzung zu vermeiden. Das war nötig, weil die Langhalsdinosaurier, zumindest in der Anfangsphase ihres Lebens, einen aktiven Stoffwechsel besaßen und rasant wuchsen. Das rasche Körperwachstum, der lange Hals, ihre

Vogellunge und ein effizienter Verdauungstrakt ermöglichten es den Sauropoden letztendlich, so groß zu werden.

Der zwergenhafte *Europasaurus* ist ein Sonderfall unter den Langhalsdinosauriern, denn die meisten Sauropoden waren Riesen, wahre Titanen! Kein anderes landlebendes Tier war auch nur annähernd so groß. Der Afrikanische Elefant, das größte Landlebewesen heute, ist im Vergleich zu den Echsenfüßern – das bedeutet der Begriff Sauropode auf Deutsch – ein Zwerg. Die größten Sauropoden waren zehnmal, vielleicht sogar zwanzigmal so schwer wie ein Elefant. Man muss sich gewaltige Kolosse vorstellen, von denen einige so schwer wie ein Jumbojet oder ein Mammutbaum gewesen sein dürften. Diese Tiere waren Fleischberge, wie langhälsige Blauwale auf vier Beinen. Nicht umsonst wurde der erste je beschriebene Sauropode auch *Cetiosaurus*, die Walechse, getauft. Ich mag diesen Namen sehr, weil er so bildhaft ist. Überhaupt haben die Langhalsdinosaurier, wie ich finde, die treffendsten Namen.

Einen der schönsten Namen trägt beispielsweise der erste Dinosaurier, den ich mir als kleines Kind gemerkt habe: *Brontosaurus*, die Donnerechse. Er ist auch ein Langhalsdinosaurier. Ich habe mir als kleiner Junge immer vorgestellt, wie die Erde bei jedem Schritt dieses Riesen gebebt haben muss, und bin dann zum Leidwesen meiner Eltern und Geschwister mit lautem Gebrüll durch das Haus gestampft. Ein anderer Riese trug den Namen *Seismosaurus*, die Erdbebenechse. Später stellte sich heraus, dass es sich bei ihm um eine besonders große *Diplodocus*-Art handelt, weshalb der Gattungsname ungültig wurde. Im Grunde enthalten die meisten Sauropodennamen eine Anspielung auf ihre enorme Größe: *Seismosaurus, Cetiosaurus, Brontosaurus,*

Supersaurus, Ultrasaurus, Notocolossus (»der Koloss des Südens«) und natürlich *Titanosaurus* aus der Gruppe der Titanosaurier. Sie haben ihren Namen von den Titanen der griechischen Mythologie. Das waren Riesen in Menschengestalt, ein mächtiges Göttergeschlecht. Warum Paläontologen solche Namen gewählt haben, um die enorme Größe von Sauropoden zu beschreiben, ist nachvollziehbar, besonders wenn man diese Lebewesen mit heutigen Tieren vergleicht. Der kleinste Dinosaurier unserer Zeit kann das eindrucksvoll veranschaulichen.

Auf Kuba leben Hummelkolibris (*Mellisuga helenae*). Das sind sehr schöne Vögel, bei denen das Gefieder der Männchen und Weibchen in unterschiedlichen Farben schillert. Die Weibchen wiegen nicht mehr als eine 1-Cent-Münze (2,3 Gramm) und die Männchen weniger als zwei Gramm, was etwa dem Gewicht eines Gummibärchens entspricht. Trotzdem sind sie waschechte Theropoden; sie gehören also zu jener Gruppe von Dinosauriern, aus denen auch *Tyrannosaurus* hervorgegangen ist, der König aller Fleischfresser.

Von den größten Sauropoden weiß man heute, dass sie mindestens 50 Tonnen gewogen haben, und viele meiner Kollegen halten sogar Körpermassen von über 100 Tonnen für möglich. Das bedeutet, dass die allerschwersten Dinosaurier 50 Millionen Mal mehr gewogen haben als die leichtesten Vertreter dieser Gruppe! 50 Millionen Mal! Das sind 50 000-mal 1000. Aber wie berechnet man das Gewicht eines Dinosauriers? Eine der Methoden zur Gewichtsbestimmung von vierbeinigen Dinosauriern zieht den Umfang des Oberschenkels und des Oberarms heran. Das ist sicherlich leicht nachvollziehbar, weil die Extremitäten ja die Last des Tieres tragen und fortbewegen müssen: Je schwerer das Tier, umso kräftiger müssen die Arm- und Beinknochen sein, um die entsprechende Masse an Muskeln halten zu können.

Die meisten Forscher sind sich darin einig, dass die Krone für den schwersten Dinosaurier aktuell noch dem *Argentinosaurus* zusteht. *Argentinosaurus* ist aber nur durch seinen Oberschenkel, ein paar Wirbel und wenige kleine Knochenfragmente bekannt. Dieser Oberschenkel ist tatsächlich massig, aber mir fällt es schwer, ihn als einzige verlässliche Referenz zur Berechnung der Masse zu berücksichtigen. Überhaupt sind die meisten Langhalsdinosaurier, die wir heute kennen, äußerst unvollständig. 2014 entdeckte allerdings ein Forscherteam eine ganze Titanosaurierherde in der argentinischen Provinz Chubut. Zu diesen Riesen habe ich ein ganz besonderes Verhältnis, weil ich den Paläontologen José Carballido, der die Tiere geborgen und später wissenschaftlich beschrieben hat, sehr gut kenne. Er hat als Postdoktorand in Bonn gearbeitet, als ich dort mein Diplom erwarb. Im Jahr 2014, als José diesen neuen Koloss entdeckte, hatte ich gerade eine Stelle als wissenschaftlicher Berater für den Dinosaurierpark angetreten. Damals berichtete *stern TV* über den Riesenfund, und ich war für den Park zu dieser Sendung eingeladen worden. Und während wir über den allergrößten Dinosaurier sprachen, der je gefunden wurde, präparierte ich in der Sendung live einen Gesteinsblock, der Knochen vom Schultergürtel des verzwergten Sauropoden *Europasaurus* enthielt, also des kleinsten Vertreters dieser Gruppe. Da der Saurierpark eine Tochtergesellschaft hatte, die lebensgroße Dinosauriermodelle produzierte, wurde ich damals gebeten, einen Kontakt zu dem Museum in Argentinien herzustellen, und nach langen Verhandlungen wurde schließlich unter meiner Anleitung und Aufsicht die weltweit größte Lebendrekonstruktion eines Dinosauriers gebaut. Das Modell ist wahrhaft gigantisch. Ursprünglich hätte es in einer alten Lagerhalle in Trelew in Argentinien ausgestellt werden sollen. Da das Tier aber zu groß für die Halle war, steht das Modell heute außerhalb der Stadt in der Nähe des Flughafens von Trelew.

Von diesem Titanosaurier sind wesentlich mehr Knochen erhalten als von *Argentinosaurus*, darunter auch der Oberarm- und der Oberschenkelknochen.

Für die Rekonstruktion der Anatomie des Tieres wurden Knochen von mindestens drei Individuen ähnlicher Größe untersucht. José gab dem Dinosaurier dann den wissenschaftlichen Namen *Patagotitan*, »der Titan aus Patagonien«. Nach Anwendung verschiedener Methoden ergab sich eine zuverlässige Massenschätzung von rund 69 Tonnen.

Allerdings beträgt der Standardfehler bei einer solchen Rechnung etwa siebzehn Tonnen. Das Tier könnte also tatsächlich zwischen 52 und 86 Tonnen gewogen haben! Das klingt nach einer großen Ungenauigkeit, die aber, verglichen mit den Schätzungen bei anderen Sauropoden, relativ gering ist. Wir haben sehr viele Knochenelemente von *Patagotitan* vorliegen und können mehrere verschiedene Messmethoden anwenden, die alle ein ähnliches Gewicht für den Titanosaurier bestätigen. Bei *Argentinosaurus* können solche Massenschätzungen wegen der fehlenden Vorderarme nicht mit Skalierungsgleichungen berechnet werden, was den Standardfehler bei ihm deutlich größer macht.

Außerdem sind die vorderen Rückenwirbel von *Argentinosaurus* um rund zehn Prozent kleiner als die von *Patagotitan*. Somit stellt *Patagotitan* tatsächlich die größte bekannte Dinosaurierart dar. Vermutlich sind aus Chubut noch weitere Riesenfunde zu erwarten, und ich würde mich nicht wundern, wenn eines Tages dort ein Tier entdeckt würde, das in seiner Größe selbst *Argentinosaurus* und *Patagotitan* in den Schatten stellt.

Inzwischen hat das Museum in Trelew viele Abgüsse der Knochen von *Patagotitan* hergestellt, und überall auf der Welt stehen Repliken dieses Riesen. Im Field Museum of Natural History in Chicago befindet sich ein Modell in der Haupthalle, das etwa 37 Meter lang und über 8,50 Meter hoch ist. Ende Februar 2022 habe ich während einer Argentinienreise die Werkstatt in Trelew besucht, die diese Riesen herstellt. Ich wollte damals an einer Kampagne von Professor Oliver Rauhut aus München teilnehmen, der im Süden Argentiniens nach Dinosauriern sucht und an ihnen forscht. Das war zu einer Zeit, als internationale Flugreisen pandemiebedingt äußerst eingeschränkt waren. Oliver wusste nicht, ob diese Kampagne überhaupt stattfinden würde, und konnte mir erst eine Woche vor meinem Flug zusagen. Zum Glück fiel mein Covid-Test negativ aus, und wenig später saß ich schon im Flieger von Frankfurt nach Buenos Aires. Nach einem eintägigen Zwischenstopp ging es am nächsten Morgen weiter nach Trelew, wo Oliver mich freundlicherweise abholte.

Schon am Flughafen von Trelew fühlt man sich, als sei man im Dinosaurierland gelandet. An der Gepäckausgabe prangt das Relief einer Dinosauriergrabungsstelle mit Knochen der Urzeitriesen, und ein Stück weiter hängen Poster von Dinosauriern, die für das örtliche Paläontologische Museum werben. Es ist eine wichtige Sehenswürdigkeit dieser Stadt und lockt viele internationale Besucher an. Seine Ausstellung kann sich sehen lassen, aber die eigentlichen Schätze liegen in der Sammlung, die nicht für die Öffentlichkeit zugänglich ist. Unter anderem sind dort auch die Originalknochen des *Patagotitan* aufbewahrt. Für eine Nacht war ich im Touring Club Hotel untergebracht. Der Name klingt, als wäre es eine Absteige für Rucksacktouristen, aber in Wirklichkeit ist es ein richtiges Hotel mit einer über 120-jährigen Geschichte. Angeblich sollen sich die berühmten Gesetzlosen Butch Cassidy und Sundance Kid hier einige Zeit aufgehalten haben, nachdem sie aus den USA geflüchtet waren.

Am nächsten Morgen beluden wir die beiden Geländewagen und machten uns auf den Weg gen Westen. Wir fuhren etwa vier Stunden auf der Nationalroute 25 bis zur Ortschaft Paso de Indios. Auf dem Weg sahen wir viele imposante Gesteinsformationen aus der Kreidezeit und dem Jura, und die Landschaft erinnerte mich oft an den Mittleren Westen der USA. In Paso de Indios tankten wir und kauften ein wenig Proviant, bevor wir weiter in Richtung Norden fuhren. Die Route 12, eine der wichtigsten Nord-Süd-Verbindungen in Chubut, ist keine asphaltierte Straße, sondern eine Art Schotterpiste, und mir wurde bald klar, warum Oliver die Geländewagen gewählt hatte. Sein Ziel bei dieser Grabung war es, einen älteren Aufschluss zu untersuchen, bei dem bereits vor einiger Zeit Teile eines Langhalsdinosaurierskeletts zum Vorschein gekommen waren. Er wollte herausfinden, wie viel von dem Skelett noch im Gestein verborgen lag, um dann entscheiden zu können, ob er es später mit schwerem Gerät bergen würde. Ein anderer Schwerpunkt dieser Kampagne war die Suche nach neuen Aufschlüssen. Oliver arbeitet bereits seit über zwanzig Jahren in diesem Teil der Erde, doch für mich war es die erste Reise nach Argentinien und Südamerika überhaupt. Ich war völlig überwältigt von der Schönheit der Natur und den vielen für mich fremden Tieren und Pflanzen. Besonders eindrucksvoll schienen mir die großen Insekten, Heuschreckenverwandte, die es bei uns in Europa nicht gibt, und die vielen Raubvögel mit ihrer beachtlichen Flügelspannweite. Doch beim Anblick der Nandus und Guanakos wurde mir vollends klar, dass ich mich in einer absolut fremdartigen Welt befand. Außer in Kenia hatte ich noch nie so große Laufvögel wie die Nandus in freier Natur gesehen, die hier einfach durch die Wildnis laufen. Die Nandus sprinten mit bis zu 60 Stundenkilometern scheinbar mühelos über das unübersichtliche Gelände. Die Guanakos wiederum sind eine wild lebende Art der Gattung Lama, wobei das Lama, das wir kennen, eine domestizierte Art ist. Solche Tiere bekommt man in Europa in der freien Natur einfach nicht zu Gesicht.

Wir fuhren die Route 12 in Richtung Norden weiter, am Rio Chubut entlang, bis wir in ein kleines Dorf namens Cerro Cóndor gelangten. Dort gab es nur ein paar einzelne Häuser und eine Schule, die offenbar alle Kinder von den umliegenden Farmen besuchten und ohne die das Dorf wohl auch längst nicht mehr existieren würde. Daneben stand ein kleines Museum mit einigen Dinosaurierfunden aus dem Umland. Direkt vor dem Dorf lag eine Fundstelle von Flugechsen, die eine von Olivers Doktorandinnen genauer untersuchen wollte. Ein paar Kilometer weiter nördlich, etwa eine halbe Stunde Fahrt entfernt, hielten wir an, um uns auf die Suche nach neuen Dinosaurier-Fundstellen zu machen. Die Gesteine dort werden der Cañadón-Calcáreo-Formation zugeordnet und sind zwischen 160 und 150 Millionen Jahre alt. Sie reichen also vom Oxfordium bis zum Tithonium, was die älteste und jüngste Stufe des Oberen Jura darstellt. Auch wenn die riesigen Titanosaurier Argentiniens nicht aus diesen Schichten stammen, ist das Gestein für uns ungemein spannend. Im Gegensatz zum Oberen Jura in Nordamerika, Europa und Asien wissen wir nur wenig über diese Zeit auf der Südhalbkugel. Seit dem Wettstreit von Cope und Marsh sind viele nordamerikanische oberjurassische Fundstellen bekannt und gut erforscht, aber von der Südhalbkugel kennen wir nur die Fundorte in Tansania.

Oliver hat es sich zur Aufgabe gemacht, diesen Abschnitt der Erdgeschichte besser zu erforschen, und das ist wichtig, weil wir jetzt schon feststellen können, dass sich die Langhalsdinosaurier auf der Nordhalbkugel ganz anders entwickelt haben als in Gondwana. Darüber hinaus kann man in keinem anderen Land der Erde die Sauropodenentwicklung so lange im Fossilbericht verfolgen wie in Argentinien. Manche Kollegen und Kolleginnen vermuten sogar die Wiege der Sauropoden in Argentinien. Die ältesten Langhalsdinosaurier finden wir nämlich bereits in Schichten aus dem Norium Argentiniens, einer Stufe der Obertrias, die etwa 228 bis 208,5 Millionen Jahre alt ist. Aus dieser Zeit fehlen Sauropoden noch völlig im Fossilbericht Nordamerikas und Europas. Doch schon im Jura gab es diese Giganten überall auf der Erde, und während ihre Geschichte bis in den Oberen Jura hinein weitgehend einheitlich verlief, schritt die

Evolution in der Kreidezeit auf der Nord- und Südhalbkugel völlig unterschiedlich voran. In den USA und Kanada, wo Langhalsdinosaurier lange die dominierende Gruppe der Pflanzenfresser waren, kamen sie zu Beginn der Kreidezeit nur noch selten vor, bis sie aus Colorado, Wyoming, Montana und North und South Dakota dann völlig verschwanden. Lediglich im äußersten Süden, in der Region um Südtexas und New Mexico, blieben vereinzelt noch kleine Langhalsdinosaurierkolonien bestehen. Es handelte sich dabei um eine Art des Titanosauriers mit dem Namen *Alamosaurus*, während die Langhalsdinosaurier im Norden sukzessive von den Entenschnabeldinosauriern und den Horndinosauriern ersetzt wurden.

Ganz anders war die Situation in Südamerika, wo diese Vogelbeckendinosaurier fast überhaupt nicht vorkamen. Doch auch die *Diplodocus*- und *Brachiosaurus*-Verwandten wurden dort allmählich von Titanosauriern abgelöst, die eine erstaunliche Artenvielfalt erreichten. Es gab winzige Titanosaurier, was nach einem Oxymoron klingt, mittelgroße Formen und gigantische Riesen, es gab lang- und kurzhalsige Formen, bodenweidende Tiere und solche, die das Laub von den höchsten Bäumen fraßen. Sauropoden belegten die unterschiedlichsten ökologischen Nischen und verhinderten dadurch die Ausbreitung anderer Arten. Doch in der jurassischen Cañadón-Calcáreo-Formation, nördlich von Cerro Cóndor, gab es noch keine Titanosaurier, und wir hofften daher andere, frühere Formen der Langhalsdinosaurier dort zu finden.

Es ist immer eine besondere Freude für mich, bei einer Grabung dabei zu sein und Fossilien freizulegen, die Jahrmillionen im Gestein geschlummert haben – aber noch viel eindrucksvoller ist es, wenn man auf einen eigenen Aufschluss mit Dinosaurierüberresten stößt. Klar, ich habe dabei mitgeholfen, an der Flugechsen-Fundstelle zu graben, und ich habe einige Knochen des Langhalsdinosauriers freigelegt; aber diese Aufschlüsse haben zuvor andere gefunden. Ich wollte meinen eigenen Fund machen, selbst einen Schatz aufspüren und der Erste sein, der mitten im Nirgendwo ein Knochenfragment entdeckt, das möglicherweise unser Verständnis vom Leben der Urzeitriesen vertiefen kann. Die Suche nach solchen Überresten ist aber selbst in einem so fossilreichen Gebiet wie der Chubut-Provinz nicht immer von Erfolg gekrönt. Das Gebiet ist einfach sehr weitläufig und man kann es manchmal tagelang durchstreifen, ohne etwas zu finden. Das kann sehr frustrierend sein, und so erging es mir auch bei diesem Trip; zumindest bis zum letzten Tag!

Wir waren mit den Geländewagen nach Norden gefahren und hatten die Fahrzeuge nahe dem Fluss geparkt. Gegen zehn Uhr ging jeder von uns in einer anderen Richtung los, wir hatten uns für 17 Uhr wieder am Auto verabredet. Ich wanderte über Hügel und durch kleine Canyons, kletterte Steilhänge hinauf, immer den Blick auf den Boden vor mir gerichtet. Dabei drehte ich jeden Stein um, der auch nur entfernt nach einem Knochen aussah oder bläulich schimmerte, denn in dieser Gegend haben die versteinerten Knochen oft eine blassblaue Färbung. Leider wachsen auf manchen Steinen dort bläuliche Flechten, sodass ich mich oft vergebens bückte. Am Nachmittag, nachdem ich stundenlang nichts gefunden hatte, stolperte ich schließlich über ein Stück Eierschale von einem Nandu. Es lag am Schutthang eines größeren Hügels, und ich überlegte, ob es wohl aus einem verlassenen Nest von oben auf dem Gipfel stammen könnte. Vielleicht fand ich dort noch eine größere Eierschale, die ich meinen Kindern als Souvenir mitbringen konnte. Ich kletterte hinauf, doch nirgends war ein solches Nest zu entdecken. Dafür sah ich aus dem Augenwinkel einen kleinen bläulichen Stein. Instinktiv hob ich ihn auf, obwohl ich davon ausging, dass es wieder nur ein mit Flechten bewachsener Stein war. Doch stattdessen war es tatsächlich ein Stück eines versteinerten Knochens. Ich wischte den Staub von der Oberfläche ab und tat, was jeder Paläontologe tut, wenn er im Gelände sichergehen will, dass es sich bei einem Fragment um einen Knochen handelt: Ich hielt die Bruchfläche des Stücks an meine Zungenspitze und leckte vorsichtig daran. Das Innere von fossilen Knochen besteht nämlich aus sehr porösem Material, und wenn man diese Fläche mit ihren winzigen Poren mit der feuchten Zunge berührt, entsteht ein leichter Unterdruck, und der Knochen bleibt an der Zunge kleben. Und siehe da: Der Stein klebte an meiner Zunge. Es war tatsächlich ein Dinosaurierknochen!

Ich war begeistert. Sofort machte ich mich daran, die umliegende Fläche nach weiteren Stücken abzusuchen. Ich fand ein zweites und dann noch einige andere. Am Ende hatte ich fünf Elemente, die alle zum selben Knochen zu gehören schienen. Er war zu groß für einen Schildkrötenknochen und zu dick und zu lang für den eines Krokodils, gleichzeitig aber viel zu klein für den Knochen eines Langhalsdinosauriers. Das einzige Tier, das meiner Meinung nach infrage kam, war ein Fleischfresser. Der Größe des Knochens nach zu urteilen, schien der Dinosaurier recht groß gewesen zu sein. Ich vermutete, dass es sich bei den

Fragmenten um Teile des Wadenbeins handelte, denn für ein Schienbein wirkten sie zu dünn. Ich freute mich über diesen außergewöhnlichen Fund, da solche Überreste eines Fleischfressers wesentlich seltener vorkommen als die von Pflanzenfressern. Und da sie oben auf einem Hügel zum Vorschein kamen, konnten sie nicht durch Regen oder andere Wasserbewegungen dorthin gespült worden sein, sondern mussten aus dem anstehenden Gestein herausgewittert sein. Wenn Fossilien nach ihrer Einbettung nicht transportiert werden, sondern an Ort und Stelle verweilen, spricht man von einem Fund »in situ«. So begeistert ich auch war, ich hatte leider keine Schaufel dabei, um tiefer in das Gestein zu graben. Mir blieb nichts anderes übrig, als die genauen GPS-Koordinaten zu nehmen, die Fundstelle zu fotografieren und dann schweren Herzens mit den Bruchstücken zurück zu den Geländewagen zu wandern.

Stolz zeigte ich Oliver am Abend meinen Fund, und er bestätigte, dass es sich um den Knochen eines größeren Raubsauriers handelte. Oliver hatte 2017 einen Fleischfresser aus den gleichen Sedimenten beschrieben, den er *Pandoravenator* getauft hatte. Mein Fossil hatte eine ähnliche Größe und war wohl ein weiteres Exemplar von *Pandoravenator,* ja vielleicht sogar eine neue Art. Leider konnten wir es nicht mehr mit Sicherheit bestimmen, weil wir am nächsten Tag abreisen und die Kampagne beenden mussten. Erst eine weitere Grabung mit der entsprechenden Ausrüstung wird hoffentlich mehr Material zum Vorschein bringen und uns dann vielleicht verraten, um welche Art es sich handelt.

Kapitel 6
Myanmar: Gefangen im Hellgold

Federn, Krallen und Zecken im Bernstein

Die beste Idee von Michael Crichton in seinem Roman *Jurassic Park* aus dem Jahr 1990 war das Klonen von Dinosauriern mithilfe ihrer DNS, die sich im Blut von Stechmücken finden ließ. Crichton schrieb, dass die Mücken das Blut von Dinosauriern getrunken hätten und unmittelbar danach in Baumharz eingeschlossen worden seien, das sich über Jahrmillionen zu Bernstein umwandelte. Forscher hätten das Dinosaurierblut dann extrahieren, die DNS entschlüsseln und den Dinosaurier klonen können. Dieses Vorgehen ist aktuell unmöglich, trotzdem fasziniert mich die Idee bis heute. Es gibt fantastische Bernsteinvorkommen aus der Zeit der Dinosaurier, und einige davon enthalten Einschlüsse von Spinnen, Schnecken, Tausendfüßern und Insekten, von denen manche tatsächlich Mücken sind. Die ältesten Mücken stammen aus der Kreidezeit, doch aus dem Jura oder der Trias kennen wir sie bisher nicht. Ein Park aus geklonten Dinosauriern hätte folglich Tiere wie *Tyrannosaurus*, *Triceratops*, Raptoren und Flugechsen wie *Pteranodon* enthalten können, aber nicht *Brachiosaurus* und *Stegosaurus*. Warum der Roman trotzdem *Jurassic Park* und nicht *Cretaceous Park* genannt wurde, lag wohl eher am Wohlklang des Namens als daran, dass die Dinosaurier wirklich überwiegend aus dem Jura stammten. Tatsächlich kamen die meisten Dinosaurier im Buch und im ersten Film aus der Kreidezeit. In der *Jurassic World*-Trilogie, die als Fortsetzung der *Jurassic Park*-Filmreihe in die Kinos kam, tauchen außerdem marine Reptilien wie der *Mosasaurus* auf. Das macht nun gar keinen Sinn mehr – wie hätte eine Mücke diesen Meeresbewohner stechen wollen, und wie hätte Bernstein denn im Meer entstehen sollen?

Die wichtigsten Bernsteinvorkommen mit Einschlüssen aus der Kreidezeit stammen aus Kanada und Myanmar. Die Fossilien, die sich im Bernstein Kanadas verbergen, sind etwa 75 Millionen Jahre alt und die aus Myanmar etwa 99 Millionen Jahre. Weil das Land Myanmar früher Burma hieß, spricht man häufig noch von burmesischem Bernstein oder Burmit. Crichtons Idee der Extraktion von Blut aus den Stechmücken war genial, dabei konnte er nicht ahnen, dass etwa dreißig Jahre später erste winzige Dinosaurier im Bernstein gefunden werden würden.

Diese Funde sind wahrhaft atemberaubend! Burmesischer Bernstein gibt uns detaillierte Auskunft darüber, wie das Gefieder, die Weichteile und die Knochenstruktur von Jungtieren vogelähnlicher Dinosaurier beschaffen waren, die wir unter keinen anderen Bedingungen sonst finden würden. Was die Bernsteinfossilien außerdem so besonders macht, ist ihre dreidimensionale Erhaltung. In Plattenkalken oder Schieferablagerungen sind Tiere meist plattgedrückt, sodass ihre eigentliche Anatomie verzerrt ist. Allerdings sind Bernsteinstücke oft klein und enthalten selten vollständige Wirbeltiere, sondern meist nur Flügelspitzen oder das Schwanzende sehr kleiner Lebewesen.

Ein Einschluss, der 2017 beschrieben wurde, enthielt einen sehr gut erhaltenen Schlüpfling eines vogelähnlichen Dinosauriers, der zur Gruppe der Enantiornithinen (Enantiornithes) gehört. Diese Gruppe gefiederter Dinosaurier ist sehr nah mit den Vögeln verwandt, auch wenn sie außerhalb der Gruppe der modernen Vögel liegt. Ihr sonderbarer Name bedeutet »die gegenüberliegenden Vögel« und verweist darauf, dass diese Tiere die nächsten Verwandten der modernen Vögel waren und ihnen in vielen Aspekten glichen. Allerdings sind diese Enantiornithen heute ausgestorben.

Das besagte Bernsteinfossil birgt ein eben geschlüpftes Jungtier, das nur wenige Stunden bis höchstens ein paar Tage alt war. Darauf deuten Messungen des Schädels, des Flügels und des Fußes hin, die mit anderen juvenilen und ausgewachsenen Enantiornithinen verglichen wurden. Die Proportionen des Fossils ähneln eher denen eines Embryos als den Proportionen von Jungtieren. Der Schädel ist größer und die Handschwingen sind kleiner. Außerdem deutet die geringe Größe darauf hin, dass es sich um ein Neugeborenes handelt. Wegen der einzigartigen Weichteilerhaltung konnte man erstmals bei einem Dinosaurier die äußere Öffnung des Ohrs, die Augenlider und Schuppen an den Beinen und die langen Hornkrallen an den Zehen beobachten, wobei einer der Zehen den anderen gegenübersteht, sodass sich das Tier wohl gut an Ästen festhalten konnte. Das Exemplar bietet außerdem Einblicke auf das Daunenkleid des Schlüpflings sowie auf die Anordnung der Federn und sogar auf das Farbmuster des Gefieders. Dieses Gefieder hat Merkmale von Nesthockern und Nestflüchtern zugleich, wie sie bei keinem modernen Vogel vorkommen. So finden wir bei dem Fossil Handschwingen mit kräftigen Federn, während der gesamte Körper nur spärlich befiedert ist. Die Federn an den Beinen, den Füßen und am Schwanz ähneln eher den Konturfedern moderner Vögel als deren Daunen. Außerdem finden wir an den gleichen Stellen zusätzlich fadenförmige oder haarähnliche Federn, die mit Protofedern von ursprünglicheren Theropoden vergleichbar sind. Insgesamt erreichen wir mit diesen Bernsteinfunden eine Detailebene, die unser Verständnis der Anatomie der Jungtiere dieser prämodernen Vögel grundlegend verbessert. Dabei zeigt sich, dass sich das Gefieder von Enantiornithinen deutlich von dem moderner Vögel unterscheidet.

Obwohl das oben genannte Tier ein Schlüpfling war, besaß es offenbar bereits Steuerfedern, was den Schluss nahelegt, dass es gleich nach dem Schlüpfen flugfähig war. Das stimmt mit Beobachtungen bei anderen Funden von Enantiornithinen-Jungtieren überein, von denen man annimmt, dass sie ebenfalls Nestflüchter waren. Lebende Vögel haben ein breites Entwicklungsspektrum bei Jungtieren, das von hilflosen, blind und nackt geborenen Nesthockern bis zu extrem frühreifen Nestflüchtern reicht, die schon einen Tag nach dem Schlüpfen fliegen können. Im Gegensatz dazu scheint die Bandbreite bei den Enantiornithinen viel geringer zu sein, wobei alles darauf hindeutet, dass ihre Küken grundsätzlich frühreif waren. Das hat sicher mit der beschränkten Variabilität ihrer Eiergröße zu tun – alle Eier von Enantiornithinen sind etwa gleich groß. Eine eingeschränkte Entwicklungsvariabilität hätte Enantiornithinen wahrscheinlich auch davon abgehalten, in einigen der extremen Umgebungen zu brüten, die heute von lebenden

Vögeln genutzt werden, wo Küken sonst ohne intensive elterliche Fürsorge zugrunde gehen würden.

Ein Beispiel für die Anpassung an ein extremes Ökosystem ist das von Pinguinen, deren Küken im ewigen Eis ohne ihre Eltern nicht überleben können, ein anderes ist die Anpassung von Vögeln an ein Leben am oder im Wasser, wo sie entweder gute Schwimmer oder gute Segler sein müssen. Für beide Anpassungen gibt es bisher keine Belege bei den Enantiornithinen. Wir kennen heute Hunderte Wasservögel, aber noch keine Enantiornithinen mit aquatischen Anpassungen. Ganz grundsätzlich lässt sich sagen, dass sich Eier von Vögeln in Form, Farbe und Größe drastisch unterscheiden, je nachdem ob sie in Bäumen, Felswänden, im Gebüsch oder im Sand brüten.

Der Grad der elterlichen Fürsorge bei Enantiornithinen ist heute noch nicht genau erforscht, aber offenbar waren ihre Küken alle hochgradig nestflüchtend. Gleichzeitig waren sie Baumbewohner, eine Kombination, die wir bei lebenden Vögeln nicht beobachten können. Alle heutigen baumbewohnenden Vögel haben Küken, die Nesthocker sind. Das bedeutet, dass die Enantiornithinen einer Entwicklungsstrategie folgten, die bei modernen Vögeln nicht mehr vorkommt. Der relativ frühe Zeitpunkt der Fortpflanzungsreife bei den Jungtieren dieser ausgestorbenen Lebewesen, ihre niedrige Wachstumsrate und das langsame Heranwachsen sind untypisch für heutige Vögel. Das hat einen guten Grund: Durch ihr verzögertes Wachstum waren diese jungen Enantiornithinen nämlich länger der Gefahr von Fressfeinden ausgesetzt, was ihre Sterblichkeit erhöhte; insbesondere wenn die Eltern ihre Küken nicht beschützen konnten, weil diese das Nest frühzeitig verlassen hatten.

Deshalb finden wir im Fossilbericht auch so viele Jungtiere von Enantiornithinen und praktisch keine von modernen Vögeln.

Die Küken aus dem Bernstein von Myanmar ermöglichen es uns, Rückschlüsse auf die Federentwicklung dieser Vogelverwandten zu ziehen. Wenn wir bestimmte Federtypen finden, die bei Erwachsenen nicht mehr vorkommen, oder wenn wir Federn bei Erwachsenen sehen, die Jungtiere noch nicht haben, können wir erkennen, welche Federn erst im Laufe der Entwicklung entstanden und wie sie gewachsen sind. Das ist besonders bei den Federn relevant, die wir bei modernen Vögeln nicht mehr finden. Solche ungewöhnlichen Federn sehen wir häufig an den Beinen und am Schwanz. Dort ist eine kleine Anzahl von sogenannten Protofedern erhalten geblieben, die Teil des Daunenkleids waren und im Lauf der Entwicklung verloren gingen. Die Beine, der Schwanz und der Bauch dieses Enantiorthinen waren spärlich mit solchen Daunen bedeckt, was zeigt, dass er erst vor Kurzem geschlüpft war. Seine Mauser folgte also dem Muster moderner Vögel.

Aber nicht nur die Federn selbst sind spannend, sondern auch die Zecken, die manchmal auf den Federn sitzen. 2017 wurden solche Tiere auf der Feder eines Dinosauriers gefunden. Zecken gehören heute zu den am weitesten verbreiteten blutsaugenden Parasiten, die auf der Haut eines Wirtes leben. Von den Ernährungsgewohnheiten und den möglichen Wirtstieren von Zecken aus der Kreidezeit war lange Zeit nichts bekannt. Die 2017 gefundene Feder lieferte nun den direkten Beweis, dass sich Zecken vor 99 Millionen Jahren vom Blut von gefiederten Dinosauriern ernährten. Um welche Art von Dinosauriern es sich dabei handelte, ist leider noch unklar. Weil wir nur eine isolierte Feder haben, hätte der Wirt ein Enantiornithine oder auch ein Vogel sein können. Sichelklauentragende Raptoren oder Eierdiebe kommen aber ebenfalls infrage. In Michael Crichtons Roman hätte John Hammond, der Direktor des Dinosaurierparks, also nicht nur nach Mücken, sondern auch nach Zecken im Bernstein suchen können, um seine Dinosaurierwelt zu erschaffen.

Ein Dinosaurier – noch kleiner als ein Kolibri?

Im Wettstreit um die meisten neu beschriebenen Dinosaurier haben Othniel Charles Marsh und Edward Drinker Cope ein heilloses Durcheinander ungültiger Namen und Doppelbeschreibungen dieser Tiere hinterlassen. Das hatte unter anderem mit dem extremen Ehrgeiz und der Egozentrik der beiden Paläontologen zu tun. Jeder wollte den anderen übertreffen. Dabei hätten sie genügend Zeit gehabt, um mit Sorgfalt und Gewissenhaftigkeit vorzugehen. Die Anzahl von wissenschaftlichen Veröffentlichungen war damals nämlich gering, und die beiden konnten ihre Berichte publizieren, ohne dass diese langwierig Korrektur gelesen werden mussten. Beide Wissenschaftler waren vermögend und nicht zwingend auf Forschungsgelder angewiesen – zumindest nicht am Anfang ihrer Karriere. Außer ihrem eigenen Ehrgeiz gab es folglich keinen Grund für sie, überstürzt Ergebnisse herauszubringen. Heute ist das anders. Die Forschung bewegt sich so schnell, dass jedes Jahr Hunderte Artikel veröffentlicht und bis zu fünfzig neue Dinosaurierarten beschrieben werden.

Wissenschaftliche Artikel müssen von mindestens zwei unabhängigen Gutachtern gegengelesen und auf ihre inhaltliche Richtigkeit und Plausibilität überprüft werden. Erst wenn die Prüfer den Artikel absegnen, darf er in einer wissenschaftlichen Zeitschrift abgedruckt werden. Dieser Vorgang nennt sich Peer-Review.

Gleichzeitig konkurrieren Wissenschaftler heute um Forschungsgelder. Nicht jeder Forscher erhält ausreichend finanzielle Mittel, um sein Feld voranzutreiben und seine Ergebnisse zu veröffentlichen. Es gibt oft nicht genügend Geld für neue Ausrüstung, neue Computer, um an Tagungen teilnehmen oder ins Gelände gehen zu können. Für jeden Zuschuss muss ein Forschungsantrag geschrieben werden, und die Ablehnungsquote ist häufig hoch. Das ist besonders für junge Akademiker frustrierend. Wer in der Forschung bleiben möchte, muss den Universitäten zeigen, dass er intellektuell in der Lage ist, Forschungsanträge zu schreiben und auf hohem Niveau zu arbeiten. Zu den bedeutendsten Publikationen für Paläontologen gehören die Zeitschriften *Science* und *Nature*. Um beispielsweise einen Artikel in der *Nature* publizieren zu können, muss das Thema bahnbrechend und die Forschung wegweisend und mit neuen Methoden erarbeitet worden sein. Es muss Menschen über die Fachkreise hinaus ansprechen.

Dass ausgerechnet bei der renommierten Zeitschrift *Nature* einer der größten Schnitzer in der Paläontologie der letzten Jahre passierte, ist äußerst überraschend. 2020 erschien ein Artikel, der alles hatte, was man von einem Beitrag in dieser Zeitschrift erwartet. Forscher hatten kurz zuvor ein winziges Reptil beschrieben, das in Bernstein eingeschlossen war. Der Fund war eine Sensation, da es sich angeblich um einen außergewöhnlich gut erhaltenen vogelähnlichen Schädel handelte. Der Schädel schien dem kleinsten bekannten Dinosaurier des Mesozoikums zu gehören, der zu Lebzeiten wohl nur wenige Gramm gewogen hat und mit dem Hummelkolibri um den Platz des kleinsten Dinosauriers überhaupt konkurrierte. Dass die Geschichte aber einen Haken hatte, dürfte jeder inzwischen schon ahnen. Dass man heute immer schneller spektakuläre Artikel veröffentlichen muss, mag auch in diesem Fall zu einer überstürzten Publikation geführt haben. Was ist da genau passiert und wie kam es zu diesem Irrtum?

Die Forscher fanden einen Bernsteinklumpen, in dem der Kopf eines kleinen Tieres steckte, der Rest des Körpers fehlte. Dieser Kopf besaß große Augenhöhlen, ein rundes gewölbtes Schädeldach und einen langen, spitz zulaufenden Schnabel. Als ich Fotos dieses Fossils sah, dachte auch ich sofort: Das ist ein Vogel.

Vor diesem Tier wurden erst sieben Exemplare von Enantiornithinen-Vögeln aus dem Bernstein beschrieben, die mehrere zusammenhängende Skelettteile überlieferten. Sechs davon waren Jungtiere und eines ein beinahe ausgewachsenes Exemplar. Sie alle waren kleiner als die Fossilien, die aus typischen Sedimentablagerungen stammen. Aber dieses Tier hier war noch kleiner. Wegen seiner großen Augen und weil seine Kiefer noch Zähne trugen und man außerdem vermutete, dass es sich um einen Vogel handelte, nannten die Forscher es *Oculudentavis*, was so viel wie »Augen-Zahn-Vogel« bedeutet. Das Tier war faszinierend. Es wies neben Verzwergungs- und Vogelmerkmalen auch eine einzigartige Augenmorphologie auf, die der von Eidechsen ähnelte. In seiner Augenhöhle befand sich ein Ring aus einzelnen Knöchelchen, der sogenannte Skleralring, der darauf hindeutete, dass die Pupille des Tieres ursprünglich sehr klein gewesen war, obwohl die Augenhöhle, und damit wahrscheinlich auch der Augapfel, sehr groß gewesen waren. Dieser knöcherne Skleralring stellte offenbar eine Verstärkung des Auges dar. Er kommt bei Vögeln, bei den ausgestorbenen Dinosauriern, Flugsauriern und Ichthyosauriern vor, aber auch bei einigen modernen Reptilien. So wie diese Knöchelchen angeordnet sind, erinnert es eher an Schuppenkriechtiere als an Vögel oder Dinosaurier. Bei jedem bekannten Dinosaurier sind die Skleralknöchelchen typischerweise fast quadratisch und schmal, und sie grenzen eine meist größere Öffnung im Inneren des Rings ab. Bei *Oculudentavis* war der Skleralring sehr groß und ließ nur Platz für eine kleine Pupille. Er wurde von länglichen, löffelförmigen Knöchelchen gebildet, die sonst nur bei Eidechsen vorkommen.

Tieftauchende Ichthyosaurier hatten die größten Augen aller Wirbeltiere und besonders stark ausgeprägte Skleralringe, um dem enormen Wasserdruck in den tiefsten Tiefen des Meeres standzuhalten. In den kleinen Pupillen von *Oculudentavis* sehen meine Kollegen einen Hinweis auf eine tagaktive Lebensweise. Seine winzige Körpergröße deutet auf eine Inselverzwergung hin – der Bernsteinwald wuchs demnach einst auf einer Insel. Die ungewöhnliche Körperform des Tieres legt nahe, dass diese Art eine bisher unbekannte ökologische Nische belegte. Mithilfe von derartigen Bernsteinablagerungen gelingt es uns, Lebensräume aufzudecken, die von Wirbeltierarten an der untersten Grenze des Körpergrößenspektrums bewohnt waren. Von der Schnabelspitze bis zum Hinterhaupt misst der Kopf dieses vermeintlichen Dinosauriers nur 7,1 Millimeter.

Außer den Kolibris gibt es keine andere Vogelgruppe, die einen so kleinen Schädel besitzt. Der Schädel von *Oculudentavis* zeigte eine allgemeine Vogelmorphologie mit einem schlanken, an der Spitze schmaler werdenden Schnabel, weit hinten liegenden Nasenöffnungen, vergrößerten und gut definierten Augenhöhlen, einer kurzen Region hinter dem Auge und einem kuppelförmigen Schädeldach. Was die Kollegen aber stutzig hätte machen müssen, waren die ungewöhnlichen Zähne. Sie steckten im Kiefer, wie man es sonst nur bei Leguanen, Waranen und Geckos sieht, nicht aber bei Dinosauriern. Die Paläontologen nahmen an, dass dieses ungewöhnliche Merkmal mit der Verzwergung zusammenhing, obwohl kein anderes Detail, wie beispielsweise ein verkürzter Schnabel oder Zahnlosigkeit, auf eine Pädomorphose hinwies. *Oculudentavis* hatte eine ganze Reihe kleiner Zähne. Die Forscher waren daher der Ansicht, dass die Verzwergung lediglich durch eine Verringerung der Wachstumsrate erreicht worden sei. Die Art, wie stark die einzelnen Schädelknochen miteinander verwachsen waren, und die Form der Wachstumsnähte an den Kontaktflächen der Knochen entsprachen ebenfalls nicht dem Muster von Theropoden-Dinosauriern, was die rätselhafte Natur von *Oculudentavis* nur noch unterstrich. Auch diese Tatsache versuchten die Forscher mit strukturellen Einschränkungen infolge der Verzwergung zu erklären. Am Ende waren die Unterschiede in der Schädelanatomie aber zu groß, um sie mit Prozessen einer Inselverzwergung zu erklären.

Das fiel auch vielen Lesern nach Erscheinen des Artikels in der *Nature* auf, was die Autoren schließlich dazu veranlasste, den Artikel zurückzuziehen.

Im August 2021 erschien dann ein neuer Artikel über dieses Thema, der klar aufzeigte, dass der vermeintliche Dinosaurier in Wirklichkeit gar kein Vogel, sondern eine kleine Echse war. Besonders die großen Augen und das stark gewölbte Hinterhaupt hatten die Forscher zunächst auf die falsche Fährte geführt. Doch eine gründlichere Untersuchung zeigte, dass mehrere Merkmale das Tier trotz seines vogelähnlichen Aussehens als Dinosaurier disqualifizierten.

Ein weiteres, nahezu vollständiges Fossil dieses Urzeittieres zeigte, dass es sich bei *Oculudentavis* um ein Schuppenkriechtier handelt. Die Gruppe der Schuppenkriechtiere schließt nahezu alle heute noch lebenden Reptilien ein: Eidechsen, Leguane, Warane und Schlangen. Die einzigen modernen Reptilien, die nicht zu den Schuppenkriechtieren gehören, sind die Schildkröten, Brückenechsen und die Krokodile. Eine genaue Zuordnung im Tierreich war deshalb so schwierig, weil *Oculudentavis* offenbar eine konvergente Entwicklung seiner Schädelproportionen durchlaufen hatte, die ihn wie einen Vogel aussehen ließ. Allerdings zeigten andere Körpermerkmale eine deutliche Zugehörigkeit zu den Schuppenkriechtieren.

Wenn man die Skelettmerkmale gewichtet und mit Merkmalen aus der Gendatenbank heutiger Echsen verbindet, scheint *Oculudentavis* eng mit einer arm- und beinlosen Gruppe von südostasiatischen Schlangenschleichen verwandt zu sein. Wenn man hingegen die Skelettmerkmale weniger stark gewichtet, landen diese sonderbaren Tiere im

Stammbaum näher bei den Brückenechsen. Betrachtet man ausschließlich die Skelettmerkmale, liegt *Oculudentavis* irgendwo zwischen Leguanen und einer Gruppe von ausgestorbenen marinen Reptilien, die als Mosasaurier bekannt sind und bis zu achtzehn Meter lang werden konnten. Mit diesen Tieren teilt *Oculudentavis* einen langen, bis zur Nase reichenden Fortsatz des Zwischenkieferbeins (Prämaxillare) und die weit zurückliegenden Nasenöffnungen, doch in den meisten anderen Merkmalen des Schädels unterscheidet er sich von ihnen. Das ist alles sehr komplex. Trotzdem, oder vielleicht gerade deshalb, ist dieses Fossil für die Paläontologie so außerordentlich wichtig.

Oculudentavis war Teil eines Waldökosystems, das im Fossilienbericht sonst nur sehr selten vorkommt. In den Wäldern gibt es nämlich viele Aasfresser, und auf dem Waldboden wimmelt es nur von Insekten und Würmern, die dort aufräumen. Was nicht von Aasfressern und Würmern gefressen wird, holen sich dann die Pilze. Wenn ein Tier im Wald stirbt, bleibt selten irgendetwas von ihm übrig. Der Wald recycelt sehr gründlich und ist deshalb ein schlechter Ort für Fossilerhaltung. Die einzige Möglichkeit für derart kleine Organismen, Jahrmillionen zu überdauern und uns als Fossilien erhalten zu bleiben, besteht darin, im Baumharz luftdicht eingeschlossen zu werden. Bernstein ist also ein Fenster zur Erdvergangenheit, er gewährt uns Einblicke in eine Fauna, die im Sand- oder Tonstein niemals erhalten geblieben wäre. Die Ablagerungsbedingungen geben also vor, was wir später im Fossilbericht finden. Im versteinerten Baumharz sind es kleine Tiere, Pflanzen und Pollen, im Sedimentgestein hingegen große Knochen und Baumstämme.

Glücklicherweise liefern uns die Bernsteinvorkommen aus Myanmar bemerkenswerte Details über die kleinsten Wirbeltiere des Erdmittelalters und helfen uns bei deren Zuordnung. Gleich das zweite Exemplar von *Oculudentavis* zeigte uns beispielsweise, dass im Schädel des Tieres zwar Vogelmerkmale vorkamen, dass im Rest des Skeletts aber keine Konvergenz mit den Vögeln existierte. Bei genauerem Hinsehen ließ sich die große Ähnlichkeit mit einem Vogelschädel auf eine Verformung der Knochen während der Fossilisation zurückführen, aber weil der Rest des Körpers beim ersten Exemplar fehlte, war diese Fehlinterpretation nicht sofort aufgefallen. Inzwischen verstehen wir die Ökologie von *Oculudentavis* erheblich besser. Seine kleinen Pupillen deuten tatsächlich an, dass das Tier tagaktiv war, die Einbettung in Bernstein lässt vermuten, dass es auf Bäumen lebte. Der lange, schmale Unterkiefer, die scharfen, spitzen Zähne und das Unterkiefergelenk mit wenig Platz für Kiefermuskeln und einem ungünstigen Hebel deuten auf eine schwache Bisskraft und auf eine schnappende Ernährungsweise des Tieres hin, das offenbar Insekten nachstellte. Die großen Augen halfen ihm, seine kleine Beute besser zu erkennen. Dass die Verwandtschaftsbeziehungen von *Oculudentavis* aufgeklärt werden konnten, hing damit zusammen, dass ein zweites Fundstück Teile seines Körpers enthielt, die das Tier als Schuppenkriechtier identifizierten. Außerdem gelang es den Forschern mithilfe eines Computerprogramms den Urzustand seiner zerdrückten Knochen virtuell wiederherzustellen.

Wenn Knochen während des Versteinerungsprozesses zerdrückt, zerquetscht oder gegeneinander verschoben werden, nennt man das »**Deformation**«. Wenn ein Computer diesen Prozess in einer Simulation umkehrt, spricht man von einer »**Retrodeformation**«.

Durch die Retrodeformation konnte das ursprüngliche Aussehen der Knochen wiederhergestellt werden, was den Vergleich mit heutigen Vögeln und Eidechsen einfacher machte. Die Retrodeformationsmethode unterstützt die traditionellen Knochenuntersuchungen, was künftig auch bei der Beschreibung anderer Fossilien helfen wird. Neue Funde aus dem Bernstein von Myanmar werden hoffentlich weitere Exemplare von *Oculudentavis* liefern. Insbesondere Fundstücke mit Knochen seiner Beckenregion, seines Schwanzes, der Hände und Füße wären wichtig, um eine genaue verwandtschaftliche Position dieser bizarren Tiere zu bestimmen.

Doch nicht nur das Auffinden neuer Fossilien in burmesischem Bernstein stellt die Wissenschaftler vor eine Herausforderung; auch die äußerst angespannte politische Lage des Landes bereitet meinen Kollegen und Kolleginnen große Sorge.

Ein moralisches Dilemma

Fossilien aus dem Bernstein Myanmars sind spektakulär, denn es bleiben darin Strukturen erhalten, die für gewöhnlich ein geringes Erhaltungspotenzial besitzen und nirgendwo sonst auf der Welt zu finden sind. Wir können dadurch viel über ausgestorbene Tierarten lernen, denn kein in Gestein eingebettetes Fossil liefert uns ein vergleichbar detailreiches Bild aus der Welt vor 99 Millionen Jahren. Es scheint immer deutlicher zu werden, dass die Tiergemeinschaft, die dort fossil erhalten ist, von einer Insel stammt und andere Arten abbildet als andere Fossillagerstätten auf dem Festland. Vielleicht wird es irgendwann tatsächlich möglich sein, organische Moleküle, Proteine oder sogar DNS von Dinosauriern aus dem Bernstein zu extrahieren, sei es durch das Blut von eingeschlossenen Stechmücken oder direkt über die Zellen, Blutgefäße, Proteine oder anderes Gewebe von kleinen Dinosauriern. Diese Aussicht klingt verlockend und verspricht bahnbrechende Erkenntnisse in der Zukunft.

Das Bernstein aus Myanmar stürzt Paläontologen aber immer wieder in ein moralisches Dilemma. Myanmar gehört zu den ärmsten Ländern der Erde und ist seit Jahrzehnten politisch instabil. Seit dem Militärputsch am 1. Februar 2021 hat sich die Lage dort noch einmal erheblich verschlechtert. Da der Export von Bernstein aber das illegitime Regime stärkt, diskutieren viele meiner Kollegen und Kolleginnen über die Vereinbarkeit wissenschaftlicher Forschung mit Menschenrechtsverletzungen. Die Gesellschaft der Wirbeltierpaläontologen (SVP), eine gemeinnützige wissenschaftliche Organisation und der größte Zusammenschluss von Forschern, Studierenden und interessierten Laien aus meinem Forschungsfeld, hat sich mehrfach an ihre über 2000 Mitglieder gewandt, um auf die Missstände aufmerksam zu machen. Die Gesellschaft, deren Ziel es ist, die Wissenschaft der Wirbeltierpaläontologie voranzutreiben und die Entdeckung, Erhaltung und den Schutz von Wirbeltierfossilien und Fossillagerstätten zu fördern, schlug zunächst einen Veröffentlichungsstopp aller Fachartikel vor, die von Fossilien im Bernstein von Myanmar handeln, die nach dem Januar 2021 gewonnen wurden. Die beunruhigende politische Entwicklung in Myanmar spitzte sich jedoch zu, als die Streitkräfte des Landes im Februar 2021 durch besagten Militärputsch die politische Kontrolle übernahmen und den Ausnahmezustand erklärten. Dabei wurden bereits in den ersten zwei Monaten über 700 Menschen getötet. Das Militär hatte schon seit 2017 die Konrolle über die Bernsteinminen gewonnen, wiederholt bewaffnete Konflikte angezettelt und ethnische Säuberungen vorgenommen. Die Vereinten Nationen verurteilten dieses Vorgehen als Völkermord und Verbrechen gegen die Menschlichkeit.

Da sich die Edelsteinminen und die Bernsteinvorkommen im Norden des Landes befinden, wohin internationale Beobachter nur sehr schwer gelangen, fiel es der Militärregierung leichter, unbeobachtet von den Medienvertretern und ungeahndet von der Weltgemeinschaft dort Gräueltaten zu begehen. Sie sicherten die Zugänge zu den wertvollen Minen und gingen mit großer Brutalität gegen die ortsansässige Landbevölkerung vor. Es war der SVP wichtig, dass ihre Mitglieder und andere Paläontologen bei ihrer Forschung über das Bernsteinmaterial aus Myanmar besondere Sorgfalt walten ließen. Man wollte sichergehen, dass Fossilien nicht aus Beständen der Militärdiktatur stammten, um die Machthaber im Land nicht indirekt durch Forschungsgelder zu unterstützen. Die Gesellschaft ermahnte alle Wissenschaftler und Wissenschaftlerinnen, auf die Veröffentlichung von Manuskripten über Myanmar-Bernstein zu verzichten, das nach dem Putsch von 2021 erworben wurde. Dabei ist der Anteil des Bernsteins, der wichtige Wirbeltierfossilien enthält, verschwindend gering, während der Großteil des Bernsteins in der Schmuckindustrie verarbeitet wird. Trotzdem war es wichtig, in dieser Frage Stellung zu beziehen. Nur weil der eigene Beitrag nicht zwingend zu einer Veränderung der Lage führt, ist es dennoch wichtig, das Unrecht zu verurteilen und sich nicht daran mitschuldig zu machen. Die Fossilien aus der Krisenregion sind so unglaublich bedeutsam für unser Verständnis von der Evolution der kleinsten Wirbeltiere aus der Zeit der Dinosaurier, dass nur zu hoffen bleibt, dass Frieden in dieses schöne Land einkehrt und neue spektakuläre Fossilienfunde im Bernstein gemacht werden können, die uns weitere Geheimnisse aus einer versunkenen Welt preisgeben.

Kapitel 7
Die Spinosaurier

Die Abenteuer von Ernst Stromer in Ägypten

Während Werner Janensch in Deutsch-Ostafrika riesige Langhalsdinosaurier freilegte, war ein anderer deutscher Paläontologe und bedeutender Dinosaurierforscher in Nordafrika unterwegs: Karl Heinrich Ernst Freiherr Stromer von Reichenbach. Stromer, der aus einer reichen Adelsfamilie in Nürnberg stammte, begann 1893 sein Studium der Geologie und Paläontologie an der Universität München und schrieb seine Dissertation über die Geologie der deutschen Kolonien in Afrika als Doktorand von Karl Alfred von Zittel. Afrika faszinierte Ernst Stromer zeitlebens, und er kam nach seiner Habilitation im Winter 1901 erstmals nach Ägypten. Seine erste Reise führte ihn nach Al-Fayyūm, zu einer Fossillagerstätte, die der deutsche Botaniker Georg August Schweinfurth entdeckt hatte und die Säugetiere aus dem Eozän und dem Oligozän barg. Unterstützt von der Bayerischen Akademie der Wissenschaften, führte Stromer im Winter 1903/1904 eine zweite und im Winter 1910 schließlich eine dritte Ägypten-Expedition durch. Es sollte die wichtigste Expedition seiner Karriere werden.

Er kam Anfang November 1910 in Alexandria an, um zunächst nach frühen Säugetieren zu suchen und dann das Gebiet von Bahariya in der Weißen Wüste zu erforschen, das aus kreidezeitlichem Sedimentgestein bestand. Aufgrund der weltpolitischen Spannungen war es aber schwierig für einen deutschen Forscher, für eine solche Expedition von englischen, französischen und ägyptischen Behörden die Erlaubnis zu bekommen. Wegen seines adeligen Standes, seiner finanziellen Möglichkeiten und seines gesellschaftlichen Einflusses gelang es Stromer aber schließlich, die erforderlichen Genehmigungen zu erhalten. Er traf sich im November 1910 mit dem britischen Geologen John Ball, der eine Geländekarte Ägyptens angefertigt hatte und gerade im Begriff war, eine geologische Karte des Landes zu veröffentlichen. Ball gab Stromer beide Karten, die für den Paläontologen von unschätzbarem Wert waren. Immerhin war das Gebiet um Bahariya zu dieser Zeit noch kaum bekannt, und eine Expedition in die westliche Wüste stellte ein gefährliches Abenteuer dar. Man musste beispielsweise immer wieder Weideflächen für die Kamele finden, da die einheimischen Arbeitskräfte trotz Absprache vorab kein Futter für die Tiere gekauft hatten.

Nach mehr als einer Woche Wanderung kam Stromers Team endlich in der Oase Bahariya an. Doch wegen der Ungenauigkeit der geologischen Karte und weil er die Beschaffenheit der Gesteine rund um Bahariya nicht richtig einschätzen konnte, glaubte Stromer fälschlicherweise zunächst, dass die Oase auf das Eozän und nicht auf die Kreidezeit zurückging. Mitte Januar verbesserten sich die Wetterverhältnisse, und er begann, das Gebiet von Gebel el Dist zu erkunden. Gleich am ersten Tag fand Stromer einen fossilen Haiwirbel, Fischzähne und etwas versteinertes

Holz, und vier Tage später kamen noch drei große Knochen hinzu, die er ausgraben und fotografieren wollte. Beim ersten Knochen handelte es sich um einen Oberschenkelknochen, der stark verwittert und unvollständig, aber 110 Zentimeter lang und fünfzehn Zentimeter dick war. Ein zweiter und besser erhaltener Oberschenkelknochen lag daneben, er war 95 Zentimeter lang und genauso dick wie der andere. Der dritte Knochen steckte tief im Boden und konnte zuerst nicht geborgen werden. Danach entdeckte Stromer noch den Beckenknochen eines Dinosauriers, mehrere Wirbel und eine gigantische Klaue. Insgesamt fand er im Bahariya-Becken die Überreste von vier sehr großen, bis dahin unbeschriebenen Dinosauriern. Drei davon waren Fleischfresser: *Bahariasaurus, Carcharodontosaurus* und der berühmte *Spinosaurus aegyptiacus*. Das vierte Tier war ein Sauropode, den er später *Aegyptosaurus* taufte.

Neben den Dinosauriern gruben Ernst Stromer und der österreichische Fossilienjäger Richard Markgraf dort auch Schlangen, Schildkröten, marine Reptilien und Krokodile aus. Da das Grabungsteam jedoch keinen Gips, kein Armiergewebe und kein Leinen mitgenommen hatte, musste Stromer improvisieren. Notgedrungen zerschnitt er sein Moskitonetz und tränkte es mit einer Mischung aus Mehl und Wasser, um die beiden größeren Knochen damit zu ummanteln. Am nächsten Tag verlegte er die Expedition nach Gebel Hammad, wo er ebenfalls mehrere Dinosaurier, Fische und Haifischreste fand, um zwei Tage später erneut aufzubrechen.

Im Februar 1911 kehrte Ernst Stromer nach Deutschland zurück und untersuchte in den nächsten Jahren seine

Funde. Im Jahr 1912 beschrieb er *Spinosaurus aegyptiacus* und 1931 den anderen großen Fleischfresser, *Carcharodontosaurus saharicus*, was auf Deutsch »die Haiechse aus der Sahara« bedeutet. Stromer wählte diesen Namen, weil die Zähne des Tieres sägezahnartige Schnittkanten aufwiesen und ihn an die eines Weißen Haies erinnerten, dessen wissenschaftlicher Name *Carcharodon carcharias* lautet. 1932 folgte die Beschreibung von *Aegyptosaurus* (»die ägyptische Echse«) und 1934 schließlich die von *Bahariasaurus* (»die Echse aus Bahariya«).

Bis zum Jahr 1914 fanden noch Grabungen rund um die Bahariya-Oase statt, dann brach der Erste Weltkrieg aus, und alle Fossilien, die Stromer noch gefunden hatte, wurden in Ägypten festgehalten. Erst lange nach Ende des Krieges gelangten diese Fundstücke 1922 nach Deutschland. Sie waren stark beschädigt, weil sie von den Kolonialbehörden wenig vorsichtig inspiziert und unsachgemäß gelagert worden waren. Wahrscheinlich wären die Fossilien noch länger in Kairo festgehalten worden, hätte sich nicht ein Schweizer Paläontologe, ein Freund und ehemaliger Schüler Stromers, um die Papiere gekümmert und das Geld für den Rücktransport bezahlt. Wegen der Neutralität der Schweiz war es diesem Freund möglich, mit den Briten und Franzosen zu sprechen und die Stücke aus dem Land zu schaffen. Zum Glück war der *Spinosaurus*, Stromers wichtigste Entdeckung, nicht davon betroffen, da er ihn bereits bei seiner Rückreise aus Ägypten mitgenommen hatte. Der Name *Spinosaurus* bedeutet »die Dornenechse« und bezieht sich auf die charakteristischen langen Dornfortsätze an der Wirbelsäule. Dieses Tier war einer der größten Raubsaurier, die je entdeckt wurden, und wir gehen davon aus, dass über die ungewöhnlich langen Stacheln auf seinem Rücken wahrscheinlich ein großes Rückensegel gespannt war.

Nach der Machtübernahme der Nationalsozialisten in den 1930er-Jahren weigerte sich Ernst Stromer, der NSDAP beizutreten. Er setzte sich für einen jüdischen Kollegen ein, wodurch er den Unmut der Partei auf sich zog. Als der Zweite Weltkrieg begann, wurden Stromers Söhne einberufen, und zwei von ihnen fielen auf dem Schlachtfeld. Der dritte geriet in russische Kriegsgefangenschaft und kehrte erst fünf Jahre nach Kriegsende nach Hause zurück. Stromer versuchte, den jungen und parteitreuen Kurator des Münchner Naturkundemuseums davon zu überzeugen, die Dinosaurier, die er in Ägypten entdeckt hatte, aus der Sammlung zu entfernen und in Sicherheit zu bringen. Doch der Mann lehnte das ab, weil Stromer dem Führer öffentlich den Treueschwur verweigert hatte und weil er aus Überheblichkeit davon ausging, dass es keinen Luftangriff auf München geben würde. Als die Royal Air Force am 24. April 1944 das Museum jedoch bombardierte, verbrannten Stromers Sammlungen. Die Skelette des *Spinosaurus*, des *Carcharodontosaurus* und des *Aegyptosaurus* wurden völlig zerstört. Ernst Stromer, dessen Lebenswerk durch den Krieg vernichtet worden war, starb 1952 als gebrochener Mann. Sein Wirken fand mehrere Jahrzehnte lang wenig Beachtung. Erst als man im Jahr 2000 eine neue paläontologische Expedition nach Bahariya unternahm und dort die Überreste weiterer Dinosaurier barg, kam seine Forschung wieder verstärkt ins Gespräch. Zu den neuen Funden gehörte der Sauropode *Paralititan stromeri*, der Ernst Stromer zu Ehren dessen Namen trägt. Ob das Interesse an seiner Arbeit auch dazu beitrug, dass der

Spinosaurus im dritten Teil von *Jurassic Park* auftauchte, kann ich nicht beurteilen. Ich bin mir aber sicher, dass die paläontologischen Berater des Films die wissenschaftliche Beschreibung des *Paralititan* gelesen haben und dachten, dass es cool sei, den *Tyrannosaurus* und den *Spinosaurus* gegeneinander kämpfen zu lassen.

Über die Frage, wie groß und wie schwer *Spinosaurus* tatsächlich war, bestand in Fachkreisen lange Zeit große Uneinigkeit. Bisher wurde kein vollständiges Skelett gefunden und über seine Anatomie wird heftig gestritten. Die meisten neueren Schätzungen gehen allerdings von einer Länge von etwa fünfzehn Metern aus, und hiervon gibt es kaum Abweichungen mehr. Aber was sein Gewicht betrifft, herrscht immer noch große Unsicherheit. Je nachdem welchen Berechnungen man folgt, soll das Tier zwischen vier und bis zu zwanzig Tonnen gewogen haben. Neuere Schätzungen liegen zwischen sechs und siebeneinhalb Tonnen.

Ich werde erstaunlich oft gefragt, wer denn bei einem echten Kampf gewinnen würde, der *Tyrannosaurus* oder der *Spinosaurus*. Ich nehme an, dass diese Frage mit einer Szene aus dem dritten Teil der *Jurassic Park*-Serie von 2001 zusammenhängt, in der ein *Spinosaurus* einen *Tyrannosaurus* mühelos tötet. Abgesehen davon, dass die beiden Tiere erdgeschichtlich eine Zeitspanne von etwa 30 Millionen Jahren trennt und sie sich auch geografisch niemals begegnet wären (*Tyrannosaurus* lebte in Nordamerika und *Spinosaurus* am Mittelmeer), gibt es wohl keinen Zweifel am Ausgang eines solchen Kampfes. *Spinosaurus* war mit seinen fünfzehn Metern sicher etwas länger als der zirka dreizehn Meter lange *Tyrannosaurus*. Allerdings gibt die Länge nur bedingt Aufschluss über die Masse eines Tieres. So war die ausgestorbene Riesenschlange *Titanoboa* wohl um einiges länger als die meisten Tyrannosaurier, ich glaube jedoch kaum, dass eine Würgeschlange gegen den König der Dinosaurier mit seinen gewaltigen Zähnen eine Chance gehabt hätte. Ähnlich verhält es sich mit *Spinosaurus*. Seine Zähne waren – anders als die der meisten anderen fleischfressenden Dinosaurier – im Querschnitt rund und dienten eher dem Schnappen und Festhalten von Beute als dem Zerschneiden von Fleisch, dem Zerbeißen von Sehnen oder dem Zerbrechen und Zerquetschen von Knochen und Panzern. Der Unterschied ist gravierend. *Tyrannosaurus*-Zähne waren länger, tiefer im Kiefer verwurzelt, stabiler und sie hatten Schnittkanten, um riesige Fleischbrocken aus dem Opfer herauszubeißen. Aber der deutlichste Unterschied ist die Kraft, mit der ein *Tyrannosaurus* zubeißen konnte. Berechnungen haben gezeigt, dass er die stärkste Beißkraft von allen Landlebewesen jemals hatte. Der Biss eines *Tyrannosaurus* war etwa dreimal so kräftig wie der eines *Spinosaurus*. Und während die Beute von *Spinosaurus* aus kleineren oder mittelgroßen Tieren bestand, die er beim Waten in einem See oder einem Fluss aufschnappte, war *Tyrannosaurus* in der Lage, große, zum Teil gepanzerte Pflanzenfresser zu jagen und zu töten. Dennoch wären sich die beiden wahrscheinlich lieber aus dem Weg gegangen, weil bei einem Kampf natürlich trotzdem ein Verletzungsrisiko für *Tyrannosaurus* bestanden hätte. Wenn ich allerdings eine Wette über den Ausgang eines solchen Kampfes eingehen müsste, würde ich immer auf *Tyrannosaurus* setzen.

Spinosaurus: An Land, am Ufer oder im Wasser?

Trotzdem ist *Spinosaurus* einer der beliebtesten und bekanntesten Dinosaurier, und seit im Kem-Kem-Becken in Marokko neue Überreste von ihm entdeckt wurden, haben sich Forscher auf der ganzen Welt dieses Tier genauer angesehen. Und weil es ein so ungewöhnlicher Dinosaurier ist, der sich von anderen Fleischfressern deutlich unterscheidet, treibt die Diskussion über sein Aussehen, seine Lebens- und Ernährungsweise, seine Größe und sein Gewicht immer wieder seltsame Blüten. Ich habe mich bei keinem anderen Dinosaurier so sehr über die Art und Weise der öffentlichen Wahrnehmung und Darstellung aufgeregt wie bei *Spinosaurus*.

Angefangen hat alles mit einem Artikel von Nizar Ibrahim und seinen Kollegen im Jahr 2014, die *Spinosaurus* als semiaquatisch beschrieben. Es spricht viel für eine Lebensweise von *Spinosaurus* nahe dem Wasser. Er hielt sich sicherlich am Ufer von Fließgewässern und Seen auf, und seine Nahrung bestand zu einem nicht unerheblichen Teil aus Fischen. Dafür sprechen die Form seiner Zähne, die denen von Krokodilen und marinen Reptilien ähnlichsehen, und auch die seines Schädels, der eher dem eines Krokodils gleicht als dem anderer fleischfressender Dinosaurier. In dem von Ibrahim und anderen Wissenschaftlern verfassten Artikel versuchte das Autorenteam eine Lebensweise im Wasser zu beweisen, indem es die weit hinten am Kopf liegenden fleischigen Nasenlöcher sowie den für einen Fleischfresser ungewöhnlich langen Hals und Oberkörper hervorhebt, die den Masseschwerpunkt des Tieres weit vor sein Becken verlagern. Darüber hinaus weisen die Autoren und

Autorinnen auf die kurzen Hinterbeine hin, die an Land zu einem Nachteil beim Jagen geführt hätten, und ihr wahrscheinlich wichtigstes Argument ist, dass die Beinknochen keine offene Markhöhle hatten und sich am Schaft stattdessen eine massive Knochenrinde befand. Solche Knochen sind tatsächlich ein Hinweis auf eine sekundäre Anpassung an ein Leben im Meer, wie wir es heute beispielsweise bei Pinguinen beobachten, die im Vergleich zu anderen Vögeln sehr massige Knochen haben. Wenn man die Rippen bei Seekühen betrachtet, wird man feststellen, dass sie zusätzlich noch verbreitert und dick sind und ebenfalls keine Markhöhle aufweisen.

Zeigen sekundär marine Tiere solche extrabreiten Rippen oder dicke Gliedmaßenknochen ohne Markhöhle, spricht man von pachyostotischen Knochen oder **Pachyostose**. Bei meinem Beispiel handelt es sich um eine im Laufe der Evolution erworbene sekundäre Anpassung der Seekühe an ein Leben im Wasser. Um den statischen Auftrieb des Körpers auszugleichen und mühelos unter Wasser bleiben zu können, erhöht sich die durchschnittliche Dichte des Tieres, während die Dicke der Knochen zu- und der Umfang der Markhöhle gleichzeitig abnimmt. Die Knochen übernehmen damit eine ähnliche Funktion wie ein Tauchergürtel.

Dem Autorenteam gelang es, das Thema groß aufzuziehen, sein Artikel erschien in der renommierten Zeitschrift *Science*, während der *National Geographic* gleichzeitig einen langen populärwissenschaftlichen Artikel über seine Forschung veröffentlichte. Eine italienische Firma fertigte ein lebensgroßes Modell eines *Spinosaurus* an, das auf dem Cover des *National Geographic* abgebildet war, und eine kanadische Firma baute ein Skelettmodell in Museumsqualität. Ibrahim hielt auf der größten Tagung der Wirbeltierpaläontologen einen perfekt inszenierten Vortrag, und es wurde sogar ein Film darüber gedreht, wie er mit viel Glück einen Fossilienhändler in Marokko aufgetrieben hatte, der ihn zu einem geheimen Fundort in der Kem-Kem-Wüste führte, wo man neue Überreste von *Spinosaurus* fand.

Die Geschichte war ein riesiges Medienspektakel, und ich schien der Einzige zu sein, der den Köder nicht schluckte. Das war zu der Zeit, als ich noch im Dinosaurierpark arbeitete, wo man ebenfalls gerade ein neues Modell von *Spinosaurus* anfertigen ließ. Ich erinnere mich noch gut an die Diskussionen, die ich mit dem Geschäftsführer des Parks, dem Bildhauer, dem wissenschaftlichen Leiter und einem ehemaligen Studienkollegen aus Bonn führte, der nun ebenfalls in diesem Park arbeitete. Sie alle fanden den Artikel von Nizar Ibrahim interessant und wollten das Modell gemäß seinen Angaben bauen. Ich stieß mit meinen Kritikpunkten auf taube Ohren. In einem hitzigen Wortwechsel mit dem Geschäftsführer, bei dem er mich darauf hinwies, dass immerhin vier Stimmen für diese Änderungen seien und nur eine Stimme (meine) dagegen, platzte mir schließlich der Kragen, und ich erwiderte undiplomatisch, dass Wissenschaft keine Demokratie sei und nur die Fakten zählten. Danach war klar, dass ich nicht mehr lange im Park arbeiten würde. Was mich störte, war der Umstand, dass Ibrahims Rekonstruktion auf einem Komposit mehrerer Individuen basierte, deren Proportionen er meiner Meinung nach falsch skaliert und falsch interpretiert hatte. Das Tier sah schon auf den ersten Blick irgendwie zusammengewürfelt aus.

Das zweite Argument, das für mich keinen Sinn ergab, war der Hinweis auf die pachyostotischen Knochen. Ich hatte bei Exkursionen ins Mainzer Becken bereits Fossilien von Seekühen gesehen, die im Oligozän vor etwa 30 Millionen Jahren in dem dortigen Flachmeer mit ihren dicken und breiten Rippen umhergeschwommen waren, außerdem hatte ich Pachyostose an einem urtümlichen Säugetier, dem rätselhaften *Desmostylus,* in der Sammlung der Universität Tsukuba in Japan beobachtet, und daher wusste ich, dass die Knochen von *Spinosaurus* ganz anders beschaffen waren. Abgesehen davon war es für mich absolut unverständlich, warum die Beinknochen bei einem Tier dicker, aber gleichzeitig kürzer werden sollten, um ihm zusätzliches Gewicht zu verleihen. Ganz im Gegenteil müsste dieses Tier durch eine solche Entwicklung doch eher leichter werden, weil der Massezugewinn durch pachyostotische Knochen den Masseverlust kleinerer Muskeln an den kleineren Beinen aufgewogen hätte. Außerdem sah ich keine deutliche Verbreiterung der Rippen, was für den statischen Auftrieb viel wichtiger gewesen wäre. Und warum sollte ausgerechnet ein Tier mit einem so gewaltigen Rückensegel im Wasser leben? Ein Krokodil, das an einer Wassertränke ahnungslosen Gnus oder Zebras auflauert, kann völlig untertauchen, bis nur noch seine Nasenlöcher aus dem Wasser lugen. Bei einem Spinosaurier hätte das Rückensegel in der gleichen Situation bis zu zwei Meter aus dem Wasser geragt. Das wäre sicher keine gute Strategie für einen Lauerjäger gewesen, dessen Jagderfolg vom Überraschungseffekt abhing. Wenn *Spinosaurus* dann auch noch beschlossen hätte zu schwimmen oder so weit unterzutauchen, dass auch sein Segel unter Wasser gewesen wäre, dann hätte der Wasserwiderstand jegliche Richtungsänderung unmöglich gemacht, und das Tier wäre hilflos abgedriftet, sobald das Segel versehentlich quer zur Fließrichtung geraten wäre.

Ibrahim und seine Kollegen gingen nur am Rande auf das Segel und seine hydrodynamischen Eigenschaften ein. Stattdessen argumentierten sie, dass es sich bei diesem Körperteil wahrscheinlich um ein Displaymerkmal gehandelt habe, mit dem Männchen bei den Weibchen Eindruck schinden wollten. Das bezweifle ich nicht, denn an Land hat eine so imposante Struktur sicher Aufsehen erregt, allerdings wäre sie im Wasser nur hinderlich gewesen. Ich mache hier den Medien keinen Vorwurf – die ganze Geschichte war aufsehenerregend und spannend, denn *Spinosaurus* wäre damit der erste nicht aviale Dinosaurier gewesen, der an ein Leben im Wasser angepasst war. Dinosaurier, die einen so hohen Anpassungsgrad an das Wasser haben, sind nur noch unter den heutigen Vögeln zu finden. Pinguine sind die einzigen Vögel, die ganz außergewöhnliche Anpassungen an das Leben im Meer zeigen.

Um Ibrahims Hypothesen zu testen, schuf Donald Henderson im Jahr 2018 dreidimensionale digitale Modelle von *Spinosaurus* und anderen Tieren, die auch regionale Dichtevariationen in den Lungen und Luftsäcken der Tiere berücksichtigten. Henderson stellte dabei fest, dass das Modell des *Spinosaurus* dazu neigte, im Wasser auf die Seite zu kippen. Seine Modelle von *Baryonyx*, *Tyrannosaurus*, *Allosaurus*, *Struthiomimus* und *Coelophysis* zeigten eine ähnliche Auftriebskraft, was darauf hindeutete, dass die hydrodynamischen Eigenschaften von *Spinosaurus* keineswegs außergewöhnlich waren. Die Software belegte außerdem, dass der Masseschwerpunkt von *Spinosaurus* nahe an der Hüfte lag. Damit konnte sich *Spinosaurus* an Land gut vorwärtsbewegen. Sein pneumatisiertes Skelett und seine Luftsäcke sorgten dafür, dass er unsinkbar war. Eine semiaquatische Lebensweise als Verfolgungsjäger im Wasser ist also ausgeschlossen. Henderson folgerte daraus, dass *Spinosaurus* möglicherweise eher auf ein Leben an der Küstenlinie spezialisiert war und nur gelegentlich im Flachwasser watete. Gleichzeitig könnte er ein kompetenter Jäger an Land gewesen sein, der einen nicht unerheblichen Teil seines Lebens abseits des Wassers verbrachte.

Der Artikel über den statischen Auftrieb dieses Dinosauriers erhielt nicht annähernd so viel Aufmerksamkeit wie das Medienspektakel um den schwimmenden *Spinosaurus*. Nach dem Erscheinen von Hendersons Artikel wies ich in einem Onlineforum auf seine neuen Erkenntnisse hin und erwähnte auch die ungünstigen hydrodynamischen Eigenschaften des großen Rückensegels. Ich muss zugeben, dass das einigermaßen naiv war, denn mein Beitrag wurde sofort kritisiert und ich persönlich beleidigt und angefeindet. Normalerweise diskutiere ich nicht in diesen Foren, weshalb ich mit der seltsamen Dynamik solcher Gruppen nicht vertraut war, in denen jeder einfach irgendetwas posten kann, ohne seine Behauptungen durch entsprechende wissenschaftliche Beweise zu stützen. Man fragte mich, wer ich denn sei, dass ich es wagen könne, die »Tatsache« einer aquatischen Lebensweise von *Spinosaurus* in Zweifel zu ziehen. Als ich mir das Profil meines lautstarken Kritikers ansah, war klar, dass diese Person keinen akademischen

Hintergrund besaß und auch keinen naturwissenschaftlichen Beruf ausübte.

Ich verstehe gar nicht, warum offenbar jeder *Spinosaurus* zu einem Geschöpf machen möchte, das er gar nicht ist. Mit seiner gewaltigen Größe, seinem riesigen Rückensegel und seiner krokodilähnlichen Schnauze ist *Spinosaurus* einer der faszinierendsten Dinosaurier, ob er nun aquatisch war oder nicht, und seine Beliebtheit reicht heute schon fast an die des *Tyrannosaurus* heran. Leider haben der Film *Jurassic Park III* und die Ibrahim-Publikation von 2014 dazu beigetragen, dass die Öffentlichkeit ein falsches Bild von *Spinosaurus* hat. Er war ein so außergewöhnliches Tier, dass man ihm nicht noch zusätzlich Superkräfte andichten muss.

2020 veröffentlichte Nizar Ibrahim eine neue Studie, um Hendersons Argumente zu entkräften und weitere Belege für eine starke aquatische Anpassung zu finden. Grundsätzlich halte ich viel davon, den Diskurs über ein umstrittenes Thema aufrechtzuerhalten, wenn sich neue Erkenntnisse auftun. Manchmal muss man sich aber fragen, ob neue Arbeiten tatsächlich einen Zugewinn für unser wissenschaftliches Verständnis bedeuten oder aus fragwürdigen Gründen veröffentlicht werden. Ibrahims Team und er räumten zwar ein, dass Henderson überzeugende anatomische, biomechanische und taphonomische Gründe vorgebracht habe, die eine semiaquatische Lebensweise infrage stellten, sie präsentierten gleichzeitig jedoch Beweise für einen vermeintlichen Schwimmschwanz. Ihr Artikel erschien diesmal in der renommierten Zeitschrift *Nature*. Sie argumentierten, dass *Spinosaurus* rück- und bauchseitig extrem hohe Dornfortsätze an den Schwanzwirbeln besessen habe, die ein großes und flexibles flossenartiges Organ bildeten, mit dem er angeblich weit ausgreifende Schwimmbewegungen durchführen konnte. Um diese Schwimmeigenschaften zu demonstrieren, bauten sie mehrere Unterwassermodelle oszillierender Schwänze, maßen daran die physikalischen Kräfte und verglichen verschiedene Schwanzformen miteinander. Sie wollten zeigen, dass der Schwanz von *Spinosaurus* einen größeren Schub im Wasser erzeugte als der von anderen, vermeintlich landlebenden Dinosauriern und dass *Spinosaurus* deshalb eher mit aquatischen Wirbeltieren vergleichbar war, die seitlich abgeflachte und vertikal ausgedehnte Schwimmschwänze besaßen, um beim Schwimmen einen Vortrieb zu erzeugen. Leider war die Geschichte aus meiner Sicht wieder nicht schlüssig. Das Team behauptete nämlich, dass alle *Spinosaurus*-Verwandten die charakteristischen krokodilähnlichen Zähne und die langgezogene Schnauze gehabt hätten, was darauf hindeute, dass sie alle Fischfresser gewesen seien, dabei zeigte der Schwanz der übrigen Spinosauriden nur in geringem Maße aquatische Anpassungen.

Mich störte bei dieser Versuchsanordnung, dass die zweidimensionalen Robotermodelle der Schwimmschwänze die Bewegungen eines dreidimensionalen Körpers im Wasser nur ungenau simulieren konnten. Das bemerkten auch David Hone, ein Kollege aus London, und Thomas Holtz, einer der weltweit führenden Experten für Raubsaurier, die Ibrahims Studie genauer unter die Lupe nahmen. Sie bezogen neue Funde von *Spinosaurus* in die Überlegungen mit ein. Die beiden Paläontologen bewerteten die Argumente über die funktionelle Morphologie des Tieres, seine Ökologie und seine Jagd- und Ernährungsgewohnheiten im Zusammenhang mit diesen neuen Fundstücken. Sie waren überzeugt davon, dass der Grad der aquatischen Anpassungen von Ibrahim überschätzt wurde. Die Interpretation der Anatomie des Schwanzes als Schwanzflosse war ihrer Ansicht nach nicht haltbar, und sie äußerten erheblichen Zweifel daran, dass *Spinosaurus* in der Lage gewesen sein sollte, mit diesem Schwanz effizient und schnell zu schwimmen und Beute unter Wasser zu verfolgen. Sie sahen keine Hinweise auf eine hochspezialisierte Anpassung als aquatisches Raubtier und schlugen stattdessen ein Modell vor, nach dem *Spinosaurus* überwiegend an der Küste oder in flachen Gewässern gefischt hat, aber auch landeinwärts nach Beute suchen konnte. Selbst Hinweise darauf, dass *Spinosaurus* ein guter Schwimmer war, wären kein Gegenbeweis für eine watende Lebensweise und die Tatsache, dass dieser Dinosaurier seine Nahrung möglicherweise an der Küste suchte. Umgekehrt sprachen die Instabilität im Wasser, der hohe Wasserwiderstand, die Position der Augen und der Nasenlöcher und die geringe Schwimmleistung gegen eine effiziente Jagd unter Wasser.

Ein weiterer Aspekt, der schon bei früheren Studien aufgefallen war, ist die Unterseite seines Halses, die raue Muskelansatzstellen aufwies, was auf eine starke Muskulatur hindeutet und für schnelle, vielleicht pickende Abwärtsbewegungen des Kopfes hilfreich gewesen sein könnte. Das Tier hat also möglicherweise mit der Schnauze im Wasser gefischt, wie das heute beispielsweise Störche tun. Dabei verharrte es mit leicht geöffnetem Maul unter Wasser, bis ein Fisch vorbeischwamm, um dann zuzuschnappen, oder es stürzte sich mit einer raschen Abwärtsbewegung auf die Beute. Die Fähigkeit für solche rasche Abwärtsbewegungen wäre dagegen einem Verfolgungsräuber unter Wasser nicht zugutegekommen, weil Fische nicht nur nach unten, sondern in alle Richtungen entkommen können. In diesem Zusammenhang ist die Position seiner Nasenlöcher weit hinten am Schädel vorteilhaft, da *Spinosaurus* selbst mit dem Maul unter Wasser noch problemlos atmen konnte, wie das auch den Störchen möglich ist. David Hone und Thomas Holtz zeichneten daher ein Bild eines Generalisten, der dem Ufer entlang, im Wasser und außerhalb davon nach Beute suchte und auch das Fleisch von Tieren nicht verschmähte, die an Tränken oder in den Wasserfluten zu Tode gekommen waren. Die dichteren Beinknochen hätten sein Waten begünstigt, weil sie den unerwünschten Auftrieb im Wasser minimierten. Dadurch dass sie im Wasser und an Land jagen konnten, war die Konkurrenz zu Krokodilen und reinen Landraubtieren für diese Tiere geringer, und sie konnten außerdem leichter von einem See zum nächsten gelangen.

Es gibt noch einen weiteren Hinweis, der diese Hypothese untermauert. Untersuchungen am Zahnschmelz eines Tieres können zeigen, wovon es sich überwiegend ernährt. Bestimmte Isotope verraten, ob es eher Landtiere oder Fische gefressen hat. Bei *Spinosaurus* ist dieses Signal nicht eindeutig, weil er seine Beute wahrscheinlich sowohl an Land als auch im Wasser gemacht hat.

Ende 2022 brachte sich Professor Paul Sereno aus Chicago in die Diskussion um *Spinosaurus* ein. Ibrahim war Serenos Schüler und Sereno war einer der Co-Autoren seines Artikels von 2014 gewesen. Deshalb war ich mehr als verwundert, als Sereno Ibrahims zweiten *Spinosaurus*-Artikel aus *Nature* kritisierte und zu einem völlig anderen Schluss kam. Paul Sereno und seine Kollegen scannten mithilfe einer Computertomografie alle verfügbaren Teile von verschiedenen Exemplaren des Tieres und erzeugten ein dreidimensionales Modell, dem sie Muskeln, Luftsäcke und Lungen hinzufügten, um die Gewichtsverteilung möglichst realitätsnah darzustellen. Sie zeigten, dass *Spinosaurus* nur etwa vierzehn Meter lang war und an Land nicht auf allen vieren, sondern zweibeinig lief, während sein Körper in tiefem Wasser seitlich instabil war. Er war ein langsamer Oberflächenschwimmer mit einer schwachen Schwanzmuskulatur, der sich im Wasser nicht schneller als einen Meter pro Sekunde vorwärtsbewegen konnte. Die Paläontologen demonstrierten auch, dass der statische Auftrieb von *Spinosaurus* so groß war, dass er sicher nicht tauchen konnte. Dieser Dinosaurier hätte bis zu einer Wassertiefe von etwa 2,6 Metern waten können, wäre dann allerdings an der Wasseroberfläche getrieben und hätte nicht untertauchen können. Während seine Hinterbeine nämlich etwas dickere Knochenwände besaßen, waren seine Rückenwirbel vor dem Becken mit luftgefüllten Hohlräumen und die Knochen seiner Vorderarme mit einer ausgeprägten Markhöhle versehen. Sereno und seine Kollegen berechneten, dass *Spinosaurus* wegen der starken Pneumatisation der Wirbel trotz seines hohen Gewichts von etwa 7,4 Tonnen nur eine geringe Dichte von rund 830 Milligramm pro Kubikzentimeter aufwies, was viel zu wenig gewesen wäre, um aus eigener Kraft unterzutauchen.

> Salzwasser hat eine **Dichte** von etwa 1026 Milligramm pro Kubikzentimeter.

Das Team um Sereno wies darauf hin, dass heute lebende Reptilien mit ähnlichen Rückensegeln oder hohen, seitlich abgeplatteten Schwänzen wie beispielsweise die Helmbasiliske diese eher für die Zurschaustellung benutzen als für die Fortbewegung im Wasser. Sekundär an das Leben im Wasser angepasste Wirbeltiere dagegen haben fast ausnahmslos eine fleischige Fluke oder Schwanzflosse und keinen abgeplatteten Schwimmschwanz, außerdem stark reduzierte Gliedmaßen. *Spinosaurus* konnte jedoch mit seinen kräftigen Beinen weit ins Landesinnere vordringen, wobei er seine mit langen Krallen bewährten Hände nicht zur Gewichtsunterstützung verwendete. Obwohl sein Körperbau eine semiaquatische Lebensweise nahelegt, schloss das Forscherteam eine rein aquatische Lebensweise aus, da es im Fossilbericht zu keinem Zeitpunkt sekundär aquatische Wirbeltiere gab, die in Süßgewässern lebten und größer als zwei Meter waren. Diese Tiere lebten alle im offenen Meer, weitab von der Küste. Ein semiaquatischer Lebensstil kann hingegen bei jeder Körpergröße vorkommen.

Fisch und keine Chips: Die Fischfresser der Isle of Wight

Ernst Stromer hat zwar die ersten Überreste von *Spinosaurus* in Nordafrika entdeckt, aber erst in jüngster Zeit haben wir durch Funde auf einer Insel im Ärmelkanal gelernt, wie vielfältig die Gruppe der Spinosaurier ist: auf der Isle of Wight. 2010 führte mich eine paläontologische Exkursion der Universität Bonn unter Martin Sander zum ersten Mal dorthin. Ich habe mich damals wegen ihrer Schönheit und der umwerfenden Dinosaurierfossilien sofort in die Insel verliebt. Man kann sie nur mit der Fähre von Portsmouth oder Lymington aus erreichen, die im Norden der Insel anlegt. Dinosaurier und ihre Fußspuren finden sich auf der Isle of Wight allerdings nur im Südwesten und im Südosten. Die Gesteine, in denen ihre Fossilien vorkommen, gehören zu der sogenannten Wealden-Gruppe, sie stammen aus der Unteren Kreidezeit und sind etwa 140 bis 125 Millionen Jahre alt.

Die Südküste der Isle of Wight ist sehr steil und weist eine starke Erosion auf. Dort ragen versteinerte Fußspuren von Dinosauriern heraus, die allmählich ins Meer gespült werden. Wenn man sie nicht birgt, werden sie irgendwann von den Wellen verschlungen werden. Solche Fußspuren entstanden dadurch, dass ein Dinosaurier auf dem weichen, lehmigen oder sandigen Untergrund lief und ein Stück weit einsank, sodass er Abdrücke hinterließ. Die Hohlformen wurden kurz nach ihrer Entstehung mit Sand oder Ton überschwemmt und dadurch geschützt. So konnten sowohl der Untergrund als auch die Füllungen, die man als Plomben bezeichnet, langsam versteinern. Manchmal ist das Gestein, das diese Verfüllungen bildet, härter oder verwitterungsbeständiger als der Untergrund, und wenn dieser Millionen Jahre später verwittert, bleiben nur noch die Plomben übrig. Manchmal sind diese Plomben nicht ganz eindeutig als solche zu identifizieren, aber wenn man ein Auge dafür hat, kann man sie leicht erkennen. Auf der Isle of Wight findet man Fußspuren von Dinosauriern weitaus häufiger als deren Knochen. Ein einzelner Abdruck im Sedimentgestein wird als Trittsiegel bezeichnet, mehrere Spuren hintereinander sind eine Fährte und die

Schicht, auf der sich eine solche Fährte befindet, eine Fährtenplatte.

Die häufigsten Spuren, die auf der Isle of Wight vorkommen, sind die von Iguanodontiern. *Iguanodon* war einer der größten Vogelfußdinosaurier der Unteren Kreidezeit. Nach *Megalosaurus* war *Iguanodon* 1825 der zweite Dinosaurier, der wissenschaftlich beschrieben wurde. Besonders markant sind seine knöchernen Daumen, die anfangs als Nasenhorn missinterpretiert wurden. Die ersten Rekonstruktionen zeigen *Iguanodon* mit einer quadrupeden, also vierbeinigen Fortbewegungsweise. Später wurde er fast hundert Jahre lang als Zweibeiner dargestellt. Doch inzwischen geht man davon aus, dass er tatsächlich überwiegend auf allen vieren lief und sich nur aufrichtete, wenn er vor einer Gefahr flüchtete. Fährten von *Iguanodon* bestätigen diese Annahme. Da seine hufartigen Vorderfüße deutlich kleiner waren, kann man Vorder- und Hinterbeine gut unterscheiden. Ein anderer pflanzenfressender Vogelfußdinosaurier, den man auf der Insel gefunden hat, ist *Hypsilophodon*. Er war deutlich kleiner und tatsächlich ein flinker Zweibeiner.

Iguanodon und *Hypsilophodon* besaßen drei Zehen, von denen die äußeren beiden in einem 90-Grad-Winkel abgespreizt waren. Raubsaurier weisen ganz ähnliche Spuren auf wie diese beiden Tiere, ihre Zehen sind aber meist schlanker, und die äußeren stehen in einem Winkel von weniger als 90 Grad ab.

Bei den Abdrücken von Raubsauriern auf einer Fährtenplatte bleiben manchmal auch die Hohlformen der scharfen Klauen erhalten, was die Zuordnung erleichtert. In Deutschland gibt es solche Fußspuren beispielsweise im

Dinosaurierpark in Münchehagen. Die Sedimente, in denen sie vorkommen, sind genauso alt wie die der Isle of Wight. Das Besondere an den Dinosauriern auf der englischen Insel ist aber nicht nur die hohe Anzahl der Funde, sondern vor allem die unglaubliche Vielfalt der Dinosaurier. So gab es dort zum Beispiel auch Langhalsdinosaurier wie *Cetiosaurus* oder *Ornithopsis*. Ein besonders vollständiges Skelett eines Langhalsdinosauriers ist der »*Barnes High*«-Sauropode. Von ihm wurde 1992 fast das gesamte Skelett einschließlich des Kopfes gefunden, was bei Sauropoden sehr selten vorkommt. Das Tier hat bis heute noch keinen wissenschaftlichen Namen, es war aber eng mit *Brachiosaurus* verwandt und gilt als das vollständigste Sauropodenskelett Englands. Außerdem gibt es auf der Isle of Wight auch Überreste von gepanzerten Dinosauriern wie *Polacanthus*, dessen Name »viele Stacheln« bedeutet. Er ist ein früher Vertreter der Ankylosaurier, der Stacheln entlang seiner Flanken und Knochenplatten – sogenannte Osteoderme – auf seinem Rücken trug. Diese Osteoderme waren über dem Becken miteinander verwachsen und bildeten so eine Art Panzer. Bei all diesen Funden ist es nicht verwunderlich, dass die Isle of Wight auch die Dinosaurierinsel Englands genannt wird. Mehr als 25 verschiedene Dinosaurierarten sind von dort bereits bekannt und das schließt die bisher unbeschriebenen Funde noch nicht einmal mit ein. Wenn auch diese Arten irgendwann beschrieben sind, wird die Zahl deutlich ansteigen. Was die Dinosaurierfauna dieser Insel für die Forschung so spannend macht, ist insbesondere die hohe Anzahl und Diversität von Raubsauriern.

Mit einer Körperlänge von bis zu sieben Metern war *Neovenator* der größte reine fleischfressende Dinosaurier der Isle of Wight. Er konnte sich schnell fortbewegen und hatte drei tödliche Krallen an jedem Fuß und messerscharfe Zähne in seinem Maul. Im Gegensatz zu *Tyrannosaurus* waren diese Zähne aber sehr dünn und besser zum Zerschneiden von Fleisch geeignet als zum Quetschen oder Knochenzerbeißen. Tyrannosaurier spielen in der Fauna der Insel ebenfalls eine Rolle. Der älteste Vertreter der Gruppe und damit früheste Vorfahre von *Tyrannosaurus rex* wurde nämlich auf der Isle of Wight entdeckt. Sein Name lautet *Eotyrannus*, das bedeutet »der Tyrann der Morgenröte«. Er war etwa fünf Meter lang und wurde erst in diesem Jahrhundert beschrieben. Noch größer als *Neovenator* war *Baryonyx*. Bei diesem handelte es sich aber wahrscheinlich nicht um einen reinen Fleischfresser, sondern eher um einen Fischfresser, was seine Zähne und seine krokodilähnliche Schädelform nahelegen. *Baryonyx* war ein naher Verwandter von *Spinosaurus*, hatte aber kein Rückensegel. Sein Skelett ist das bisher vollständigste von allen Spinosauriern. 2021 wurden gleich zwei neue Spinosauriden beschrieben: *Riparovenator* – auf Deutsch »der Jäger des Flussufers« – und *Ceratosuchops*, »das gehörnte Krokodilgesicht«. Man hat von diesen beiden Tieren allerdings nicht viele Überreste gefunden.

2022 wurde von einem weiteren Spinosauriden berichtet. Es scheint sich auch bei ihm um eine neue Art zu handeln, da seine Fossilien in einer jüngeren Gesteinsschicht, der Vectis-Formation, an der Südwestküste der Insel gefunden wurden, in der Nähe der Ortschaft Compton Chine, die streng genommen nur aus einem Bauernhof und einem großen Parkplatz besteht. Der Fund enthält keine Schädelknochen, weshalb die Forscher dem Tier noch keinen wissenschaftlichen Namen gegeben haben. Hals-, Becken- und Schwanzwirbel sind gut erhalten, außerdem Teile des Darmbeins, Rippen und Bruchstücke von Arm- oder Beinknochen. Diese Überreste deuten auf ein Individuum von enormen Ausmaßen hin, die mit der Größe des von Stromer gefundenen *Spinosaurus* vergleichbar sind. Damit wäre das Tier sehr viel größer als die anderen bekannten Spinosaurier von der Insel. Und wenn man von einer ähnlichen Anatomie wie bei *Spinosaurus* ausgeht, könnte es sich bei diesem Fund sogar um den größten je in Europa gefundenen fleischfressenden Dinosaurier handeln. Ein Vergleich mit den Knochen anderer Spinosauriden zeigt, dass dieses bislang namenlose Tier näher mit *Spinosaurus* als mit den anderen Isle-of-Wight-Spinosauriden wie *Baryonyx*, *Ceratosuchops* und *Riparovenator* verwandt ist. Der Fund aus der Vectis-Formation legt außerdem nahe, dass sich Spinosaurier seit ihrer Entstehung diversifiziert und neue Lebensräume eingenommen haben. Während die früheren, aus der Wessex-Formation stammenden Vertreter überwiegend die Ufer ausgedehnter Flusssysteme bewohnten, lebte dieses Tier offenbar nahe einer Lagune, aus der bisher nur wenig andere Dinosaurier bekannt sind.

Was mich fasziniert, ist, dass Spinosauriden wohl immer in Ökosystemen vorkamen, die eine sehr hohe Fleischfresserdiversität hatten. Wir sehen das bei Ernst Stromers Dinosauriern aus der Bahariya-Oase, zu denen *Spinosaurus*, *Carcharodontosaurus* und *Bahariasaurus* zählten. Und genauso verhält es sich auf der Isle of Wight, wo neben den drei Spinosauriden *Baryonyx walkeri, Ceratosuchops inferodios* und *Riparovenator milnerae* möglicherweise noch eine vierte, um einiges größere Gattung aus derselben Familie lebte und außerdem der Tyrannosauroide *Eotyrannus lengi,* der große Räuber *Neovenator salerii* und eine Reihe anderer Fleischfresser, deren Stellung im Dinosaurierstammbaum nicht ganz klar ist.

In Marokko haben wir ein ähnliches Bild, dort lebten neben *Spinosaurus* auch Carcharodontosaurier und riesige Krokodile, die so groß waren, dass sie wahrscheinlich sogar Dinosaurier gefressen haben. Und auf der Isle of Wight deuten die fragmentarischen Überreste des neuen Spinosauriden darauf hin, dass es sich auch hier um einen der größten Fleischfresser Europas gehandelt haben könnte.

Wir werden später, im Kapitel über *Tyrannosaurus,* noch erfahren, dass das sehr ungewöhnlich für Dinosaurierfaunen war. Und dass in diesen Vergesellschaftungen häufig besonders große Räuber vorkamen, macht im Hinblick auf die Häufigkeitsverteilung innerhalb der Trophieebenen nur wenig Sinn.

Kapitel 8
Mehr als nur Knochen

Die Super-Lunge

Durch die verschiedenen Fossilienfunde haben wir viel über die leistungsstarken Lungen der Dinosaurier erfahren. Hinweise auf die unidirektionale Lunge sehen wir in den stark pneumatisierten Knochen der Wirbelsäule, und ihre Funktionsweise können wir von der Anatomie der heutigen Vögel und Krokodile ableiten. Viele dieser Schlussfolgerungen basieren auf Computermodellen und theoretischen Überlegungen. Dabei gab es lange keine eindeutigen, direkten Beweise, weil die Lunge, genau wie alle anderen Weichgewebe, ein geringes Erhaltungspotenzial aufweist. Das änderte sich aber, als aus China von einem Tier namens *Archaeorhynchus* berichtet wurde, das bereits enger mit den modernen Vögeln verwandt war als mit den Enantiornithinen. Es stammte aus der Jiufotang-Formation der Unterkreide, und seine Weichteile und das Gefieder waren noch sehr gut erhalten. Im Brustkorb befanden sich Überreste zweier Lungenflügel, die denen lebender Vögel ähnlichsahen, ein Hinweis darauf, dass schon diese frühen Formen vor 120 Millionen Jahren in der Lage waren zu fliegen. Von allen lebenden, luftatmenden Wirbeltieren haben Vögel das komplexeste und effizienteste Atmungssystem, das ihnen ihre energetisch anspruchsvolle Form der Fortbewegung auch in extrem sauerstoffarmer Umgebung ermöglicht. Die Lungenmikrostruktur von *Archaeorhynchus* erscheint ebenfalls modern und ist ein weiterer Beweis dafür, dass viele physiologische Veränderungen des Atmungssystems, die heutige Vögel charakterisieren und ihnen zu ihrem Erfolg verholfen haben, bereits bei Dinosauriern vorhanden waren, die nicht direkt auf der Vogellinie lagen. Anstatt zu behaupten, dass Dinosaurier Vogellungen besaßen, wäre es wahrscheinlich treffender zu sagen, dass Vögel Dinosaurierlungen besitzen.

Die Kloake: Wie machen Dinosaurier Pipi?

Wenn man durch die Hallen des Senckenberg Museums in Frankfurt spaziert, verliert man schnell den Überblick bei all den Schätzen, die das Museum zu bieten hat. In der großen Halle sind Skelette eines Langhalsdinosauriers, eines Horndinosauriers, eines Iguanodontiers, eines Keulenschwanzdinosauriers und eines Tyrannosauriers ausgestellt. Dahinter liegt die berühmte Dinosauriermumie. In dieser Umgebung fällt das Originalfossil eines kleinen Pflanzenfressers kaum ins Auge, das unscheinbar nahe der Wand in einer Vitrine liegt. Es ist das Frankfurter Exemplar eines *Psittacosaurus* aus den frühkreidezeitlichen Jehol-Ablagerungen von Liaoning in China. Dieses Fossil weist die beste Erhaltung schuppenbewachsener Haut jedes bisher beschriebenen Vogelbeckendinosauriers auf. Man kann sogar sein Farbmuster und die Konterschattierung erkennen, was uns eine detaillierte Rekonstruktion vom Erscheinungsbild dieses Tieres und Rückschlüsse auf seinen Lebensraum erlaubt. Die Konterschattierung legt nahe, dass das Tier in einer schattigen, bewaldeten Umgebung gelebt hat. Da die Haut und die Schuppen so gut erhalten sind, können wir an diesem Stück auch erstmals eine Kloake an einem Dinosaurier sehen.

Eine **Kloake** ist ein gemeinsamer Körperausgang für die Verdauungs-, Geschlechts- und Exkretionsorgane. Sie war ursprünglich bei allen Wirbeltieren vorhanden, wurde jedoch bei den Knochenfischen und höheren Säugetieren durch getrennte Ausführöffnungen ersetzt. Die Kloake ist ein Abschnitt des Enddarms, in den die Ausgänge der Geschlechtsorgane und die Harnleiter münden. Durch sie werden Spermien, Eizellen und Exkremente über den After abgegeben.

Dass Dinosaurier eine Kloake besaßen, ist im Grunde keine Überraschung, denn auch bei allen heute lebenden Archosauriern trifft das zu, selbst wenn sie bei Vögeln und Krokodilen unterschiedlich aussieht.

Um den kleinen Dinosaurier besser mit seinen lebenden Verwandten vergleichen zu können, wurde die Gesteinsplatte mit dem Fossil gescannt, was eine Retrodeformation eines virtuellen Modells erlaubte. Die Erhaltung des Enddarms dieses *Psittacosaurus* ist bemerkenswert gut und zeigt detailliert die Anatomie seiner Kloake. Ihre Öffnung ist deutlich erkennbar und lässt sich vom umgebenden Gewebe gut unterscheiden, da die Form der Schuppen und die

Pigmentierung von denen der benachbarten Körperregionen abweicht. Zwar gibt die Kloake keine Hinweise auf das Geschlecht des Tieres, doch die Farbpigmente scheinen Signalfarben gewesen zu sein, die möglicherweise einen visuellen Reiz erzeugen sollten. Man könnte sich das wie bei den Pavianen oder dem Mandrill vorstellen, deren Poregion anders gefärbt ist als das übrige Fell.

Haben Dinosaurierweibchen Eierstöcke?

Hartschalige Eier sind ein charakteristisches gemeinsames Merkmal aller Vögel und Krokodile. Dennoch sind die Fortpflanzungssysteme aller lebenden Archosaurier sehr unterschiedlich – genau wie ihre Kloaken. Krokodile besitzen zwei Eierstöcke, ihre Eierstockfollikel reifen langsam, sie haben große Gelege und kleine Eier. Lebende Vögel hingegen besitzen fast alle nur einen Eierstock und einen Eileiter, und ihre Follikel entwickeln sich rasch. Die Vögel sind heute die vielfältigste Tetrapodenklasse, und es gibt innerhalb ihrer Gruppe eine große Bandbreite von Gelege- und Eiergrößen, je nach Körpergröße des Vogels. Grundsätzlich sind die Eier von Vögeln jedoch größer und ihr Gelege ist kleiner als bei den Krokodilen. Es wird vermutet, dass sich die abgeleiteten Fortpflanzungsmerkmale bei den Vögeln in der Dinosaurierevolution schon früh schrittweise entwickelt haben, der genaue Zeitpunkt dieser Veränderungen ist wegen des lückenhaften Fossilienberichts und wegen der spärlichen Funde von Weichgewebe aber kaum nachvollziehbar.

Allerdings haben wir durch fantastische Funde aus der

Jehol-Provinz im Nordosten Chinas viel dazugelernt. In jüngster Zeit gab es Berichte über außergewöhnlich gut erhaltene Eierstockfollikel bei dem Urvogel *Jeholornis* und bei mehreren Enantiornithinen aus den frühkreidezeitlichen Schichten dieser Region. Anfangs wurde angezweifelt, ob es sich tatsächlich um Follikel handelte oder eher um Samenkörner, die von den Tieren gefressen worden waren. Um das herauszufinden, wurden Fragmente dieser angeblichen Follikel extrahiert und mehreren Analysen unterzogen. Dabei stellte sich heraus, dass diese Strukturen histologische und histochemische Eigenschaften von glatten Muskelfasern besitzen, die mit Kollagenfasern verflochten sind und der kontraktilen Struktur des Bindegewebes heutiger Vögel ähneln. Versteinerte Blutgefäße blieben ebenfalls erhalten. Es wurden keine Fasern oder andere Hinweise auf Pflanzengewebe gefunden, was die ursprüngliche Interpretation als Follikel im linken Eierstock unterstützt. Gleichzeitig war das Fehlen des rechten Eierstocks festzustellen, was zeigte, dass er offenbar früh in der Vogelevolution funktionell verloren ging.

Die Fossilien aus China wurden mit dem kleinen Fleischfresser *Compsognathus* aus Deutschland verglichen, der genau wie der *Archäopteryx* im Lithografenkalk rund um Solnhofen gefunden wurde. Wie sich herausstellte, zeigen *Jeholornis* und *Compsognathus* beide Merkmale, die denen heutiger Krokodile ähneln, weil sie noch eine große Anzahl von kleinen Eierstockfollikeln besitzen. Auch die Enantiornithinen unterscheiden sich hinsichtlich der Eierstockfollikel von den heutigen Vögeln. Sie hatten weniger und dafür größere Follikel, allerdings waren diese Follikel alle ähnlich groß. Bei heutigen Hühnern variiert die Größe der Follikel im Eierstock, was unterschiedlichen Entwicklungsstadien entspricht.

Die Anmut des schlafenden Keulenschwanzdrachens

Kai Jäger, einer meiner ehemaligen Kommilitonen aus Bonn, beschäftigte sich in seiner Forschung mit frühen Säugetieren. Kai kann sehr lebhaft und humorvoll über seine Arbeit berichten und sie auf diese Weise einem breiten Publikum näherbringen. Deshalb hat er auch am sogenannten *Science Slam* teilgenommen, einer Art wissenschaftlichem Wettstreit, bei dem Forscher ihre Ergebnisse innerhalb kürzester Zeit möglichst unterhaltsam präsentieren müssen. Im Vordergrund steht dabei die allgemein verständliche Vermittlung wissenschaftlicher Inhalte. Die Bewertung des zehnminütigen Vortrags der Teilnehmenden erfolgt durch das Publikum, wobei derjenige, der den meisten Beifall erhält, gewinnt. Kai war so gut, dass er zur deutschen *Science-Slam*-Meisterschaft in Berlin eingeladen wurde, die er im Jahr 2014 tatsächlich gewann. Seitdem wird er regelmäßig von Rundfunk und Fernsehen angefragt, wenn ein Experte in Sachen Paläontologie gebraucht wird. So war es auch nicht verwunderlich, als ihn 2017 der Deutschlandfunk anrief, als ein spektakulärer Fund eines Keulenschwanzdinosauriers aus Kanada gemeldet wurde. Diese Anfrage leitete er jedoch an mich weiter, da er kein echter Dinosaurierexperte ist, sondern sich als Paläontologe überwiegend mit der Evolution der Säugetiere beschäftigt.

Es ging in dieser Radiosendung um einen Ankylosaurier,

den man in den Ölsanden Kanadas entdeckt hatte, und da ich bereits einiges darüber gelesen hatte, war ich im Bilde. Das Tier namens *Borealopelta markmitchelli* wurde in einer Mine im Nordosten von Alberta gefunden. Dort stieß man in einer Abraumhalde auf sein Skelett, und Mitarbeiter der Minengesellschaft informierten sofort das Royal Tyrrell Museum in Drumheller, eines der bekanntesten und berühmtesten paläontologischen Museen der Welt. Es besitzt eine der größten und vielfältigsten Sammlungen von Dinosauriern, wobei der Schwerpunkt auf Fossilienfunden aus den Kanadischen Badlands liegt. Ein Museumsteam reiste unmittelbar zu dieser Mine, barg das Fossil gemeinsam mit den Arbeitern und schaffte es zurück nach Drumheller.

Die Gesteinsschichten, in denen das Tier gefunden wurde, bestehen aus marinen Sedimenten des Albiums und gehören zur Clearwater-Formation, in der auch mehrere Plesiosaurier und Ichthyosaurier abgelagert wurden. Allerdings war bis zu diesem Zeitpunkt noch nie ein Dinosaurier darin entdeckt worden, was nicht verwunderlich ist, weil die Formation Sedimente einer Küstenfazies und einer küstennahen Meeresumgebung aufzeichnet. Normalerweise dürften in diesen Schichten keine Landlebewesen vorkommen. Wahrscheinlich war besagter *Borealopelta* in einen Fluss gefallen und von ihm mitgerissen worden. Ob das vor oder nach dem Tod des Tieres passierte, ist nicht abschließend geklärt. Jedenfalls gelangte der Kadaver nach seinem Tod, auf dem Rücken treibend, ins offene Wasser und sank dann auf den Meeresboden. Dort wurde das Tier schnell von Sediment verschüttet.

Obwohl in diesen Ablagerungen Überreste von Meeresbodenbewohnern wie Würmern, Schnecken und Seesternen zu finden sind, gab es bei dem Dinosaurier keine Hinweise auf Fraßspuren solcher Aasfresser. Wenn der Meeresboden sauerstoffreich und mit grabenden Tieren belebt war, der Kadaver aber trotzdem nicht angefressen wurde, ist das ein untrügliches Zeichen für eine sehr rasche Einbettung. Als das Fossil gefunden wurde, war es vollständig in eine dichte und harte, aber gleichzeitig auch spröde Eisencarbonatkonkretion gehüllt, wie wir sie bereits bei den Ichthyosauriern aus Nevada kennengelernt haben. Risse an der Oberfläche der Konkretion zeigten, dass sie zerbrochen sein muss, während der Kadaver in seinem Kalkgrab kollabierte, das organische Material zunehmend verweste, sich verflüssigte und Gase entstanden.

Als der Auflastdruck schließlich zu groß wurde, entwichen die Gase und die Körperflüssigkeiten wurden freigesetzt. Der so entstandene Hohlraum im Kadaver des Dinosauriers verfüllte sich dann mit Sediment. Weil das Tier unter Wasser aber mit der Bauchseite nach oben lag, blieb sein Rückenpanzer intakt. Dadurch sind nicht nur seine Schuppen und die Osteoderme fast vollständig erhalten geblieben, sondern auch die Anordnung in ihrem natürlichen Verbund, und – was viel ungewöhnlicher ist – viele der Hautknochenplatten sind immer noch von einer Hornscheide umgeben. Weil der Hohlraum in der Körperhöhle so schnell mit Sand verfüllt wurde, ist das Fossil kaum zerdrückt, und wir haben heute eine hervorragende dreidimensionale Erhaltung. Das kanadische Forscherteam konnte sogar das Muster der Schuppen erkennen und suchte gezielt nach Melaninpigmenten, die auf dem Rückenpanzer erhalten blieben.

Melanine sind weit verbreitete dunkelbraune bis schwarze oder manchmal auch gelbliche oder rötliche Farbpigmente, die eine Färbung der Haut, der Haare, der Federn oder der Augen bei Tieren bewirken.

Um das alles herauszufinden, musste das Fossil im Labor zunächst aus der Konkretion befreit werden, wofür der Präparator Mark Mitchell ganze fünf Jahre und rund 7000 Arbeitsstunden brauchte. Seine außergewöhnliche Leistung wurde mit der Namensgebung des Tieres gewürdigt, dessen Artname am Ende *markmitchelli* lautet. Der Gattungsname *Borealopelta* ist eine Kombination aus Latein und Griechisch und bedeutet »das Schild aus dem Norden«, in Anspielung auf seinen nördlichen Fundort und seinen Rückenpanzer.

Die Arbeit hat sich gelohnt, denn das Fossil ist sehr schön. Für die Ausstellung hat man es umgedreht, sodass der Rückenpanzer nach oben zeigt. Wenn man es von vorne betrachtet, könnte man meinen, *Borealopelta* sei noch am Leben und schlafe nur, was ihm den Spitznamen *Sleeping Beauty* (engl. für »Dornröschen«) eingebracht hat. Auch wenn das Tier vielleicht nicht so hübsch ist wie eine Königstochter, sieht es doch zumindest aus wie ein schlafender Drache, dessen gesamter vorderer Teil erhalten ist.

Der Kopf, der Hals, der größte Teil des Rumpfes und seine Gliedmaßen waren zu Lebzeiten durch Osteoderme geschützt. An den Flanken trug das Tier zudem lange Stacheln. Man könnte meinen, es sei ein wandelnder Panzer auf vier Beinen gewesen. Doch die Farbpigmente seines Rückenpanzers verraten, dass selbst ausgewachsene *Borealopelta* Fressfeinde gehabt haben müssen. Sie sind in einem Konterschattierungsmuster darüber verteilt und sollten Räuber täuschen.

Wenn die Färbung eines Tieres auf der Oberseite dunkler und auf der Unterseite des Körpers heller ist, spricht man von einer **Konterschattierung** oder Gegenschattierung. Weil dieses Phänomen erstmals von dem Maler Abbott Thayer beobachtet und beschrieben wurde, nennt man es auch Thayer-Prinzip. Die Konterschattierung ist eine Art der Tarnung, weil sie die Wahrnehmung durch Raubtiere erschwert.

Konterschattierung war schon bei den Ichthyosauriern zu beobachten, und wir werden in einem späteren Kapitel dieser Überlebensstrategie bei anderen Dinosauriern erneut begegnen. Als ich in dem Radiointerview des Deutschlandfunks darauf angesprochen wurde, äußerte ich Zweifel, was die Interpretation der Panzerfärbung von *Borealopelta* betraf. Ich war der Ansicht, dass *Borealopelta* keine Tarnung brauchte, weil er einfach zu groß und zu gut gepanzert war. Selbst große Landschildkröten, bei denen kleine Vertreter der Gruppe noch Tarnfarben besitzen, verlieren ohne Raubdruck ihre Färbung. Mit einer geschätzten Länge von 5,50 Metern und einem Gewicht von mindestens 1300 Kilogramm war *Borealopelta* viel größer als jedes moderne Landtier, das eine Gegenschattierung aufweist. In heutigen Säugetierfaunen stellen Raubtiere kein Risiko für Pflanzenfresser dar, die mehr als eine Tonne wiegen. Diese riesigen Tiere müssen sich nicht verstecken und haben deshalb auch keine Tarnung. Wenn sie zusätzlich Verteidigungswaffen wie Hörner oder Stoßzähne besitzen, nimmt der Raubdruck noch weiter ab. Wozu hätte *Borealopelta* also eine Tarnfarbe nötig gehabt?

Ich fand es plausibler, dass seine rötliche Färbung eine Warn- oder Signalfarbe darstellte, wie sie giftige Tiere zeigen. Ich konnte mir auch vorstellen, dass die kräftige Farbe bei der Paarung und bei der Brautwerbung eine Rolle gespielt haben könnte. Dabei hatte ich allerdings nicht berücksichtigt, dass die Räuber-Beute-Situation in der Kreidezeit eine völlig andere war. Es gibt zwar keine Überreste von Fleischfressern in den gleichen Schichten, doch wir wissen von Fußspuren besonders großer Räuber in der Clearwater-Formation, die von Nachfahren der Allosaurier stammen. Diese mehrere Tonnen schweren Theropoden waren stark genug, um sogar einen ausgewachsenen Keulenschwanzdinosaurier zu töten, sie waren mehr als zehnmal schwerer als die größten Raubtiere der Gegenwart. Wir werden noch mehr über den Unterschied von dinosaurier- und säugetierdominierten Ökosystemen erfahren, wenn wir zu den Tyrannosauriern kommen. Die Jäger von *Borealopelta* waren aber keine Tyrannosauriden. Die tauchten nämlich erst rund 50 Millionen Jahre später auf.

Die Tatsache, dass gerade bei Dinosauriern, Krokodilen und Vögeln eine Tarnung wichtig war, hängt offenbar auch mit dem außergewöhnlich guten Sehvermögen moderner

Vögel und Krokodile zusammen. Wir nehmen an, dass diese Gruppen die Fähigkeit von ihren gemeinsamen Vorfahren geerbt haben, und gehen daher davon aus, dass auch die großen Theropoden sehr gut sehen konnten und diese Fleischfresser sehr visuelle Raubtiere waren. Das steht im Gegensatz zu modernen Systemen, in denen große Säugetiere, die an der Spitze der Nahrungskette stehen, selbst im Vergleich zum Menschen nur ein beschränktes Farbenspektrum wahrnehmen können. Die enorme Größe und starke visuelle Abhängigkeit von kreidezeitlichen Spitzenräubern könnten zu einem evolutionären Wettrüsten geführt haben, das selbst bei den größten pflanzenfressenden Dinosauriern eine Kombination aus Rüstung und Tarnfarbe zur Folge hatte. Keulenschwanzdinosaurier mussten sich also auch verstecken und tarnen. Das Vorhandensein von Gegenschattierungen in einem großen, schwer gepanzerten pflanzenfressenden Dinosaurier bietet uns also einen einzigartigen Einblick in eine Raubtier-Beute-Dynamik der Kreidezeit, die nicht mit den heutigen Prozessen in der Natur vergleichbar ist.

DIE OBERKREIDE

100,5 BIS 66,0 MILLIONEN JAHRE VOR HEUTE

Edmontosaurus
Tyrannosaurus Rex
Triceratops
Gilmoremys
Denversaurus
Potamornis

Kapitel 9
Wyoming: Der Höllenbach

Triceratops – ein Panzer auf vier Beinen

Einer der bedeutendsten Paläontologen der Gegenwart, Professor Roger Benson, hat einmal gesagt, dass es eine richtige Antwort auf die Frage gebe, welcher Dinosaurier denn der beste sei: *Triceratops*!

Das war natürlich nur ein Scherz, aber mich hat es trotzdem gefreut, weil *Triceratops* auch schon immer mein Lieblingsdinosaurier war. Schon in meiner Kindheit habe ich mir begeistert die Schädel von *Triceratops* im Frankfurter Senckenberg Museum angeschaut. Mein armer Bruder musste leider auch mit, obwohl er kein Dinosaurier-Fan war. Über die Jahre habe ich viele Skelette gesehen, aber ich kehre immer wieder gern nach Frankfurt zurück, um ein Selfie mit dem *Triceratops* zu machen. Das Tier ist in Frankfurt ausgestellt, obwohl es eigentlich aus dem Mittleren Westen der USA stammt. *Triceratops* war, zusammen mit *Tyrannosaurus rex*, einer der letzten Dinosaurier außerhalb der Vogellinie. Überreste von *Triceratops* und *Tyrannosaurus* werden in den gleichen Schichten gefunden. Sie kommen aus der Lance-Formation und der Hell-Creek-Formation, die in den letzten zwei Millionen Jahren der Kreidezeit abgelagert wurden.

Das Interesse an den Skeletten von *Triceratops* war in den letzten Jahren groß, da einige Versteigerungen der Fossilien Aufsehen erregten. Ein besonders stattliches Exemplar wurde im Oktober 2021 bei einer Auktion in Paris für 6,65 Millionen Euro an einen privaten Sammler verkauft. Damals sorgte man sich, dass das Tier künftig nicht mehr für die Öffentlichkeit und die Forschung zugänglich sein würde. Zum Glück hat das Fossil aber seinen Weg ins Museum der Universität Chieti-Pescara »Gabriele d'Annunzio« in Italien gefunden.

Das riesige Skelett wurde 2014 in South Dakota in der Hell-Creek-Formation entdeckt. Es ist 7,15 Meter lang und hat eine Hüfthöhe von etwa 2,70 Metern. Wegen seiner Größe wird es auch Big John genannt. Der Schädel allein macht mehr als ein Drittel der Gesamtlänge des Tieres aus. Es ist das größte nahezu vollständige *Triceratops*-Skelett der Welt. 60 Prozent des Körpers und über 75 Prozent des Schädels sind erhalten geblieben. Allerdings kennen wir Teilskelette und isolierte Schädel, die andeuten, dass es noch deutlich größere Exemplare gegeben haben muss.

Das Wort *Triceratops* bedeutet »Dreihorngesicht«. Dieser Dinosaurier besaß zwei lange Hörner über den Augen und eines auf der Nase. Er gehört zur Gruppe der Certatopsia oder Horndinosaurier. Fast jeder kennt den Namen *Triceratops*, aber erstaunlich wenige Menschen wissen, dass dieser Dinosaurier genau wie *Tyrannosaurus rex* und jedes andere wissenschaftlich beschriebene Tier auch einen Artnamen besitzt. Von *Triceratops* gibt es zwei gültige Artnamen: *Triceratops horridus* und *Triceratops prorsus*. *Horridus* (lat. »rau« oder »runzelig«) verweist auf die unebene Oberfläche seiner Knochen und *prorsus* (lat. »vorwärts«) bezieht sich auf das nach vorn gerichtete Nasenhorn. Insgesamt wurden siebzehn verschiedene *Triceratops*-Arten beschrieben, wobei alle anderen inzwischen ungültig sind. Als zum ersten Mal Hörner eines *Triceratops* entdeckt wurden, hielt man sie für die Hörner einer ausgestorbenen Bisonart und nannte den Fund *Bison alticornis*, was »Bison mit hohen Hörnern« bedeutet. Zählt man diesen Namen mit, hat der *Triceratops* sogar achtzehn Artnamen.

> Die zwei **gültigen Namen des Triceratops**:
> *T. prorsus, T. horridus*
> **Ungültige Namen**, die als Synonyme für die gültigen Arten verwendet wurden:
> *T. albertensis, T. alticornis* (ursprünglich *Bison alticornis*), *T. brevicornus, T. calicornis, T. elatus, T. eurycephalus, T. flabellatus, T. galeus, T. hatcheri, T. ingens, T. maximus, T. mortuarius, T. obtusus, T. serratus, T. sulcatus, T. sylvestris*

Triceratops wurde 1889 erstmals von Othniel Marsh beschrieben. Die Hörner, die er für die eines Bisons hielt, stammten aus der Region um Denver in Colorado. Das erste ganze Skelett kam aus der Lance-Formation in Wyoming. In der Hell-Creek-Formation wurden ebenfalls *Triceratops*-Knochen gefunden. Dieser Dinosaurier wurde vom gefährlichsten Räuber aller Zeiten, dem *Tyrannosaurus rex*, gejagt. Doch *Triceratops* war ebenfalls ein äußerst starkes und gefährliches Tier und keinesfalls wehrlos. *Tyrannosaurus* konnte ihn nur aus dem Hinterhalt angreifen. Es ist gut möglich, dass einige Tyrannosaurier ihren Angriff auf einen *Triceratops* nicht überlebten, weil sie selbst dabei schwer verletzt wurden.

Die einen Meter langen knöchernen Hörner über den Augen von *Triceratops* waren gefährliche Waffen. Sie waren wie bei Kühen und Büffeln mit einer Hornscheide aus Kreatin überzogen. Das Tier besaß einen massiven und dicken Nackenschild, der seinen empfindlichen Hals, die Schultern und den Nacken schützte. Der Kopf von *Triceratops* war durch ein Kugelgelenk mit der Wirbelsäule verbunden, sodass der ihn blitzschnell in alle Richtungen drehen konnte und ein Angreifer immer zunächst seine spitzen Hörner anstarren musste. Wenn *Triceratops* nicht überrascht wurde, war es sehr schwer, ihn zu töten. Den ersten echten Beweis für ein Duell zwischen einem *Tyrannosaurus* und einem *Triceratops* lieferte ein spektakuläres Fossil, das 2006 in Montana entdeckt wurde und heute in Raleigh, North Carolina, ausgestellt ist. Das Fossil enthält einen noch nicht vollständig ausgewachsenen *Tyrannosaurus* und einen *Triceratops*, die, im Todeskampf vereint, überliefert wurden. Der junge *T. rex* hat sich bei der Auswahl seiner Beute offensichtlich überschätzt, und am Ende kamen beide Widersacher zu Tode. Dass *Triceratops* aber auch sonst grundsätzlich eher streitsüchtig war und häufig Revier- und Paarungskämpfe austrug, belegen Verletzungen am Nackenschild von Big John. Er trägt eine Stichverletzung, die ihm, nach ihrer Form und Größe zu urteilen, vom Horn eines Artgenossen zugefügt wurde. Obwohl die Wunde an den Rändern bereits teilweise verheilt war, muss sie sich noch zu Lebzeiten des Tieres entzündet haben. Vielleicht war sie so tief, dass Big John später an der Infektion verstarb.

Das Nackenschild von *Triceratops* diente aber nicht nur zur Verteidigung, sondern auch dazu, einen Partner anzulocken. Es ist gut möglich, dass diese Schilde mit auffälligen Signalfarben versehen waren. Einige Wissenschaftler dachten anfangs sogar, dass Horndinosaurier ihren Kopfschmuck deshalb entwickelten, um zwischen verschiedenen Horndinosaurierarten unterscheiden und ihre eigene Art von anderen trennen zu können, was inzwischen aber ausgeschlossen wird. *Triceratops* hatte einen zusätzlichen Knochen im Unterkiefer, der nur bei Vogelbeckendinosauriern wie den Entenschnabeldinosauriern und den gehörnten oder gepanzerten Dinosauriern zu finden ist. Dieser Knochen liegt vor dem Unterkiefer und wird als Prädentale bezeichnet. Er ist damit eine Synapomorphie der Vogelbeckendinosaurier.

Wie die Vogelbeckendinosaurier genau entstanden sind, ist in Fachkreisen im Augenblick noch strittig. Früher nahm man an, dass vielleicht *Silesaurus*, der kleine Allesfresser aus der mittleren und oberen Trias Polens, den wir eingangs schon kennengelernt haben, einer der ersten Vogelbeckensaurier war. Das ist aber mehr als unwahrscheinlich. Die Fossilien von *Silesaurus* stammen aus der polnischen Drawno-Beds-Formation, die sich vor etwa 230 Millionen Jahren bildete. Neben Skeletten wurden dort auch fossile Fußspuren gefunden, die *Atreipus* genannt werden und von denen man zunächst annahm, dass sie von Vogelbeckendinosauriern stammten. Inzwischen ist klar, dass *Silesaurus* diese Spuren hinterließ. Der Schädel dieses Tieres war schmal und trug, genau wie der von *Triceratops* viele Millionen Jahre später, einen Hornschnabel an der Spitze des Unterkiefers, der dem Prädentale ähnlichsieht. Weil das

Prädentale aber ausschließlich bei Vogelbeckendinosauriern vorkommt, galt dieses Merkmal als Beweis für seine Zugehörigkeit zur Gruppe der Vogelbeckendinosaurier. In Wirklichkeit hatte *Silesaurus* aber kein Prädentale. Sein Hornschnabel hat sich konvergent entwickelt.

Triceratops hatte im Oberkiefer, vor dem Zwischenkieferbein, aber noch einen weiteren Knochen, der ausschließlich bei Horndinosauriern vorkam. Dieses sogenannte Rostrale war zahnlos und sah wie ein Papageienschnabel aus. Es bildete das Gegenstück zum Prädentale und ist eine Synapomorphie der Horndinosaurier, die ihnen ihr typisches Aussehen verlieh.

Wie eine kreidezeitliche Landschaft wiederaufersteht

Die zwei *Triceratops*-Schädel im Frankfurter Senckenberg Museum sind meine liebsten Exponate in dieser Ausstellung. Ich kann mich noch lebhaft daran erinnern, wie ich als kleiner Junge staunend vor den Fossilien stand und mein Vater ein Foto von meinem Bruder und mir geschossen hat. Ich war so aufgeregt und fasziniert. Das war in den frühen 1980er-Jahren. Diese Fossilien wurden dem Museum schon 1910 zum Kauf angeboten, und im selben Jahr erwarb es ein weiteres bedeutendes Dinosaurierfossil: die Trachodon-Mumie. Dabei handelt es sich um ein nahezu vollständiges Skelett eines Entenschnabeldinosauriers, der heute den Namen *Edmontosaurus annectens* trägt. Es ist so außergewöhnlich, weil es noch zum großen Teil mit schuppiger Haut bedeckt ist. Der Name *Trachodon* geht, wie sollte es auch sonst sein, auf die Streithähne Othniel Charles Marsh und Edward Drinker Cope zurück. Ein Mitarbeiter Marshs hatte 1891 erste Überreste des Tieres entdeckt, und Marsh nannte es *Claosaurus annectens*. Weil er aber nicht sehr gründlich gearbeitet hatte, wurde das Tier in dem Versuch, fehlerhafte Beschreibungen und Doppelbezeichnungen rückgängig zu machen, besonders oft umbenannt. Es hieß eine Zeit lang *Trachodon* und erhielt erst 2011 den Namen *Edmontosaurus*. Deshalb ist *Trachodon* heute eher ein inoffizieller Eigenname als eine gültige wissenschaftliche Bezeichnung.

Einer der begabtesten und wahrscheinlich der erfolgreichste Fossilienjäger, der sowohl für Marsh als auch für Cope arbeitete, war Charles Hazelius Sternberg. Er begleitete die beiden Paläontologen auf verschiedenen Kampagnen in die kreidezeitlichen Schichten von Wyoming und Montana, und selbst nach dem Tod der zwei Streithähne zu Beginn des 20. Jahrhunderts kehrte er dorthin zurück. Ihm ist es zu verdanken, dass Frankfurt diese Mumie besitzt. Charles Sternberg, der zum Zeitpunkt ihrer Entdeckung 60 Jahre alt war, hatte zuvor schon über 20 Jahre lang in dieser Gegend nach Dinosauriern gegraben und konnte auf eine 40-jährige Karriere als Fossiliensammler zurückblicken. Seinen Ruf als erfahrener Fossiliensammler hatte er bereits in jungen Jahren erworben, als er versteinerte Pflanzen aus seiner Heimat in Kansas für den Paläobotaniker Leo Lesquereux vom Smithsonian Museum in Washington zusammentrug.

Sein Spürsinn sprach sich bald herum, und wenig später, im Jahr 1876, begann er hauptberuflich für Edward Cope nach Dinosauriern zu suchen. Das war auch das Jahr, in dem General Custer in der Schlacht am Little Bighorn von den Sioux, Arapaho und Cheyenne unter ihren Führern Sitting Bull, Crazy Horse und Gall im heutigen Montana vernichtend geschlagen wurde. Nicht weit von diesem Kriegsschauplatz entfernt, mitten im Wilden Westen, gruben Cope und Sternberg spektakuläre Dinosaurierfundstücke aus. Auch Marsh bemühte sich um ein gutes Verhältnis zu den indigenen Stämmen, damit er in ihrem Territorium graben durfte. Von 1889 bis 1894 suchte Sternbergs Sohn Charles zusammen mit dem Paläontologen John Bell Hatcher dort in Marshs Auftrag nach Wirbeltierfossilien und fand tatsächlich die ersten Überreste des Horndinosauriers *Triceratops* – auch wenn er seine Hörner zunächst fälschlich als Bisonhörner beschrieb.

Horndinosaurier werden auch als Ceratopsier bezeichnet, und weil ihre Überreste häufig in den Schichten der Lance-Formation gefunden wurden, nannte Marsh diese Ablagerungen *Ceratops beds* (Ceratops-Schichten). Wegen der ständigen Verwitterung an der Geländeoberfläche werden auch heute noch regelmäßig neue Fossilfunde dort gemacht. Laut Zählung von 2017 und 2018 hat man in der Lance- und in der Hell-Creek-Formation insgesamt fast 700 Schädel und Teilskelette von Horndinosauriern, 150 Skelette von Entenschnabeldinosauriern und etwa 70 Tyrannosaurierteilskelette entdeckt. Noch viel häufiger findet man Zähne und einzelne Knochen von Dinosauriern, von denen über 40 000 aus diesen Schichten dokumentiert sind, private Sammlungen ausgenommen.

Cope und Marsh waren beide schon zehn Jahre tot, als Sternberg erneut in diese Region zurückkehrte. Gemeinsam mit seinen Söhnen George, Charles Mortram und Levi arbeitete er ab 1908 wieder in den Schichten der Lance-Formation im Converse County (heute Niobrara County) in Wyoming. Der Bezirk war Anfang des 20. Jahrhunderts noch deutlich größer, erst später wurde der östliche Teil des Converse County zum heutigen Niobrara County und nur der westliche Teil behielt seinen alten Namen. 1908 und 1909 entdeckte die Familie eine erste *Trachodon*-Mumie sowie zwei *Triceratops*-Schädel. Einen davon verkauften sie an das Londoner Naturkundemuseum, während der andere zusammen mit dem Entenschnabeldinosaurier vom American Museum of Natural History erworben wurde. Die Senckenberg-Mumie stammt aus dem südlichen Schneider-Creek-Gebiet in Niobrara County.

Im Jahr 1910 entdeckte Charles Mortram, der zweitgeborene Sohn von Charles senior, Teile eines aus dem Sandstein herausragenden Dinosaurierschwanzes. Die anschließende Ausgrabung brachte ein vollständiges Skelett mitsamt Hautabdrücken zum Vorschein. Es maß in seiner Fundlage 5,25 Meter, wovon 1,20 Meter auf den Schädel entfielen, 2,40 Meter auf den Rumpf und 1,65 Meter auf den Schwanz. Die Bergung dieses Fossils war die aufwendigste, die die Sternberg-Familie bis dahin unternommen hatte. Charles war entschlossen, jedes Fragment der Hautabdrücke zu sichern, weshalb die verpackten Gesteinsblöcke besonders groß ausfielen. Allein der Rumpf der Mumie wog etwa 1,6 Tonnen und das Gesamtgewicht des Fossils betrug 4,5 Tonnen. Da die Sternbergs keinen Flaschenzug besaßen, konnte die Bergung des Blocks nur schrittweise durch leichtes Anheben erfolgen. Es ist heute kaum vorstellbar, wie diese vier Männer die ungeheure Strapaze gemeistert haben. Die Sternbergs bauten eine Rampe aus Sand und

Erde und stemmten das Fossil in einem immensen Kraftakt aus der Grube. Hierbei dienten ihnen Pappelholzstämme als Hebel, und anschließend unterschaufelten sie die Gesteinsblöcke mit Sand. So ließen sie sich Zentimeter für Zentimeter bis auf eine Höhe von etwa 1,20 Meter anheben, ehe sie auf den Pferdewagen gehievt und zur 120 Kilometer entfernten Eisenbahnstation von Edgemont in South Dakota gebracht wurden. Insgesamt dauerte die Bergung zweieinhalb Monate.

Charles Sternberg bot das Fossil Fritz Drevermann zum Verkauf an, dem damaligen Direktor des Senckenberg Museums. Drevermann war durch eine Spende des Industriellen Arthur von Weinberg in der Lage, die geforderte Geldsumme aufzubringen. Kurz nach der Zusage des Museumsdirektors erhielt Sternberg allerdings ein Angebot des Canadian Museum of Nature in Ottawa. Die Kanadier boten Charles für das Fossil eine doppelt so hohe Geldsumme wie das Senckenberg Museum. Sternberg schrieb darüber 1917 in seinen Memoiren: »Ich werde niemals die Anstrengungen vergessen, die ich unternahm, um ihn dazu zu bewegen, das Exemplar aufzugeben oder stattdessen ein anderes zu nehmen. Aber das Fossil überquerte den Atlantik. Die letzte Nachricht, die ich bekam, bevor dieser schreckliche Krieg (der Erste Weltkrieg) alle Kommunikationen unterbrach, war, dass der Kopf bereits präpariert war und es das beste bekannte Exemplar sei.«

Im Sommer 1910 entdeckten die Sternbergs außerdem vier *Triceratops*-Schädel, von denen zwei an das Senckenberg Museum gingen, und wenige Jahre später fand Charles Sternberg noch eine weitere Dinosauriermumie, die er kurz vor dem Ersten Weltkrieg an das Natural History Museum in London verkaufte. Das Fossil sollte per Schiff nach Europa gebracht werden, und zwar unglücklicherweise auf dem Ozeandampfer RMS Lusitania, der am 7. Mai 1915 unweit der irischen Küste von einem deutschen U-Boot versenkt wurde. Dieser schrecklichen Tragödie fielen 1198 Menschen zum Opfer und die Versenkung der Lusitania führte letztendlich dazu, dass die Vereinigten Staaten in den Weltkrieg eintraten. Das ist der Grund dafür, warum das Londoner Museum bis heute keine Dinosauriermumie besitzt und sie stattdessen am Grund des Meeres liegt. Über 100 Jahre nach dem Schiffsunglück wird davon allerdings nichts mehr übrig sein.

So interessant die Beschreibungen von faszinierenden und neuartigen Dinosauriern damals auch waren – inzwischen reicht es nicht mehr, nur nach den größten Fossilien zu suchen, denn heute sind andere Forschungsinhalte viel wichtiger geworden. Man will verstehen, in welchem Umfeld die Tiere gelebt und was sie gefressen haben, welche Feinde sie hatten und welche anderen Tiere sich im gleichen Ökosystem befanden. Die Wissenschaftler wollen herausfinden, welches Klima und welche Vegetation damals vorherrschte, und sie wollen die Lebensumstände und auch die Todesursache der Dinosaurier kennenlernen.

Deshalb reisten Forscher des Senckenberg Museums 2019 noch einmal zu der Originalfundstelle im Niobrara County, um die Lebenswelt von *Edmontosaurus* zu rekonstruieren und zu verstehen. In einer Kooperation mit der Wyoming-Dinosaur-Center-Stiftung und unterstützt von der Lipoid-Stiftung erkundete das Senckenberg-Team die Schichten der Lance-Formation und barg im Juli 2019 ein etwa zwanzig Quadratmeter großes Knochenfeld. Ich hatte die Ehre und das große Vergnügen, die Grabung für den *National Geographic Deutschland* zu begleiten, um vier Artikel darüber zu schreiben. Es war mir eine Freude, so viele Jahre nach meinem ersten Besuch im Senckenberg Museum selbst einmal bei einer Grabung für dieses Museum dabei sein zu dürfen. Noch dazu in einer Gegend, in der Barnum Brown Überreste von *Tyrannosaurus* und Charles Hazelius Sternberg *Triceratops* gefunden hatten.

Ich nahm also einen Flug von Frankfurt nach Denver und mietete dort einen allradbetriebenen Geländewagen, der mich in das beschauliche Städtchen Lusk brachte. Es liegt im äußersten Osten Wyomings und hat etwa 1500 Einwohner. Das sind 60 Prozent der Gesamtbevölkerung von Niobrara County, dem am dünnsten besiedelten Bezirk von Wyoming. Außer einer Bank, einem Supermarkt, einem Truckstop und zwei Schnapsläden gibt es in dieser Stadt nicht viel, aber sie liegt in einem interessanten geologischen Becken. Rundherum ist das Land überwiegend flach, und es erstrecken sich ausgedehnte Weiden für die vielen Rinderherden. Hier und da sieht man Pumpstationen, die Erdöl aus Gesteinsschichten fördern, die eine Meile in die Tiefe reichen. Hier entdeckten Sternberg und seine Söhne die Senckenberger Dinosauriermumie, noch bevor das County 1911 gegründet wurde. Die Gesteine, die nördlich von Lusk aufgeschlossen sind, gehören zur Lance-Formation, die nach der Ortschaft Lance Creek benannt ist und eine der am besten bekannten spätkreidezeitlichen Dinosaurierfaunen enthält. Jeder, der sich auch nur im Entferntesten für Dinosaurier interessiert, kennt die Namen der Tiere, die man hier schon ausgegraben hat: *Triceratops, Edmontosaurus, Ankylosaurus* und natürlich *Tyrannosaurus*.

Die Fundstelle, zu der wir fuhren, wurde bereits in den 1970er-Jahren wiederentdeckt. Sie liegt auf dem Gelände einer privaten Ranch, etwa 50 Meilen nördlich von Lusk. Um dorthin zu gelangen, verlässt man an der Mule Creek Junction den US-Highway 18 und landet dann auf einer Schotterpiste. Wilde Sonnenblumen säumten unseren Weg, eine invasive Pflanze, die ursprünglich nicht in dieser Gegend heimisch war. Immer wieder wurde die Fahrt durch Rinder gestört, die unvermutet die Schotterstraße überquerten, während in einiger Entfernung Gabelböcke und Maultierhirsche grasten. Mit Ausnahme eines kleinen Laubwaldes in der Nähe eines Flusses war das Gebiet über viele Meilen baumlos. Kurz bevor nach zehn Meilen schließlich auch die Schotterpiste endete, führte sie uns noch an einer Kolonie Präriehunde vorbei, die argwöhnisch jedes vorbeifahrende Auto begutachteten und sich gegenseitig warnten, bevor sie in ihren Bauten verschwanden. Von hier aus kam man nur noch mit einem Geländewagen mit viel Bodenfreiheit weiter.

Obwohl die Fundstelle schon lange bekannt war, wurde dort erst jetzt zum ersten Mal wissenschaftlich gegraben, was sicher damit zusammenhing, dass ein solches Forschungsprojekt teuer und mit erheblichem Aufwand verbunden war. Außerdem war der Ort für regelmäßige Grabungen einfach zu weit abgelegen. Im Nirgendwo der amerikanischen Prärie mussten rund 40 Tonnen uralte Knochen und Gestein gehoben, zerteilt, verladen und verschifft werden – eine logistische Herausforderung der Extraklasse. Zum Glück hatte das Senckenberg-Team damals Unterstützung vom Wyoming Dinosaur Center, das den Aufschluss gepachtet hatte.

Die Grabungsleitung übernahm Philipe Havlik, Kurator am Senckenberg Museum in Frankfurt. Für ihn war die Fundstelle wichtig, weil er und sein Wissenschaftsteam verstehen wollten, was sich in der späten Kreidezeit dort abgespielt hatte. Heute weiß man, dass in diesem Zeitabschnitt besonders hohe CO_2-Konzentrationen in der Atmosphäre herrschten. Um herauszufinden, inwiefern sich dieses Phänomen auf die Vegetation damals auswirkte, bedurfte es einer genauen Profilaufnahme der Gesteinsabfolge. Sie sollte uns Aufschlüsse über die Art der Ablagerung geben und in Verbindung mit weiteren Laboruntersuchungen eine Klimarekonstruktion ermöglichen. Die Wissenschaftler des Senckenberg Museums konnten schließlich nicht nur zahlreiche Pflanzen- und Tierfossilien identifizieren, sondern das gesamte Ökosystem rekonstruieren, in dem *Edmontosaurus* einst lebte.

Allerdings können aufwendige Zahnschmelzuntersuchungen, die Hinweise auf die chemische Zusammensetzung der damaligen Atmosphäre liefern, genau wie Untersuchungen von Pflanzenpollen nur unter Idealbedingungen in einem wissenschaftlichen Labor vorgenommen werden. Auch kleine Fossilien wie Säugetierzähne, Fischschuppen oder Pflanzensamen, die im Gelände oft übersehen werden, kann man nur im Labor aufspüren und quantifizieren. Die Frage war also, wie man eine ganze Fossillagerstätte nach Frankfurt überführt. Philipe Havlik wusste eine Antwort: Statt wie einst Sternberg einzelne Knochen zu bergen, entschied er sich für eine Blockbergung. Wir sollten alle Fossilien mitsamt dem umgebenden Lockergestein in einem Gesteinsblock aus dem Gelände herausschneiden. Dieses Konzept war nicht neu, doch einen Block von zwanzig Quadratmetern zu bergen, war einzigartig und stellte selbst das erfahrene Senckenberg-Team vor eine große Herausforderung.

Die Paläontologin Manuela Aiglstorfer aus Mainz, die unsere Grabung begleitete und auf viele Säugetierüberreste hoffte, erklärte mir, dass man erst die Fläche freilegen und mehrere Meter mächtige Deckschichten mit dem Bagger abtragen müsse, um an die fossilführende Schicht zu gelangen. Dabei war es wichtig, Knochen, die aus dem Gestein herausragten, nicht zu beschädigen. Knochen, die an der Oberfläche sichtbar waren, wurden vermessen und dann entweder direkt geborgen oder eingegipst. Danach wurden lange Stahlschrauben an der Oberfläche in die Schichten der Fossillagerstätte getrieben, an die Seile gespannt wurden, um ein Grabungsgitter anzulegen. Dieses Gitter half dabei, die genaue Position von entnommenen Knochen einzuzeichnen, damit sie später, im Labor, wieder zugeordnet werden konnten. Mit einer Sprühdose wurde anschließend ein Raster aufgezeichnet und Quader mit einer Kantenlänge von einem Meter Stück für Stück herausgeschnitten. Für diese Arbeit wurde eine Kettensäge mit diamantbesetztem Sägeblatt verwendet, die mit Wasser aus einem großen Tank gekühlt wurde. Wenn man ein solches *bone bed*, in dem die Knochendichte derartig hoch ist, mit einer Säge in Würfel zerteilt, riskiert man, die Knochen zu zerschneiden. Doch diese Schnitte sind, gemessen an der Gesamtfläche und an der Größe der Knochen, eher klein, und man kann die durchtrennten Knochen im Labor relativ leicht wieder zusammenfügen. Nach dem Sägen wurden die Schnittflächen der Quader mit Armiergewebe verstärkt, das in Harz getränkt wurde, um ein Herausbröseln des Sediments zu verhindern. Sobald ein Quader entsprechend präpariert war, wurde er von einem Telehandler, einer Art Minibagger, abtransportiert. An seiner Hubgabel war eine Stahlplatte befestigt, deren vordere Kante angeschliffen und deren Oberfläche mit Schmieröl eingefettet war. So konnte der Telehandler mit schierer Kraft die Stahlplatte ins anstehende Gestein unter den Quader schieben und ihn vom Untergrund lösen. Dann wurde der überdimensionierte Tortenheber angehoben und die restlichen Flächen des Gesteins ebenfalls mit Harz versiegelt. Nun musste der Quader nur noch mit Sperrholzplatten eingeschalt und mit Spanngurten verzurrt werden. Auf einer Palette wurde er schließlich in einen Überseecontainer verladen. Trotz aller Hilfswerkzeuge brauchte man viel Manpower, um ein solches Projekt stemmen zu können. Deshalb wurden Philipe Havlik und Manuela Aiglstorfer von einem elfköpfigen Team aus Frankreich unterstützt.

Gleich als wir dort eintrafen, wurde uns klar, dass sich der Aufwand lohnen würde, denn an der Oberfläche des Gesteins kamen schon einzelne Knochen der Edmontosaurier zum Vorschein. Man konnte mit bloßem Auge Rippen, Wirbel, Oberarm- und Oberschenkelknochen erkennen, aber auch filigranere Elemente wie Unterkiefer und sogar Fingerendglieder. Die Größe der Knochen ließ keinen Zweifel daran, dass es sich dabei um Überreste von Dinosauriern handelte. Die Hufe und die Zähne zeigten außerdem, dass es mehrere Entenschnabeldinosaurier waren. Die Art der Ablagerung verriet, dass die Knochen nach dem Tod noch bewegt und möglicherweise bei einer Flut weggeschwemmt worden waren, da viele verschiedene Knochen von unterschiedlichen Individuen kreuz und quer übereinanderlagen. Interessant war, dass sie an ihren Enden aber nicht abgeschliffen waren. Das ließ auf einen kurzen Transport schließen, bei dem die Knochen nicht gegeneinandergerieben hatten. Die genaue Anzahl der hier begrabenen Tiere ließ sich nicht mehr mit absoluter Gewissheit bestimmen. In einer solchen Situation kann man sich aber einiger einfacher Hilfsmittel bedienen, um eine Mindestanzahl zu ermitteln. Wenn man nämlich beispielsweise fünf linke Oberschenkelknochen findet, kann man sicher sein, dass es sich um mindestens fünf Individuen handelte, da so ein Knochen pro Tier ja nur einmal vorkommt. Wenn es mehrere gleiche Knochen unterschiedlicher Länge gibt, spricht das für Tiere unterschiedlichen Alters. Es war klar, dass Letzteres bei den Dinosauriern in unserem *bone bed* der Fall war und auch dass es sich um eine Herde einer einzigen Art handelte.

Philipe freute sich aber nicht nur über die Dinosaurier, sondern auch über kleinere Funde wie Panzerfragmente von Weichschildkröten, den ersten Säugetierzahn und ein anderes handgroßes Gesteinsstück, das ein Laubbaumblatt neben einem Nadelbaumzweig zeigte. Ein solches Fossil würde man in den Schichten des Juras niemals sehen, da die Laubbäume erst in der Kreidezeit entstanden. Im *bone bed* fanden sich auch immer wieder Lagen mit Blättern oder Holzkohle und einzelne Baumstämme. Es sprach also vieles dafür, dass es in dieser Region im Mittleren Westen von Nordamerika damals Mischwälder gab, die uns das vorherrschende Klima am Ende der Kreidezeit anzeigen.

Die Anspannung im Gelände war groß, weil wir das *bone bed* natürlich heil nach Frankfurt bekommen wollten. Unser Zeitplan stellte sich als straff heraus und die Arbeitsbedingungen waren schwierig, denn sämtliche Geräte und

Werkzeuge mussten zunächst mühevoll an die Grabungsstelle transportiert werden. Außerdem gab es weit und breit keine Werkstatt und vor Ort weder Strom noch Wasser und auch keine sanitären Einrichtungen – dafür brennende Sonne und nirgendwo Schatten.

Die extremen Bedingungen an der Grabungsstelle waren nicht nur für das Forschungsteam eine Herausforderung, sondern belasteten auch das Arbeitsgerät. Jeder Block, der zertrennt werden musste, wog zirka 1,5 Tonnen, und das Gesamtgewicht des abtransportierten Sediments betrug 30 bis 40 Tonnen. Die Kettensäge war die Schwachstelle des Projektes. Immer wieder kam es zu Verzögerungen wegen ihres defekten Metallblatts oder der defekten Kette. Ein weiterer heikler Punkt war das bröselnde Gestein, das trotz des Harzes an den Kanten der Blöcke abbrach, was beim Transport den ganzen Block in Mitleidenschaft hätte ziehen können. Hier half der Sekundenkleber, von dem das Team in diesen Tagen Dutzende von Flaschen aufbrauchte.

Auch der Mantel aus Harz rund um die Blöcke war eine Gefahrenquelle. Denn sobald die giftige, ätzende Substanz angerührt war, erzeugte sie starke Hitze, die zu Verbrennungen führen oder sogar Feuer fangen konnte. Deshalb waren Schutzhandschuhe nötig. Wenn das Harz aufgetragen und getrocknet war, wurde die Holzverschalung angelegt und mit den Spanngurten befestigt. Danach füllte man die Hohlräume mit Polyurethanschaum auf, um Bewegungen innerhalb des Blocks zu verhindern. Immer wenn ein schadhaftes Sägeblatt ausgewechselt werden musste, nutzte ich die Zeit, um auf einem nahegelegenen Hügel nach weiteren Fossilien zu suchen. Philipe erzählte mir, dass er dort einmal kleine Bruchstücke von einem *Tricera-*

tops-Nackenschild gefunden habe, und ich wollte natürlich nachsehen, ob ich vielleicht noch mehr Teile meines Lieblingsdinosauriers entdecken würde. Da ich aber nicht das richtige Werkzeug bei mir hatte, beschränkte sich meine Suche auf die Geländeoberfläche. Immerhin fand ich ebenfalls ein paar Nackenschildbruchstücke.

Insgesamt war diese Grabung ziemlich beeindruckend. Die Gesteinsblöcke wurden mit dem Telehandler in einen großen Überseecontainer verladen. Dieser Minibagger war genauso breit wie das Innere des Containers und konnte eine Palette nach der anderen tief hineinschieben. Der Überseecontainer wurde dann auf einen großen Truck geladen. Dabei ist mir bis heute schleierhaft, wie es der Lastwagenfahrer geschafft hat, mit seiner riesigen Maschine so nah an die Grabungsstelle heranzufahren. Selbst mit unserem deutlich kleineren Geländefahrzeug hatten wir vorsichtig Löcher und große Felsbrocken auf der Schotterpiste umfahren müssen, um den Unterboden des Wagens nicht zu beschädigen. Der große Truck fuhr mit dem Stück Dinosaurierfriedhof 3200 Kilometer bis an die Ostküste. Dort landeten die alten Knochen auf einem Containerschiff und fuhren nach Millionen von Jahren unter der Erde über das weite Meer Richtung Frankfurt. Bei der Präparation im Block fanden sich tatsächlich noch ein paar Raubsaurierzähne, und die waren von einem *Tyrannosaurus*!

Kapitel 10
Tyrannosaurus –
das Maß aller Dinge!

Die Macht der Marke:
Warum Tyrannosaurus so beliebt ist

Jedes Kind kennt heute *Tyrannosaurus rex*. Er ist der beliebteste und bekannteste Dinosaurier, und er hat seinen Platz nicht nur in der Paläontologie, sondern auch in den Herzen vieler Kinder. Er ist ein mediales Phänomen. Kein anderer Dinosaurier wurde so oft in Film und Fernsehen verewigt. Die Szene in *Jurassic Park*, in der das dumpfe Stampfen des *Tyrannosaurus* zum ersten Mal zu hören ist und das Wasser im Glas erbeben lässt, noch bevor man den Riesen zu Gesicht bekommt, zählt zu den eindrucksvollsten Momenten der Filmgeschichte. Nicht zuletzt wegen des enormen Erfolgs von *Jurassic Park* ist dieses Tier zu einer echten Merchandisingfigur geworden. Kein anderer Dinosaurier ist häufiger auf T-Shirts und Bettwäsche abgebildet als er. Er kommt auf Dinosaurierpuzzles und in Computerspielen vor, es gibt von ihm Videos auf Twitter, YouTube und TikTok, er ist Bestandteil von Memes und Bilderwitzen und sicher die häufigste Dinosaurierspielfigur. Er steckt in jeder Tüte Dinoschnitzel und ziert Torten und Schultüten.

Aber was macht *Tyrannosaurus* so einzigartig? Was macht ihn so beliebt? Vieles davon hat mit seinem Namen zu tun: *Tyrannosaurus rex*! Das bedeutet »der König der Tyrannenechsen« und das ist ein treffender Name für den unumstrittenen Herrscher der Kreidezeit. *Tyrannosaurus* hätte aber beinahe ganz anders geheißen. Erste einzelne Zähne von *Tyrannosaurus* wurden bereits 1874 in Colorado gefunden, konnten damals aber noch keinem Tier zugeordnet werden. In den 1890er-Jahren entdeckte man einzelne Knochen im Osten Wyomings, und 1892 beschrieb Edward Drinker Cope zwei Wirbel eines *Tyrannosaurus*, die er jedoch fälschlicherweise für die Wirbel eines Horndinosauriers hielt. Er nannte das Tier, zu dem sie gehörten, *Manospondylus gigas*, was »große poröse Wirbel« bedeutet. Wären diese Wirbel deutlich besser erhalten gewesen, sodass man den Dinosaurier anhand ihrer Merkmale von anderen Fleischfressern hätte unterscheiden können, dann würde *Tyrannosaurus* heute vielleicht *Manospondylus* heißen. Ich bezweifle, dass dieser Name eine ähnliche Anziehungskraft entfaltet hätte.

Im Jahr 1900 fand der amerikanische Paläontologe Barnum Brown das erste Teilskelett eines riesigen Fleischfressers in Ostwyoming, wo auch Edward Cope bereits Wirbel von *Manospondylus* entdeckt hatte und auch der erste vollständige *Triceratops* gefunden worden war. Zwei Jahre später entdeckte Barnum Brown noch ein anderes Teilskelett in der Hell-Creek-Formation in Montana. Über diesen Fund schrieb Brown damals, er habe aus der Kreidezeit noch nie Vergleichbares gesehen. Henry Fairfield Osborn, der inzwischen zum Präsidenten des Amerikanischen Museums für

Naturkunde in New York ernannt worden war, gab beiden Tieren in einer Publikation von 1905 einen Namen. Den Fund aus Wyoming nannte er *Tyrannosaurus rex* und das Tier aus Montana *Dynamosaurus imperiosus*, was auf Deutsch »gebieterische Machtechse« heißt. Ein Jahr später merkte er aber, dass beide Funde von derselben Art stammten, und entschied sich glücklicherweise für den eindrucksvollen Namen *Tyrannosaurus*. Der Unterkiefer des Tieres, das er zuerst *Dynamosaurus* genannt hatte, ist heute noch im Naturkundemuseum in London zu sehen. Da Osborn beide Tiernamen in derselben Publikation erstmals veröffentlichte, hätte er sich genauso gut für *Dynamosaurus* entscheiden können. *Dynamosaurus* klingt aber nur halb so spannend wie *Tyrannosaurus*, weshalb wir froh sein können, dass er sich für diesen Namen entschied, den wir heute noch kennen und lieben! Insgesamt sind aktuell etwas mehr als 30 vollständige oder zumindest fast vollständige Skelette bekannt. Zwei der berühmtesten Tyrannosaurier wurden in den 1990er-Jahren entdeckt: Stan, der lange im Black Hills Institute in South Dakota ausgestellt war, und Sue, die bis heute im Field Museum in Chicago zu bewundern ist. Stan und Sue haben ihre Spitznamen von ihren jeweiligen Entdeckern Stan Sacrison und Sue Hendrickson.

Eines der schönsten Skelette eines *Tyrannosaurus* ist der sogenannte Tristan Otto. Er wurde 2012 in Montana entdeckt und besitzt den am besten erhaltenen Tyrannosaurier-Schädel weltweit. Tristan war von 2015 bis 2020 im Naturkundemuseum in Berlin ausgestellt, bevor er nach Kopenhagen überführt wurde. Seit 2022 ist er wieder zurück in Berlin. Das Besondere an Tristan sind seine schwarzen steinernen Knochen, denen Mineralien einen seidenen

Glanz verleihen. Im holländischen Leiden ist seit 2016 ein weiteres Skelett ausgestellt, das zu den größten und vollständigsten Tyrannosaurier-Skeletten gehört. Es stammt ebenfalls aus Montana und trägt den Spitznamen Trix. Von 2017 bis 2019 war es die Hauptattraktion einer Wanderausstellung in verschiedenen Orten Europas. Ich habe Trix im Jahr 2018 bei einer Tagung in Paris gesehen.

Ein sehr viel kleineres Exemplar eines Tyrannosauriden wurde 1946 entdeckt. Der amerikanische Paläontologe Robert Bakker und sein Team gaben ihm 1988 den neuen Artnamen *Nanotyrannus lancensis,* was »der Zwergentyrann aus der Lance-Formation« bedeutet. Ein merkwürdiger Name, da die Überreste eigentlich aus der Hell-Creek-Formation stammten. In der Fachwelt besteht Uneinigkeit darüber, ob es sich dabei wirklich um eine neue Art handelt oder nur um einen jungen *Tyrannosaurus rex.* Neueste Erkenntnisse enthüllten, dass es tatsächlich ein Jungtier von *T. rex* war, aber die relativ langen Arme und die abweichende Zahnformel lassen daran zweifeln. Warum es trotzdem plausibel ist und was Allometrie und Variabilität damit zu tun haben, dazu komme ich später.

Einer der in meinen Augen spektakulärsten Funde überhaupt wurde 2006 in Montana gemacht. Dort entdeckte man einen *Tyrannosaurus* und einen *Triceratops* gemeinsam im Todeskampf vereint. Das ist ein direkter Beweis dafür, dass Tyrannosaurier *Triceratops* gejagt haben. Das Fossil war vierzehn Jahre lang in Privatbesitz, bis es ein Museum in North Carolina gekauft hat. Seit 2022 ist es endlich der Öffentlichkeit zugänglich, und ich kann es kaum erwarten, bis ich es mit eigenen Augen sehen kann. Dass Menschen in hellen Scharen zu den Sonderausstellungen weltweit strömen, nur um ein echtes Skelett dieser Tiere zu sehen, zeigt deren ungebrochene Popularität. Aber nicht nur die Öffentlichkeit ist an *Tyrannosaurus* interessiert. Kaum ein anderer Dinosaurier ist so gut untersucht wie er, und allein in den letzten fünf Jahren haben Paläontologen so viel über dieses Tier herausgefunden wie nie zuvor. Heute verstehen wir seine Biologie sehr viel besser. Wir wissen, warum es in Ökosystemen, in denen *Tyrannosaurus* vorkam, keine anderen größeren Räuber gab, warum seine Arme so klein waren und ob er gefiedert war oder nicht. Trotzdem ist vieles noch unerforscht, und der König der Dinosaurier stellt uns immer wieder vor neue Rätsel.

Eine Rekordsumme für den König

Als ich im Sommer 2019 auf der Ausgrabung in der Lance-Formation in Wyoming war, lernte ich Pete Larson kennen, den Präsidenten des Black Hills Institute, eines Dinosauriermuseums in Hill City, South Dakota. Pete ist eine außergewöhnliche Persönlichkeit und einer der wichtigsten *Tyrannosaurus*-Entdecker. Es lohnt sich auf jeden Fall, einmal seinen Namen nachzuschlagen oder den Film *Dinosaur 13* über die Entdeckung des Tyrannosauriers Sue anzuschauen. Pete lud mich, den Fotografen und den Kameramann der Ausgrabung ein, ihn in South Dakota zu besuchen. Ich wollte sein Museum unbedingt sehen, weil dort Stan, einer der größten und vollständigsten Tyrannosaurier der Welt, ausgestellt war. Das Tier ist äußerst beeindruckend, und ich wollte es auf jeden Fall noch im Black Hills Institute sehen, ehe es verkauft werden würde, wie Pete uns erzählt hatte.

Pete und sein Bruder hatten damals einen Rechtsstreit, und als Ergebnis der Einigung sollte Pete das Museum behalten, während sein Bruder den Erlös aus Stans Verkauf bekommen würde. Am 6. Oktober 2020 schließlich wurde der *T. rex* für die unglaubliche Summe von 31,8 Millionen US-Dollar an einen unbekannten Bieter verkauft. Eine Rekordsumme, die noch nie für ein Fossil erzielt worden war und die wildesten Schätzungen um ein Vielfaches übertraf. Der bisherige Rekordhalter bei einer Versteigerung war ebenfalls ein Tyrannosaurier gewesen, und zwar der *T. rex* mit dem Spitznamen Sue aus dem Naturkundemuseum in Chicago. Sein Skelett hatte dem Besitzer 1992 schon ganze 8,36 Millionen US-Dollar eingebracht. Doch so groß die Begeisterung für diese hohe Summe auch war, in der Fachwelt zeigte man sich schockiert. Niemand wusste, wer der geheimnisvolle Bieter war, und man befürchtete, dass ein privater Sammler oder Investor das Fossil der Öffentlichkeit entziehen und künftige Forschung an dem Tier verhindern könnte. Von Oktober 2020 bis Ende März 2022 blieb das Fossil verschollen, und die Spekulationen über den geheimnisvollen Besitzer und den Verbleib des Tieres überschlugen sich. Als man im Januar 2022 bei einem Fernsehinterview mit dem Schauspieler und Wrestler Dwayne »The Rock« Johnson einen Tyrannosaurierschädel im Hintergrund sah, verbreitete sich das Gerücht, er sei vielleicht derjenige, der den Dinosaurier ersteigert hatte.

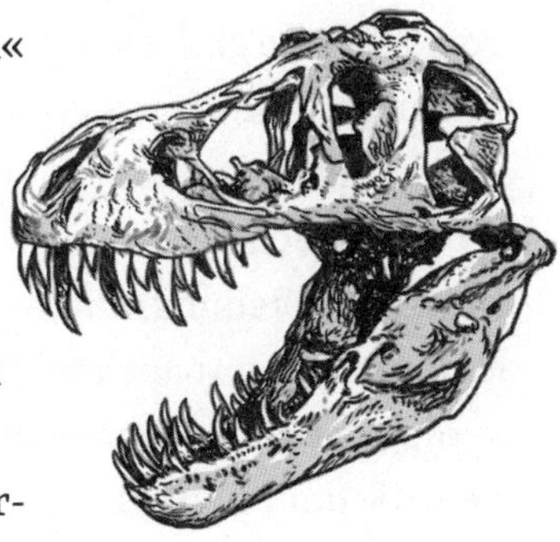

Es handelte sich dabei allerdings nur um ein Replikat von Stans Kopf. Zwei Monate später wurde bekannt, dass das zukünftige Museum für Naturkunde in Abu Dhabi das Fossil ersteigert hatte. Viele Paläontologen zeigten sich erleichtert, dass ein Museum das Tier erworben hatte, und begrüßten den Umstand, dass es nun in einem Teil der Welt zu sehen sein wird, wo Menschen bisher selten Zugang zu Fossilien und Dinosauriern im Besonderen hatten.

Wie viele Tyrannosaurier gab es?

Wir kennen *Tyrannosaurus rex* nur aus dem Mittleren Westen Nordamerikas. Nahe Verwandte des Königs der Dinosaurier, wie zum Beispiel *Tarbosaurus,* kamen auch in der Mongolei vor oder *Zhuchengtyrannus* in China. Die Gattung *Tyrannosaurus* lebte jedoch in einem räumlich begrenzten Gebiet. Obwohl *T. rex* so bekannt ist, hat er nur etwa zwei Millionen Jahre überdauert. Wie viele Individuen gab es in dieser Zeit?

Diese Frage ist nicht zuverlässig zu beantworten. Dennoch haben Kollegen der Universität Berkeley in Kalifornien mit einem verblüffenden Experiment gezeigt, wie man trotzdem eine grobe Vorstellung davon bekommen kann. Sie fanden mithilfe der sogenannten Monte-Carlo-Simulation, einem Verfahren aus der Wahrscheinlichkeitstheorie und Mathematischen Statistik (Stochastik), eine Annäherung an diese Fragestellung. Die Monte-Carlo-Simulation versucht analytisch unlösbare Probleme numerisch zu lösen. Dabei werden verschiedene Stichproben einer Verteilung genommen, die durch Zufallsexperimente ermittelt werden.

Um die Häufigkeit von Tyrannosauriern herauszufinden, muss zuerst eine große Anzahl von Variablen bestimmt werden: In welchem Zeitraum hat *T. rex* gelebt? Wie groß war das Gebiet, auf dem Tyrannosaurier vorkamen, und wie groß war die Populationsdichte? Wie viele Nachkommen brachte ein Tyrannosaurier hervor, und wie viele davon überlebten bis zur Geschlechtsreife? Wie alt wurden diese Tiere im Durchschnitt, und wie schnell sind sie gewachsen? Hatten sie einen aktiven Stoffwechsel oder waren sie wechselwarm? Wie schwer war ein ausgewachsenes Tier? Welche Trophieebene besetzte der Tyrannosaurier, und gab es vielleicht einen Wechsel der Trophieebenen in verschiedenen Wachstumsphasen des Tieres? Wie viele Generationen von Tyrannosauriern existierten, und wie groß ist die absolute Anzahl von Skeletten, die bis heute im Fossilbericht auftauchten?

Dann wurden all diese Daten mit Angaben aus heutigen Ökosystemen verglichen, und das Gedankenspiel ist verblüffend. Dass die Kollegen aus Berkeley ausgerechnet *Tyrannosaurus* dafür gewählt haben, liegt daran, dass er der bestuntersuchte Dinosaurier ist und das Zeitintervall seiner Existenz kurz und die Anzahl der Individuen klein war, weil er an der Spitze der Nahrungskette stand. Er kam also, verglichen mit kleinen Fleisch- oder Pflanzenfressern, sehr selten vor. Aber was sagen die Zahlen?

Tyrannosaurus hat etwa 1,2 bis 3,6 Millionen Jahre auf der Erde gelebt, bevor der Asteroid einschlug. Der Mittelwert beträgt 2,4 Millionen Jahre. Die Dauer einer Generation berechnete das Team aus Berkeley anhand des Anteils der geschlechtsreifen Individuen, ihrer durchschnittlichen Nachkommenzahl, deren Überlebensrate und der maximalen

Lebenszeit. Sie kamen auf eine Zeitspanne von etwa neunzehn Jahren und fanden damit heraus, dass etwa 127 000 Generationen von Tyrannosauriern gelebt haben müssen.

Die Studie beziffert die Fläche, auf der die Tyrannosaurier gelebt haben, auf 2,3 Millionen Quadratkilometer. Das mittlere Körpergewicht eines geschlechtsreifen Tieres geben sie mit 5200 Kilogramm an. Das ist rund 27-mal so viel wie das Durchschnittsgewicht eines Löwen und etwa 20-mal so viel wie das eines Tigers.

Weil *Tyrannosaurus* so schwer war und einen ähnlich aktiven Stoffwechsel hatte wie moderne Säugetiere, war sein Energiebedarf um einiges höher, weshalb sehr viel weniger Individuen in einem Gebiet vorkamen, als wir es von heutigen Säugetierräubern kennen. Das hängt damit zusammen, dass die Vegetation nur eine bestimmte Anzahl von Pflanzenfressern ernähren kann und die Anzahl der Räuber von der Häufigkeit der verfügbaren Beutetiere abhängig ist. Da ein ausgewachsener *Tyrannosaurus* aber keine kleinen Tiere jagen kann, sondern auf große Pflanzenfresser angewiesen ist, schränkt das seine Häufigkeit ein.

Forscher schätzen, dass die Populationsdichte der Tyrannosaurier nur sechzehn Prozent von der von Tigern und nur sieben Prozent von der von Löwen betrug. Auf einer Safari am Ende der Kreidezeit hätte man also einen ausgewachsenen Tyrannosaurier viel seltener zu Gesicht bekommen als einen Tiger oder einen Löwen heute. Es wäre schwierig gewesen, einen guten Schnappschuss von ihm zu machen. Aber man wäre vermutlich viel mehr Babys und jugendlichen Tieren begegnet – und wenn wir eines aus den *Jurassic Park*-Filmen gelernt haben, dann dass man sowieso keinem Dinosaurier in freier Wildbahn über den Weg laufen möchte.

In absoluten Zahlen schätzen die amerikanischen Kollegen und Kolleginnen, dass die Populationsdichte von *T. rex* zwischen 0,00058 und 0,14 geschlechtsreifen Individuen pro Quadratkilometer lag. Mit einem Mittelwert von rund 0,0091 Individuen pro Quadratkilometer lebten damit gleichzeitig etwa 20 000 bis 21 000 ausgewachsene Tiere auf der Gesamtfläche. Multipliziert man diese Zahlen, dann ergibt sich, dass insgesamt etwa 2,66 Milliarden ausgewachsene Tyrannosaurier gelebt haben. Wenn man Schlüpflinge und Jungtiere mit einbezieht, waren es sicher zehnmal mehr.

Wer sich aber mit Statistik auskennt und diese Zahlen selbst nachrechnet, wird feststellen, dass die Fehlerquote sehr hoch ist. Wenn wir dem gleichen Rechenbeispiel folgen, für die Herrschaft der Tyrannosaurier aber den kleinsten Wert (1,2 Millionen Jahre) und für die Häufigkeit der Individuen pro Quadratkilometer nur einen Wert von 0,00058 annehmen, dann waren es nur rund 84 Millionen erwachsene Tiere über den gesamten Zeitraum ihrer Existenz. Gehen wir stattdessen von 3,6 Millionen Jahren aus und einer Häufigkeit der Individuen von 0,14 pro Quadratkilometer, dann waren es unglaubliche 61 Milliarden adulte Tyrannosaurier. Dabei sind das nicht die einzigen Variablen, die Fehlerbalken ergeben. Ändern wir beispielsweise die Flächengröße, die Dauer einer Generation, das durchschnittliche Alter der Geschlechtsreife, die Zahl der Nachkommen oder das Durchschnittsgewicht, können völlig neue Werte herauskommen.

Warum war Tyrannosaurus kein Aasfresser?

Alle Jahre wieder werden Stimmen laut, dass *Tyrannosaurus* möglicherweise ein Aasfresser gewesen sei. Ein häufig vorgebrachtes Argument in diesem Zusammenhang ist, dass seine winzigen Vorderarme für das Jagen von Beute nutzlos gewesen seien. Die Paläontologen Kenneth Carpenter und Matt Smith weisen diese Behauptung in einer detaillierten wissenschaftlichen Beschreibung der Vorderarme des *Tyrannosaurus* aber klar zurück. Seit immer mehr Hinweise auf den sehr aktiven Stoffwechsel, das schnelle Körperwachstum und die unglaubliche Beißkraft dieser Tiere gefunden wurden, sind die Stimmen leiser geworden, obwohl das Aasfresser-Argument immer noch gelegentlich auftaucht. Doch auch in diesem Fall kann die Mathematik helfen. Es ist nämlich absolut unmöglich, einen sechs Tonnen schweren Tyrannosaurier nur durch Aas zu ernähren, wie ein lieber Kollege von mir, der Paläontologe Chris Carbone, vor einigen Jahren eindrucksvoll gezeigt hat. Ich habe sein Rechenmodell 2010 bei einem Arbeitsgruppentreffen in Flensburg kennengelernt. Ein Jahr später wurde sein Artikel veröffentlicht.

Die Berechnungen sind nicht ganz einfach, da sie viel Recherche im Vorfeld voraussetzen. Zunächst muss man ungefähr abschätzen, wie viele Tyrannosaurier es in einem Ökosystem gab, wie viele Beutetiere und wie viel Aas darin vorkamen und wie lange dieses Aas für gewöhnlich als Nahrung zugänglich blieb. Dann muss man sich überlegen, wie groß das Areal war, in dem Beute und Jäger gemeinsam existierten. Wenn man diese Variablen kennt, sind die

Schlussfolgerungen eindeutig. Auch bei diesem Rechenmodell müssen wir Werte zugrunde legen, die sich auf Beobachtungen in der heutigen Natur stützen. Und auch hier suchen wir eine Annäherung an ein unlösbares Problem, indem wir analytisch vorgehen und die Aufgabenstellung numerisch lösen.

Das Abwägen der Vor- und Nachteile vom Aasfressen im Vergleich zum Jagen ist sehr wichtig, wenn wir die komplexen Zusammenhänge in einem Ökosystem verstehen wollen. Das trifft besonders auf die Wechselbeziehungen von Fleischfressern unterschiedlicher Trophieebenen zu. Als einer der größten landlebenden Fleischfresser, die es jemals gegeben hat, ist *Tyrannosaurus* ein besonders beliebtes Forschungsobjekt, und in den mehr als hundert Jahren seit seiner Entdeckung wird eifrig über seine Ernährungsweise diskutiert. War *Tyrannosaurus* ein aktives Raubtier oder ein obligater Aasfresser, also ein Tier, das zwingend auf Aas angewiesen war, um zu überleben?

Um eine Antwort auf diese Frage finden zu können, muss man zunächst verstehen, dass fast alle Raubtiere nicht nur aktiv jagen, sondern auch Aas fressen, wenn sich ihnen die Gelegenheit dazu bietet. Wer schlägt schon eine Mahlzeit aus, die ohne Mühe zu bekommen ist? Manchmal nehmen sogar Pflanzenfresser Aas zu sich, um wichtige Mineralstoffe zu erhalten, wenn die Pflanzennahrung in ihrem Habitat besonders nährstoffarm ist. Trotzdem verlassen sich die wenigsten Tiere auf Aas als Hauptbestandteil ihrer Nahrung, da das Auftreten von Kadavern nicht vorhersehbar ist und man keine Strategie finden kann, wie man in kurzen Abständen, regelmäßig und in ausreichender Menge Aas auftreibt. In allen heutigen Ökosystemen jagen die großen fleischfressenden Säugetiere hauptsächlich große Wirbeltiere, und so ist es mehr als wahrscheinlich, dass ein riesiger Fleischfresser wie *T. rex* ebenfalls gejagt hat, weil er bei seinem enormen Gewicht und dem damit einhergehenden Energiebedarf schlicht nicht in der Lage gewesen wäre, als obligater Aasfresser mit kleineren Räubern zu konkurrieren.

Um das anschaulich zu machen, müssen wir uns die Umweltbedingungen der späten Kreidezeit Nordamerikas und die Größenverteilung gleichzeitig vorkommender pflanzenfressender Dinosaurier anschauen sowie die Häufigkeit von konkurrierenden kleinen Fleischfressern. In der Fauna der späten Oberen Kreidezeit Nordamerikas finden wir überraschenderweise fast keine mittelgroßen Raubsaurier. Es gab dort entweder kleine flinke Räuber mit einer Körpermasse von weniger als 50 Kilogramm oder riesige Tyrannosaurier mit einem Gewicht von bis zu acht Tonnen. Bei den Pflanzenfressern war die Verteilung deutlich ausgeglichener. Dort gab es ebenfalls sehr große und schwere Vertreter wie zum Beispiel den Horndinosaurier, *Triceratops*, der bis zu zwölf Tonnen wog, oder den Entenschnabeldinosaurier *Edmontosaurus* mit einem Körpergewicht von bis zu neun Tonnen. Gleichzeitig aber auch deutlich kleinere Tiere. *Triceratops* und *Edmontosaurus* sind die häufigsten Dinosaurier, die man in der Hell-Creek- und in der Lance-Formation finden kann. Keulenschwanzdinosaurier wie der bekannte *Ankylosaurus* kommen dort deutlich seltener vor, sie konnten bis zu acht Tonnen wiegen. In der Hell-Creek- und in der Lance-Formation wurden die meisten Tyrannosaurier gefunden. Diese Gesteinsformationen liegen in Montana, Wyoming und South Dakota. Aber auch in New

Mexico und Utah hat man in den letzten Jahren Überreste dieser riesigen Tiere entdeckt. Dort lebten andere Pflanzenfresser – der größte unter ihnen und einer der letzten Langhalsdinosaurier Nordamerikas war *Alamosaurus*. Die Masseschätzungen dieser gigantischen Dinosaurier gehen sehr weit auseinander. In einer Veröffentlichung von 2020 wurden etwa 38 Tonnen genannt. Neben diesen Riesen gab es aber auch viele deutlich kleinere Pflanzenfresser, und die meisten Tiere dieser Zeit waren ohnehin Jungtiere. Sie kamen um einiges häufiger vor als die Erwachsenen, weil Dinosaurier sehr viele Eier legten und die Sterblichkeitsrate sehr hoch war. Deshalb nahmen meine Kollegen an, dass fast 50 Prozent der Pflanzenfresser nur zwischen 55 und 85 Kilogramm gewogen haben.

Wie bereits erwähnt, kamen auf einer gewaltigen Fläche von 2,3 Millionen Quadratkilometern nur etwa 21 000 Tyrannosaurier gleichzeitig vor. Auf der Grundlage der zu erwartenden Auffindehäufigkeit von Aas und der Tatsache, dass Kadaver schnell von kleineren Theropoden aufgespürt und verzehrt worden wären, noch bevor ein *Tyrannosaurus* einen solchen aufgefunden hätte, scheint eine primäre Ernährungsweise mit Aas sehr unwahrscheinlich zu sein. Größere Kadaver wären sehr selten und stark umkämpft gewesen, was sie zu einer unzuverlässigen Nahrungsquelle gemacht hätte. Meine Kollegen schätzten die potenzielle Kadaversuchrate kleinerer Theropoden auf das 14- bis 60-Fache der eines erwachsenen *T. rex*. Diese Ergebnisse legten nahe, dass *T. rex* nicht in der Lage war, als obligater Aasfresser zu überleben und mit kleinen Räubern zu konkurrieren. Er hat also hauptsächlich große Wirbeltierbeute gejagt, ähnlich wie viele große fleischfressende Säugetiere in modernen Ökosystemen. Aber welche Zahlen und Überlegungen fließen in dieses Rechenmodell ein?

Zunächst müssen wir abschätzen, wie viel Aas es überhaupt gegeben hat. Heutzutage erzeugt ein produktives modernes Ökosystem wie die Serengeti 4,38 Kilogramm Kadaver pro Quadratkilometer am Tag. Wenn wir davon ausgehen, dass Kadaver in den terrestrischen Ökosystemen des Mesozoikums ähnlich häufig vorkamen, wäre in der späten Kreidezeit in Nordamerika eine beträchtliche Anzahl von Dinosaurierkadavern vorhanden gewesen – genug, um einen einzelnen erwachsenen *T. rex* zu ernähren. Wenn wir die Verteilung unterschiedlich großer Kadaver im Hinblick auf die zu erwartende Angebotsrate abschätzen, wird jedoch schnell deutlich, dass das Auffinden dieser Kadaver sicher ein Problem dargestellt hätte.

Unter der vereinfachten Annahme, dass alle Größenklassen von Kadavern mit der gleichen Häufigkeit vorkommen wie die entsprechenden lebenden Tiere, können wir leicht eine zu erwartende Verteilung berechnen. Hierfür nehmen wir die Serengeti-Produktionsrate zu Hilfe und teilen diese Rate unter den Größenklassen der pflanzenfressenden Dinosaurier auf. Dann berechnen wir, wie viele Tiere in jeder Klasse vorkommen. Wenn jeder Kadaver sieben Tage bestehen würde, bevor er letztlich verzehrt wird, wären die meisten Kadaver tatsächlich sehr weit verstreut: Im Durchschnitt gäbe es im Umkreis von 17 Quadratkilometern nur einen einzigen 75 Kilogramm schweren Kadaver, auf einer Fläche von 160 Quadratkilometern nur einen einzigen 700 Kilogramm schweren Kadaver und in einem Umkreis von 1000 Quadratkilometern nur einen einzigen mit fünf Tonnen. Aas eines 25 Tonnen schweren Pflanzenfressers wäre im Durchschnitt nur einmal in einem Umkreis von 5000 Quadratkilometern vorgekommen. Damit ist klar, dass diese Kadaver für einzelne Aasfresser schwierig, wenn nicht sogar unmöglich aufzufinden gewesen wären, ohne dass sie sehr große Entfernungen zurücklegen hätten müssen. Ein Tier allein hätte niemals solche Strecken bewältigt und, was noch viel entscheidender ist, die viel häufigeren kleineren Räuber hätten den Kadaver in der Zwischenzeit längst entdeckt und verzehrt. Die Kollegen gehen bei ihren Berechnungen zwar von deutlich geringeren Populationszahlen bei *T. rex* aus – die Autoren rechnen mit nur etwa einem Drittel der vorher erwähnten 21 000 Tyrannosaurier (also mit etwa 6600 bis 7000 Tieren) im Gesamtgebiet –, aber selbst bei höheren Zahlen wären die Chancen, frisches Aas aufzuspüren, nahezu aussichtslos gewesen.

Ein Grund, warum ich über diesen inzwischen älteren Artikel spreche, ist, dass die Variablen unlängst wieder an Relevanz gewonnen haben im Zusammenhang mit der Frage, warum es keine mittelgroßen Jäger in den von *Tyrannosaurus* dominierten Ökosystemen gab. Diese aus heutiger Sicht unnatürliche Häufigkeitsverteilung von sehr großen und sehr kleinen Fleischfressern in einem Ökosystem, in dem mittelgroße Räuber vollständig fehlen, ist Paläontologen schon früh aufgefallen. Lange haben Wissenschaftler versucht, dieses Phänomen zu verstehen, doch sie hatten dafür keine gute Erklärung. Wir können diese Entwicklung nicht in Ökosystemen aus dem Jura erkennen. Im Gegenteil sind Fleischfresser in einigen der berühmtesten Fundorte für jurassische Dinosaurier, wie zum Beispiel der Morrison-Formation im Mittleren Westen der USA, die wir schon kennengelernt haben, und der Lourinhã-Formation in Portugal, auf alle Größengruppen verteilt, und leichte und schwere Tiere kommen ähnlich häufig vor. Das trifft auch noch auf einige Ökosysteme der Unteren Kreidezeit zu, wie die Wessex-Formation in England und die Sao-Khua-Formation in Thailand.

Besonders faszinierend ist in diesem Zusammenhang die Huincul-Formation aus der Oberen Kreidezeit Argentiniens. Dort sind neben riesigen Charcharodontosauriern, die wie *Tyrannosaurus* über fünf Tonnen wogen, auch mittlere Gewichtsklassen vertreten. Erst in der späten Kreidezeit, sobald Tyrannosaurier die dominierende Spezies wurden, gab es diese ganz klare Trennung zwischen kleinen Räubern und sehr großen Tyrannosauriern, und mittelgroße Räuber kamen nicht mehr vor. Darin mag vielleicht auch das Geheimnis liegen, warum sich die großen Dinosaurier nicht mehr von dem Impakt am Ende der Kreidezeit erholen konnten.

Unterschiedliche Beute für Vater und Sohn

Der Paläontologe Chris Carbone verglich in einem Artikel von 2011 unterschiedliche Ökosysteme der späten Oberen Kreidezeit von Nordamerika. In diesen Gebieten lebten verschiedene räuberische Dinosaurier. Bei seiner Untersuchung fällt sofort auf, dass es einerseits sehr kleine Räuber gab, beispielsweise die Dromeosaurier mit einem Körpergewicht von 16 Kilogramm bis hin zu den 63 Kilogramm schweren Oviraptoren, und dann ein gewaltiger Größensprung stattfand, sodass die nächstgrößeren Fleischfresser rund 1100 Kilogramm wogen.

Das war mehr als das siebzehnfache Körpergewicht der kleinen Tiere. Nach diesen Eintonnern gab es noch einmal einen gewaltigen Sprung, denn die ausgewachsenen Tyrannosaurier wogen im Durchschnitt mit rund 5350 Kilogramm fast fünfmal so viel. Eine solche Größenverteilung kennen wir in heutigen Ökosystemen nicht. Doch die Autoren des Artikels wussten nicht, dass der 1100 Kilo schwere Raubsaurier (es handelte sich dabei um »Nanotyrannus«) gar keine eigene Gattung, sondern lediglich ein jugendlicher, noch nicht ausgewachsener Tyrannosaurier war! Das bedeutet, dass der eigentliche Massesprung von 63 bis 5350 Kilogramm reicht – ein fast 85-facher Unterschied! Das macht diese ungleiche Verteilung umso verblüffender.

Man hat anfangs versucht, dieses Phänomen mit der Unvollständigkeit des Fossilberichts zu erklären, und lange angenommen, dass die mittelgroßen Raubsaurier einfach noch nicht gefunden worden waren. Das Argument war schon immer ein wenig fadenscheinig, aber zumindest plausibel, da Fleischfresser in den meisten Ökosystemen viel seltener vorkommen als Pflanzenfresser und deshalb sicher insgesamt weniger Räuber zu finden waren. Da wir viele der Tyrannosaurierfundstellen aber schon seit 150 Jahren kennen, ist klar, dass dies nicht der Grund für das Fehlen mittelgroßer Arten sein kann. Außerdem sehen wir das gleiche Muster in Dutzenden Fundstellen Nordamerikas und Asiens. Also worin besteht das Geheimnis?

Die Ursache für diese Entwicklung liegt in der völlig unterschiedlichen Biologie von Tyrannosauriern und modernen Säugetier-Raubtieren. Im Kruger-Nationalpark in Südafrika gibt es mehr als 15 verschiedene Raubtierarten. Dort leben unter anderem Löwen, Geparden, Tüpfel- und Schabrackenhyänen, Leoparden, Afrikanische Wildhunde und Wildkatzen, Schakale, Karakale und Servale, es gibt Zibetkatzen, Löffelhunde, Kapfüchse und Schwarzfußkatzen. Und ihre Körpermassen reichen von 150 bis 250 Kilogramm bei Löwen bis nur 1,3 bis 1,9 Kilogramm bei den Schwarzfußkatzen. Dazwischen sind alle Gewichtsklassen vertreten: Geparden und Leoparden wiegen zwischen 21 und 72 Kilogramm, Hyänen zwischen 38 und 64 Kilogramm, Karakal, Schakal und Serval zwischen 6,4 und 19 Kilogramm und die kleinen Katzen und Füchse zwischen 1,3 und 6,4 Kilogramm. Viele Gewichtsklassen werden dabei von mehreren Arten gemeinsam belegt.

In den Dinosaurier-Ökosystemen im Jura und bis zur frühen Unteren Kreidezeit sehen wir noch eine größere Artenvielfalt bei Raubsauriern über 50 Kilogramm. Dort waren also auch mittelgroße Raubsaurier vertreten und damit alle Gewichtsklassen belegt. Ab etwa 83 Millionen Jahre vor unserer Zeit änderte sich das in Ost- und Zentralasien und im westlichen Nordamerika (Laramidia). Dort nahmen Tyrannosaurier eine Monopolstellung ein, und mittelgroße erwachsene Raubsaurier zwischen 50 und 500 Kilogramm Köpergewicht waren nur noch sehr selten oder gar nicht mehr vorhanden, auch wenn sie vor dem Campanium in diesen Regionen noch vorgekommen waren. Obwohl die Raubsaurierdiversität abnahm, gab es keine Verarmung der Beutetiervielfalt. Die fehlenden Nahrungsnischen in den Theropodenvergesellschaftungen wurden von juvenilen und subadulten Tyrannosaurierarten eingenommen, die sich funktionell von ihren erwachsenen Eltern unterschieden.

Hierin liegt der fundamentale Unterschied zwischen den großen fleischfressenden Säugetieren von heute und *Tyran-*

nosaurus: Weil Säugetierjunge von ihrer Mutter gesäugt werden, nehmen sie indirekt die gleiche Nahrung wie die Mutter auf. Die Babys von Großkatzen sind relativ groß und wachsen schnell heran. Außerdem werden die Jungtiere durch das Rudel geschützt und müssen erst selbst jagen, wenn sie groß und stark genug dafür sind. Sie fressen also die gleiche Nahrung wie ihre Eltern, auch wenn sie noch zu klein sind, um diese Beute aus eigener Kraft zu erlegen. Ein Löwe belegt somit seit seiner Geburt immer dieselbe ökologische Nische und bewegt sich auch immer auf derselben Trophieebene.

Bei Tyrannosauriern war das anders. Weil Dinosaurier aus Eiern schlüpften und diese nicht beliebig groß werden konnten, waren die Schlüpflinge der Tyrannosaurier im Vergleich zu ihren Eltern winzig. Ein Tyrannosaurierei ist etwa 40 bis 45 Zentimeter groß und ein Schlüpfling etwa 70 bis 80 Zentimeter lang. Ein Baby-*T. rex* hat etwa so viel gewogen wie ein kleiner bis mittelgroßer Hund. Die Mutter dieser Babys war bis zu eintausend Mal so schwer. Wir wissen heute, dass Tyrannosaurier einen aktiven Stoffwechsel besaßen und sehr schnell gewachsen sind. Weil der Gewichtsunterschied eines Schlüpflings und eines erwachsenen Dinosauriers aber so groß war, hat es trotzdem fast 18 Jahre gedauert, bis ein *T. rex* geschlechtsreif wurde. Aufgrund dieser langen Zeitspanne müssen wir annehmen, dass Tyrannosaurier im Laufe ihres Lebens verschiedene Nahrungsnischen eingenommen haben, von denen einige davor sonst von mittelgroßen Theropoden besetzt waren.

Tyrannosaurus-Jungtiere haben diese Nischen in ihrer langen Wachstumsphase für sich beansprucht, weil sich ihre Körperproportionen stark verändert haben und sie für verschiedene Lebensabschnitte immer neue Jagdstrategien entwickeln und unterschiedliche Beute erlegen mussten. Das bedeutet auch, dass der neuartige Körperbau der Tyrannosaurier dem anderer mittelgroßer Räuber überlegen war, sie hätten diese Konkurrenten sonst nicht verdrängen können. Selbst ein jugendlicher *Tyrannosaurus*, der bei Weitem noch nicht die Beißkraft eines erwachsenen Tieres besaß – die Beißkraft der ausgewachsenen Tiere war etwa zehnmal so groß wie bei den Jugendlichen –, war trotzdem stärker und schneller als andere Jäger. Er sicherte damit den evolutiven Erfolg seiner Spezies und verdrängte allmählich alle anderen Jäger. Es gab zwar noch einzelne Raptoren, die zum Beispiel in der Hell-Creek-Formation vorkommen, diese waren aber extrem selten und spielen bei der Betrachtung der Faunenvergesellschaftungen insgesamt keine Rolle.

Einer davon war *Dakotaraptor*, der zwischen 100 und 500 Kilogramm wog. Er war etwa so groß wie die Raptoren aus den *Jurassic Park*-Filmen und sah auch so ähnlich aus. Im sechsten Teil der Filmreihe wird er sogar als eigenständige Gattung vorgestellt, die sich von den anderen Raptoren unterscheidet. In der Hell-Creek-Formation belegte dieser Raubsaurier vielleicht eine spezielle ökologische Nische, die nicht von den Jungtieren der Tyrannosaurier besetzt war, und sein Jagdverhalten im Rudel machte eine Koexistenz mit viel größeren Tyrannosauriern vermutlich möglich. Er hat vielleicht die Beute erlegt, die für jugendliche *T. rex* noch zu groß war.

Außer ihm gab es noch einige Troodontiden, die zwischen 50 und 100 Kilogramm wogen. Ob diese tatsächlich mit Tyrannosauriern um Ressourcen konkurrierten, ist fraglich, da sie höchstwahrscheinlich Allesfresser waren und einen Großteil ihres Nahrungsbedarfs nicht mit Fleisch gedeckt haben. Insgesamt ist ein Zusammenleben in einem Ökosystem nur stabil, wenn die Beuteselektion verschiedener Gattungen unterschiedlich ist. Wir sehen also bei den Raubsauriern am Ende der Kreidezeit eine Verarmung bei der Artenvielfalt, aber nicht bei der Anzahl der ökologischen Nischen.

Das hat nicht nur mit der extremen Größenzunahme der Spitzenräuber zu tun, sondern auch mit den starken Veränderungen ihres Körperbaus, die so extrem waren, dass man in Fachkreisen von einer »sekundären Metamorphose« der Tyrannosaurier spricht. Sie veränderten ihr Aussehen so sehr, dass die Jungtiere anders »funktionierten« als die Erwachsenen. Obwohl beide zur selben Art gehörten, belegten sie funktional andere Nischen. Das ist auch ein Grund dafür, dass Jungtiere von *Tyrannosaurus* anfangs gar nicht als solche erkannt, sondern als eigenständige Art beschrieben wurden. Aber nicht nur ihr ganzer Körperbau änderte sich, sondern auch alle Proportionen. Der zunächst eher lang gestreckte Schädel, der wie bei *Allosaurus* aussah, wurde in vertikaler Ausdehnung zunehmend höher, was mehr Platz für größere und dickere Kiefermuskeln bot und in der Entwicklung dafür sorgte, dass die Bisskraft immer mehr zunahm. Auch das Verhältnis der Armlänge zur Beinlänge veränderte sich; bei den Jungtieren waren die Arme noch relativ lang und hörten irgendwann auf zu wachsen, während alles andere weiterwuchs. Das bedeutet, dass ein Jungtier seine Arme möglicherweise benutzt hat, um Beute zu fangen, zu verletzen oder zu töten, weil seine Kiefer noch nicht stark genug dafür waren. Das Verblüffende ist, dass auch die Beine irgendwann langsamer wuchsen als der Körper oder der Schwanz des Tieres, weshalb die erwachsenen Dinosaurier bulliger und massiver wirken, während die Jungtiere schlanker und flinker aussehen. Jungtiere hatten also proportional längere Arme, ihre Oberarmknochenlänge entsprach etwa 40 Prozent der des Oberschenkelknochens, wohingegen es bei Erwachsenen nur noch 30 Prozent waren. Sobald ihre Kiefer aber stärker geworden waren, brauchten sie ihre Beute nicht mehr mit den Händen festzuhalten oder zu verletzen. So nimmt eine Art im Laufe ihres Lebens verschiedene Nahrungsnischen ein. Man nennt das »Nischenassimilation«, und wir können sie bei allen großen Dinosauriern beobachten.

Ähnliches erleben wir auch bei den Langhals- und den Entenschnabeldinosauriern. Die Edmontosaurier aus der Hell-Creek-Formation durchliefen während der Ontogenese eine eklatante Größenzunahme. Ihr Körperbau war in verschiedenen Phasen ihres Lebens funktionell unterschiedlich entwickelt. Sie bewohnten im Laufe ihres Wachstumszyklus die verschiedensten Habitate und nahmen so viele Nahrungsnischen ein wie vom kleinsten weidenden Paarhufer, der Zwergantilope, bis zum größten Pflanzenfresser, dem Afrikanischen Elefanten. Das entspricht der gesamten Bandbreite der Huf- und Rüsseltiere der Serengeti.

Zur Nischenassimilation bei Tyrannosauriden finden wir keine Analogie im heutigen Tierreich. Verglichen mit den karnivoren Säugetieren aus dem Kruger-Nationalpark wäre es so, als würde ein Tyrannosaurier im Laufe seines Lebens von einem kleinen Schabrackenschakal zu einem Tier heranwachsen, das fünfzigmal schwerer ist als ein ausgewachsener Löwe! Diese Nischenverschiebungen sind bei Tyrannosauriden geradezu schlagartig passiert. Übergänge von einer Phase zur nächsten gingen schnell vonstatten, und Transformationen im Skelett und im Körperbau waren tiefgreifend, wodurch sich auch die Art des Beuteerwerbs mit zunehmender Größe relativ abrupt veränderte.

Zusammengefasst gilt, dass große Theropoden, im Gegensatz zu fleischfressenden Säugetieren, im Laufe ihres Lebens mehrere Nischen besetzt haben. Dies führte zu einer taxonomischen Verarmung, aber nicht zur Verringerung der Nischenvielfalt, weil jugendliche Großräuber als eigenständige ökologische Morphospezies fungierten. Das erklärt das Fehlen mittelgroßer Raubtiere in der obersten Kreidezeit. Ihre Nischen wurden von den heranwachsenden Megaräubern gefüllt. Diese Lücke in der Größenverteilung können wir auf verschiedenen Kontinenten, in unterschiedlichen Lebensräumen und bei verschiedenen Arten beobachten, wenn der Spitzenräuber aus der Gruppe der Tyrannosauriden stammt. Das zeigt deutlich, dass dieses Phänomen nicht ein künstlicher Effekt ist, der durch Lücken im Fossilbericht oder eine Sammlungsverzerrung entsteht, sondern den Wettbewerb um Ressourcen in Lebensräumen widerspiegelt, in denen die meisten Nischen mit jugendlichen Tyrannosauriden gefüllt waren. Diese spezialisierte Struktur der Dinosaurier hängt mit ihrer extremen Größe zusammen und damit, dass sie eierlegend waren. Aus ihren relativ kleinen Eiern schlüpften kleine Junge, die sehr schnell wuchsen, wodurch es zu dieser ontogenetischen Nischenverschiebung kam. Die hohe Nachkommenzahl sorgte trotz der hohen Sterblichkeitsrate für eine große Jungtierpopulation, die morphologisch und funktionell Mesokarnivoren ersetzte. Jungtiere waren schnell und wendig und konnten ausdauernd rennen; ihre Eltern hatten dagegen eine viel höhere Bisskraft. Diese Nischentrennung war nötig, weil den großen Tyrannosauriern kleine Beute nicht ausgereicht hätte, um ihren Fleischbedarf zu decken. Dafür fehlte den jungen Tyrannosauriden die Kraft, um große Beutetiere wie erwachsene Entenschnabel- oder Horndinosaurier zu erlegen, von denen sich die ausgewachsenen Tyrannosauriden ernährten.

Ich bin der König und kein Piepmatz: Hatte T. rex Federn?

Als in China vor etwa zwanzig Jahren die ersten Raubsaurier mit Federn entdeckt wurden, war das eine Sensation. Mit der Zeit kamen immer mehr Funde zum Vorschein, die Hinweise auf ein Gefieder bei Theropoden zeigten und Spekulationen darüber auslösten, ob *T. rex* nicht ebenfalls befiedert war. Da wir inzwischen versteinertes Integument von Tyrannosauriern gefunden haben, können wir diese Frage beantworten.

> Als **Integument** wird in der Biologie die Gesamtheit der Hautschichten von Tieren und Menschen bezeichnet, einschließlich der in der Haut gebildeten Haare, Federn, Stacheln, Schuppen und Knochenplatten.

Versteinerte Überreste von *T. rex* und anderen Tyrannosauriden (*Albertosaurus*, *Daspletosaurus*, *Gorgosaurus* und *Tarbosaurus*) zeigen, dass große und schwere Tyrannosauriden keine Federn besaßen, sondern eine schuppige, reptilienartige Haut. Zumindest trifft das bei ausgewachsenen Tieren auf den Großteil ihres Körpers zu. Wir können nicht völlig ausschließen, dass diese Dinosaurier einzelne Zierfedern als Schmuck trugen. Es gibt aber andere *Tyrannosaurus*-Verwandte, die tatsächlich vollständig mit Federn bedeckt waren, so zum Beispiel *Yutyrannus* aus China. Sein Name ist eine Mischung aus Mandarin und latinisiertem Griechisch und bedeutet übersetzt »gefiederter Tyrann«.

Er ist der größte bisher bekannte gefiederte Raubsaurier. Drei fast komplett erhaltene Individuen dieses Tieres wurden bisher gefunden. Davon ist eines vollständig ausgewachsen, eines ein jugendliches Tier und das dritte ein Jungtier. Obwohl es der Name vermuten lässt, ist *Yutyrannus* kein direkter Verwandter von *T. rex*, sondern hat sich in einer Schwesterngruppe entwickelt. Die Fossilien von *Yutyrannus* sind rund 130 Millionen Jahre alt und zeigen, dass sich Gigantismus, also Riesenwuchs, innerhalb dieser Schwesterngruppen mindestens zweimal unabhängig voneinander (also konvergent) entwickelt hat.

Hier gibt es eine Superfamilie, die Tyrannosauroidea genannt wird. Ihr übergeordnet sind die Coelurosauria, die sogenannten Hohlschwanzechsen. Die Superfamilie Tyrannosauroidea schließt zwei Familien ein: die Proceratosauridae, zu denen der *Yutyrannus* gehört, und die Tyrannosauridae mit dem *Tyrannosaurus rex*. Letztere werden gemeinhin auch als Tyrannosauriden bezeichnet, und zu ihnen gehören alle anderen bekannten Tyrannosaurier, die bereits oben erwähnt wurden (*Tyrannosaurus, Albertosaurus, Daspletosaurus, Gorgosaurus* und *Tarbosaurus*). Die ausgewachsenen Tiere aus der Familie der Tyrannosauridae zeigen bisher keine Befiederung. Sie sind einheitlich an Hals, Bauch, Hüfte und Schwanz mit Hornschuppen bedeckt. Falls diese Tiere stellenweise Federn hatten, kamen diese höchstens auf der Rückenpartie vor. Wir gehen aktuell davon aus, dass bei den Tyrannosauriden in der späten Unteren Kreidezeit (dem Albium) vor etwa 110 bis 100 Millionen Jahren das üppige Federkleid verloren ging. Einige Forscher nahmen anfangs an, dass dieser Verlust mit dem milderen Paläoklima zu tun hatte, in dem die Tyrannosauriden lebten. Das gilt inzwischen aber als sehr unwahrscheinlich. Die geografische Ausbreitung der Tyrannosauriden war riesengroß, weshalb ihre Vertreter unter äußerst unterschiedlichen klimatischen Bedingungen lebten. Ein besonderes Beispiel hierfür ist *Nanuqsaurus*, auf Deutsch »Eisbärechse«, weil seine Überreste in der Prince-Creek-Formation im äußersten Norden Alaskas entdeckt wurden. In den Wintermonaten muss es dort sehr kalt gewesen sein, und doch gibt es bisher keinen Hinweis darauf, dass dieses Tier Federn besaß. Der Verlust des Federkleids hängt also offenbar nicht mit dem Paläoklima zusammen.

Yutyrannus war laut der Erstbeschreibung etwa neun Meter lang und 1400 Kilogramm schwer. Andere Autoren gehen davon aus, dass das ausgewachsene Tier nur etwa siebeneinhalb Meter groß war und 1100 Kilogramm wog. Das mag auf den ersten Blick keinen großen Unterschied machen, aber vielleicht ist es ja der Grund dafür, dass dieses Tier noch Federn besaß und die größeren Tyrannosauriden nicht mehr. *Albertosaurus*, *Gorgosaurus* und *Daspletosaurus* wogen jeweils etwa zweieinhalb Tonnen (manche Schätzungen gehen sogar von bis zu vier Tonnen für die schwersten Exemplare aus). Für *Tarbosaurus* wird sogar ein Gewicht von rund vier Tonnen angenommen, und *T. rex* wog im Durchschnitt vielleicht fünf bis sechs Tonnen, wobei die allergrößten Tiere möglicherweise mehr als neun Tonnen gewogen haben.

Wenn bestimmte Tiergruppen eine Entwicklung zum Gigantismus durchlaufen, verändert sich das Verhältnis von Körperoberfläche zu Körpermasse dramatisch. Das liegt daran, dass das Ausmaß der Oberfläche im Quadrat zunimmt, das Volumen aber in der dritten Potenz. Solche großen und schweren Tiere waren indirekt gigantotherm, das heißt, ihr Körper blieb unabhängig von der Außentemperatur gleichmäßig warm, weil das Abkühlen durch Wärmeaustausch viel zu lange gedauert hätte. Wäre nun zusätzlich noch eine dicke Isolationsschicht hinzugekommen, wie zum Beispiel ein dichtes Federkleid, hätte kaum noch Wärmeverlust durch Konduktion stattgefunden. Das hätte umgekehrt zur Folge gehabt, dass ein Tier mit großer Körpermasse schnell überhitzen konnte. Bei den Sauropoden wurde dieses Problem durch ein komplexes System von Luftsäcken gelöst, und Säugetiere haben Schweißdrüsen, um die Körpertemperatur zu regulieren. Bei den schweren Tyrannosauriden musste die Entwicklung zum Gigantismus im Laufe ihrer Evolution zwangsläufig zum Verlust des Gefieders führen, damit sie nicht überhitzten.

Yutyrannus, der vollständig befiedert war, hatte mit seinem Körpergewicht von etwa einer Tonne den Schwellenwert offenbar noch nicht überschritten, bei dem ein vollständiges Federkleid zur Überhitzung geführt hätte. Möglicherweise gab es noch andere Gründe dafür, dass *Yutyrannus* im Gegensatz zu *Tyrannosaurus* Federn besaß –

Yutyrannus lebte in einem dichter bewaldeten Habitat als *Tyrannosaurus* und brauchte daher vielleicht mehr Schutz und Wärmeisolation –, doch der entscheidende Faktor war die Gefahr der Überhitzung, der *Tyrannosaurus* stärker ausgesetzt war. Außerdem hatten die Tyrannosauriden längere Beine als ihre nahen Verwandten, was auf eine Lebensweise hindeutet, wie sie heute noch bei Laufvögeln zu beobachten ist. Sie legen weite Strecken im offenen Gelände zurück und können teilweise sehr schnell laufen. Dieses Verhalten ist äußerst energieaufwendig und mag bei lang anhaltenden Hetzjagden das Risiko einer Überhitzung verstärkt haben.

Weil die Tyrannosaurier aber von gefiederten Vorfahren abstammen und fast alle Hohlschwanzechsen (Coelurosauria) gefiedert sind, gehen wir inzwischen davon aus, dass die Hornschuppen von *T. rex* nicht mit den Schuppen von Krokodilen vergleichbar (also nicht homolog) sind, sondern dass sie sich sekundär aus Federn entwickelt haben. Hätte das irgendwer vor 30 Jahren behauptet, dann hätte man ihn schlicht für verrückt gehalten. Das Gleiche trifft auch auf die Schuppen an den Beinen mancher moderner Vögel zu: Sie sind ebenfalls aus Federn entstanden. Diese sekundäre Umwandlung der Beinfedern zu Schuppen ist im Falle der heutigen Vögel eine Anpassung an das Waten im Wasser – beispielsweise bei Störchen oder Reihern – oder an das Hocken und Balancieren auf dünnen Ästen.

Ausgewachsene Tyrannosaurier waren also schuppig. Aber wie sah es bei den Küken aus? Waren sie gefiedert oder hatten sie schon Schuppen? Dass ausgewachsene Tiere mit Hornschuppen bedeckt waren, schließt nicht zwingend aus, dass die Jungtiere noch Federn besaßen, diese im Laufe ihrer Körperentwicklung aber verloren gingen. Ein solcher Wechsel von Federn zu Hornschuppen ist im Tierreich allerdings beispiellos, und daher bleibt es spannend, bis wir die ersten Überreste eines Baby-*Tyrannosaurus* mit Integument finden! Es würde mich nicht wundern, wenn der Verlust der Federn mit einem dramatischen Wachstumsschub zusammenhinge, in einem Zeitraum, in dem die Jungtiere von einer ökologischen Nische in eine andere übergingen. Die kleinen Schlüpflinge mögen vom Schutz des dichten Waldes profitiert und dort ihre Beute gefunden haben, wofür sie Federn brauchten, während die jugendlichen Tyrannosaurier in offenem Gelände auf die Jagd gingen und deshalb kein Federkleid mehr benötigten. Dieses Szenario ist plausibel, da die jugendlichen Tyrannosaurier, relativ zu ihrem Körper, längere Beine hatten als die ausgewachsenen Tiere und schnelle Läufer waren.

Kurze Arme sind normal, lange merkwürdig

Viele Witze über *T. rex* spielen auf seine kurzen Arme an. Sie waren geradezu winzig im Vergleich zu seinen sonst so gewaltigen Proportionen. Von *T. rex* fand man zunächst nur einen Oberarm und keine Unterarm- oder Fingerknochen. Henry Fairfield Osborn hatte bei der ersten öffentlichen Ausstellung der Skelettrekonstruktion im Jahr 1915 dreifingrige Hände daran montiert, wie man sie von *Allosaurus* kannte. Er hätte es aber besser wissen müssen, denn der eng verwandte *Gorgosaurus* war damals bereits bekannt, und der hatte zwei Finger an jeder Hand. Und obwohl es später keinen Zweifel mehr daran gab, dass auch *T. rex* nur zwei Finger pro Hand hatte, lieferte erst ein Exemplar, das 1989 entdeckt wurde und heute in Montana ausgestellt ist, den eindeutigen Beweis dafür, denn bei diesem Fossil waren erstmals komplette Vorderarme erhalten geblieben. Heute ist klar, dass alle Tyrannosauriden zweifingrig waren.

Doch warum waren die Arme von *T. rex* im Vergleich zu seiner Körpergröße so kurz? Sie maßen gerade mal einen Meter, und manche meiner Kollegen bezeichnen sie als rudimentär. Wir sollten uns aber nicht darüber lustig machen – Muskelansatzstellen am Oberarmknochen zeigen nämlich, dass der Bizeps von *Tyrannosaurus* sehr stark ausgebildet war. Die Vorderarmknochen wiesen einen extrem dicken kortikalen Knochen auf, was zeigt, dass das Tier schweren Belastungen standhalten konnte. Der Bizeps eines erwachsenen *T. rex* war so stark, dass er 200 Kilogramm damit heben konnte. Andere Muskeln im Oberarm, wie beispielsweise der Brachialismuskel, verstärkten im Zusammenspiel mit dem Bizeps die Ellbogenbeugung.

T. rex hätte also beim Armdrücken nicht nur gegen jeden Menschen gewonnen – seine Muskelkraft hätte ausgereicht, um den ganzen Arm eines Menschen einfach herauszureißen. Während die menschlichen Oberarme am Kugelgelenk der Schulter um 360 Grad rotieren können, war die Bewegungsfreiheit bei Tyrannosauriern sehr stark eingeschränkt. Sie konnten ihre Arme an der Schulter nur um 40 Grad schwenken und am Ellbogen um 45 Grad. Biomechanische Analysen der massiven Armknochen, die extreme Muskelkraft und die eingeschränkte Bewegungsfreiheit lassen vermuten, dass sich die kurzen Arme so entwickelt haben, damit diese Dinosaurier ihre Beutetiere auch bei massiver Gegenwehr festhalten konnten. Die großen Muskelansatzstellen am Oberarm fielen Osborn bereits 1906 auf und er schlussfolgerte ebenfalls ganz richtig, dass diese Arme sehr stark gewesen sein müssen. Er ging davon aus, dass sie benutzt wurden, um einen Partner während der Paarung festzuhalten. In den 1970er-Jahren nahm man an, dass die Arme beim Aufstehen aus der Bauchlage wichtig waren, um zu verhindern, dass das Tier nach vorne wegrutschte, während es seine Hinterbeine durchdrückte.

Alle drei Überlegungen sind plausibel und müssen sich nicht gegenseitig ausschließen. Im Jahr 2021 argumentierte Professor Padian aus Berkeley allerdings, dass die Reduzierung der Arme bei Tyrannosauriden keine besondere Funktion hatte, sondern vielmehr eine sekundäre Anpassung darstellte. Seiner Meinung nach wurden die Arme kleiner, als die Schädel der Tiere größer und ihre Kiefer kräftiger wurden. Das diente der Vermeidung von Bisswunden und schweren Verletzungen, wenn beispielsweise ein Rudel Tyrannosaurier um dieselbe Beute stritt. Ob das aber haltbar ist, bleibt fraglich. Bei Albertosauriern sehen wir zwar ein solches Rudelverhalten, sie lebten zumindest teilweise mit gleichaltrigen Artgenossen zusammen, doch für *Tyrannosaurus* fehlt bisher ein Beweis für eine solche Lebensweise.

Die Idee, dass die Arme als Waffen bei der Jagd zum Einsatz kamen und die Krallen zum Aufschlitzen von Beute dienten, kommt mir jedoch mehr als fraglich vor. Dafür sind sie viel zu kurz und ihr Bewegungsradius ist, wie oben erwähnt, viel zu klein. Die Fingerkrallen hätten der Beute zwar lange und tiefe Schnitte zufügen können, aber *Tyrannosaurus* hätte mit ihnen wahrscheinlich nicht gezielt vitale und verwundbare Stellen angreifen können.

Wer aber glaubt, dass die Tyrannosaurier die kleinsten Vorderarme im Reich der Dinosaurier hatten, der irrt sich. Die Arme von *Carnotaurus* und *Abelisaurus* aus Argentinien oder die von *Majungasaurus* aus Madagaskar sind noch viel kürzer. Die drei Fleischfresser gehören zu einer Gruppe, die wir Abelisaurier nennen, und kommen überwiegend auf der Südhalbkugel vor.

Vermutlich erscheint uns das seltsam, weil wir außer den Vögeln heute keine anderen Dinosaurier mehr kennen. Die extrem kurzen Arme kommen uns sonderbar vor, auch wenn umgekehrt eigentlich der Bauplan der modernen Vögel das Besondere ist. Bei ihnen fand eine deutliche Abnahme der Körpergröße bei gleichzeitiger Zunahme der relativen Vorderarmgröße statt. Die Flügel sind für Dinosaurier ungewöhnlich lang. Die Evolution der Vögel hin zu einer kleinen Körpergröße und langen Armen ermöglichte vermutlich den aktiven Vogelflug.

Es gibt umgekehrt nämlich bei den Theropoden, die noch keine Vögel sind, einen evolutiven Trend der negativen Allometrie der Vorderarme, bei der größere Arten oft relativ kurze Vorderarme haben. Dieser Widerspruch lässt sich dadurch erklären, dass die Unterarmknochen, also Elle und Speiche, in der Körperentwicklung der Raubsaurier schon früh disproportional lang waren. Je länger also ein Jungtier gelebt hat, umso länger wurden seine Oberarm- und Oberschenkelknochen im Vergleich zu den Unterarmknochen, was mit einer erheblichen Veränderung der Armfunktion einherging. Weil Tyrannosaurier erst mit etwa achtzehn Jahren ausgewachsen waren, ihre Arme aber schon viel früher zu wachsen aufhörten, wirken die Arme erwachsener Tiere sehr kurz. Bei *T. rex*-Teenagern fiel das noch nicht auf, weil ein drei- oder vierjähriger *T. rex* schon genauso lange Arme hatte wie seine Eltern und sie danach schlicht nicht mehr weiterwuchsen. Ein großer Abelisaurier oder *T. rex* tötete seine Beute mit dem Maul und brauchte keine kräftigen Arme. Folglich bestimmte der Übergang von einer Nahrungsnische zur nächsten auch die Armentwicklung. Umgekehrt brauchten kleine Theropoden die Arme, um Beute zu fangen, und – im Falle der Vögel – auch, um fliegen zu können.

Die negative Allometrie der Arme ist demnach ein Signal für evolutionäre Entwicklungen, die sich auch in ontogenetischen Trends widerspiegeln. Bei modernen Vögeln hängt das Wachstum der Arme mit Bewegungs- und Verhaltensänderungen im Zuge der Ontogenese zusammen – also mit dem Vogelflug. Die proportional längeren Arme von Vögeln sind ein jugendliches Merkmal, das erwachsene Vögel beibehalten. Das gleiche Phänomen haben wir auch bei der Verzwergung von *Europasaurus* gesehen, was die Annahme stützt, dass die Entwicklung der modernen Vögel von Pädomorphose gesteuert wurde. Eine Pädomorphose kann durch eine Beschleunigung der Geschlechtsreife im Verhältnis zum Rest der Entwicklung oder durch eine Verzögerung der körperlichen Entwicklung relativ zur Fortpflanzungsfähigkeit erreicht werden. Deshalb sehen Vögel also im Grunde wie Babydinosaurier aus.

Junge oder Mädchen: War Sue weiblich?

Der *T. rex* im Field Museum heißt Sue - aber ist das Tier weiblich? Das ist schwer zu sagen. Eindeutige Geschlechtsmerkmale bei Dinosauriern gehen normalerweise während der Versteinerung verloren. Aber ein bestimmtes Knochengewebe kommt nur bei weiblichen Vögeln vor und auch bei allen anderen weiblichen Dinosauriern - das sogenannte medulläre Knochengewebe. Es ist ein spezielles, abgeleitetes Gewebe, das die innere Markhöhle der Weibchen kurz vor der Eiablage auskleidet. Medulläre Knochen bei ausgestorbenen Dinosauriern legen ähnliche Fortpflanzungsstrategien nahe und dienen als objektive Methode für ihre Geschlechtsdifferenzierung. Die Sache hat allerdings einen Haken: Sie funktioniert nur bei Weibchen, die geschlechtsreif waren und sich zum Zeitpunkt ihres Todes kurz vor der Eiablage befanden. Der medulläre Knochen diente nämlich als Kalkreservoir, das die Weibchen für die Eierschalenbildung benötigten.

Bei Sue finden wir dieses Knochengewebe nicht, was nicht heißt, dass sie auf jeden Fall ein Männchen war. Es kann auch bedeuten, dass sie kurz vor ihrem Tod einfach keine Eier gelegt hat. Medulläres Knochengewebe ist aber von zwei anderen Tyrannosauriern bekannt. Eines dieser Tiere ist im Museum of the Rockies in Bozeman in Montana ausgestellt. Es trägt den Spitznamen *B. rex* und war zum Zeitpunkt seines Todes etwa achtzehn Jahre alt und schon drei Tonnen schwer. *B. rex* ist nur zu weniger als 40 Prozent erhalten, sein Schädel jedoch nahezu vollständig. Die medullären Knochen stammen aus der Markhöhle seines

Oberschenkelknochens, wo noch weitere spektakuläre Entdeckungen gemacht wurden.

Im Gegensatz zur landläufigen Annahme zeigte sich nämlich bei diesem Tyrannosaurier, dass fossile Knochen manchmal auch ursprüngliche Zellen, Blutgefäße und strukturelles Gewebe enthalten können, das noch aus seinen ursprünglichen Proteinen besteht. Das lag in diesem Fall an der außergewöhnlichen Ablagerung und Erhaltung des Tieres nach seinem Tod. Der Kadaver von *B. rex* ist in einem brackischen Mündungskanal zerfallen und wurde in einem sauerstoffreichen Milieu unter Sand begraben, wobei er sich schnell verfestigte. Dadurch kam es zu keinen weiteren chemischen Zerfallsprozessen. Hierzu wird man in den kommenden Jahren bestimmt noch viele Untersuchungen vornehmen.

Das andere Weibchen ist im Burpee Museum of Natural History in Rockford, Illinois, untergebracht. Es war zum Zeitpunkt des Todes etwa fünfzehn Jahre alt und damit noch ein Teenager. Fossilien von jugendlichen Tyrannosauriern sind extrem selten, aber das Burpee Museum hat gleich zwei davon, die beide in derselben Region in Montana gefunden wurden. Das vollständigere Exemplar der beiden Teenager, das den Spitznamen Jane trägt, war etwas kleiner und mit ungefähr dreizehn Jahren auch noch etwas jünger. Von Jane wissen wir allerdings nicht, ob sie ein Weibchen und überhaupt schon geschlechtsreif war. Paradoxerweise wurde in dem größeren Tier, das den männlichen Spitznamen Petey trägt, medullärer Knochen nachgewiesen. Jane ist übrigens jenes Exemplar, von dem angenommen wurde, dass es sich um die neue Art »Nanotyrannus lancensis« handelte. Seit sich aber herausstellte, dass sie tatsächlich nur ein junger *T. rex* ist, heißt das Tier wieder *Tyrannosaurus*.

Der König, die Königin und der Kaiser

Bei all der Verwirrung um das Geschlecht und die dramatischen Änderungen im Körperbau ist es nicht verwunderlich, dass manche meiner Kollegen glaubten, dass es mehrere verschiedene Arten von *Tyrannosaurus* gegeben haben könnte. Die Art *Tyrannosaurus rex* ist weithin bekannt, aber die Forscher beobachteten schon lange, dass manche Tiere robuster gebaut waren und manche breitere Becken hatten als andere. Das deuteten einige Paläontologen als geschlechtsspezifische Merkmale. Sie argumentierten, dass das schmale Becken ein Indiz für männliche Tiere sei und das breitere auf Weibchen hindeute, weil ein breites Becken sicherlich bei der Eiablage von Vorteil gewesen sei. Andere sahen in der hohen Variabilität ein Zeichen dafür, dass es mehrere Arten gegeben haben muss.

Diese Hypothese scheint mir nicht völlig abwegig zu sein, schließlich hat *Tyrannosaurus*, wie wir bereits gelernt haben, etwa 1,2 bis 3,6 Millionen Jahre lang auf der Erde gelebt. Dieser Zeitraum reicht für eine Aufspaltung in mehrere Arten. In einem Artikel von 2022 wird ausgeführt, dass es ursprünglich eine Art von *Tyrannosaurus* gegeben habe, aus der später zwei neue Arten entstanden seien. Die Autoren bemerkten, dass viele Fußspuren und Skelette von *T. rex* eine erhebliche Variabilität zeigten, die bisher stratigrafisch nicht genau untersucht worden sei. Das bedeute, dass noch nicht bekannt sei, ob die Unterschiede nicht vielleicht mit einem unterschiedlichen zeitlichen Auftreten der jeweiligen Funde zusammenhingen.

In Untersuchungen an über drei Dutzend Exemplaren

von *T. rex* fanden die Autoren Hinweise auf eine bemerkenswerte überproportionale Variation bei Tyrannosauriern, die ihrer Ansicht nach nicht allein durch verschiedene Wachstumsphasen oder Sexualdimorphismus zu erklären sei, sondern dadurch, dass verschiedene Formen zeitlich nacheinander auftraten und in unterschiedlichen Gesteinsschichten verschiedenen Alters zu finden waren. Als wichtigste Argumente für ihre Theorie führten sie die Robustheit des Skeletts und die unterschiedliche Anzahl kleiner schneidezahnähnlicher Zähne im Unterkiefer an. Am Anfang der Tyrannosaurierentwicklung gab es demnach eine kräftige Art mit zwei kleinen Zähnen vorne und größeren Zähnen weiter hinten im Unterkiefer. Die Robustheit der Tiere wurde durch den Umfang ihrer Oberschenkelknochen definiert. Die ursprüngliche Form von *T. rex* soll sich später in zwei neue Arten aufgespaltet haben, die nur einen einzigen kleinen Zahn vor den größeren Unterkieferzähnen besaßen. Eine dieser neuen Arten hatte nach wie vor dicke Oberschenkelknochen und die andere dünnere. Die neuen Arten haben die ursprüngliche dann ersetzt.

Wenn sich eine neue Art aus einer alten entwickelt, spricht man von **Anagenese**. Da sich hier eine ursprüngliche Art in zwei neue, gleichzeitig vorkommende Schwesternarten aufgespaltet hat, fand eine sogenannte Kladogenese statt. So etwas kann passieren, wenn zwei Bevölkerungsgruppen räumlich voneinander getrennt sind und sich dann unterschiedlich an ihre jeweiligen Lebensräume anpassen.

Das erste je gefundene Skelett eines *T. rex* war nicht gleichzeitig das geologisch älteste. Es war eine infolge der Anagenese weiter entwickelte Form, und zwar eine robuste, die aber nur einen kleinen Zahn im vorderen Unterkiefer trug. Weil das zuerst gefundene Exemplar jedoch nach den Regeln der Nomenklatur seinen ursprünglichen Namen behalten muss, gaben die Autoren dieser Art den Namen *Tyrannosaurus rex*. Für die älteste robuste Form mit zwei kleinen Zähnen an der Unterkieferspitze vergaben sie später den Namen *Tyrannosaurus imperator,* während sie die grazilere neue Art in *Tyrannosaurus regina* umbenannten. Diese Namen gefallen mir alle sehr gut. *Tyrannosaurus rex* bedeutet, wie wir uns erinnern, »König der Tyrannenechsen«, *Tyrannosaurus imperator* »Kaiser der Tyrannenechsen« und *Tyrannosaurus regina* »Königin der Tyrannenechsen«. Nach dieser neuen Namensgebung wäre Sue ein *Tyrannosaurus imperator,* und einen *Tyrannosaurus regina* könnte man im Nationalmuseum für Naturkunde in Washington D. C. sehen.

Ob sich diese Namen allerdings langfristig durchsetzen, ist ungewiss. Ich fand die Unterscheidung dieser drei Arten anhand von lediglich zwei Merkmalen sehr fragwürdig, und kurz nach der Veröffentlichung des besagten Artikels teilten viele erfahrene Kollegen und Kolleginnen meine Bedenken. Es gibt Zweifel an der Stimmigkeit einiger Argumente. Wenn man eine solche Unterscheidung verschiedener Arten postuliert, sollte man diese auch klar beweisen. Dabei ist die Annahme einer Artenabfolge über einen Zeitraum von 2,4 Millionen Jahren durchaus plausibel. Bei *Triceratops* folgte der Art *Triceratops horridus* im selben Zeitraum die Art *Triceratops prorsus*. Andererseits gibt es sehr viele Skelette von *Tyrannosaurus*, die Hunderte Skelettmerkmale besitzen, anhand derer seine Art beschrieben werden kann. Aufgrund von nur zwei Merkmalen gleich drei Arten ableiten zu wollen, kommt mir wenig überzeugend vor. Aber den Autoren ist es nicht gelungen, unter den vielen Merkmalen noch weitere zu finden, die ihre Hypothese stützen. Tatsächlich variiert der Oberschenkelumfang bei den Tyrannosauriern sehr stark, und andere Autoren haben gezeigt, dass es nicht zwei Größenkluster mit dicken Knochen auf der einen und dünnen Knochen auf der anderen Seite gibt, sondern dass es sich um eine ganze Bandbreite unterschiedlich dicker Knochen handelt, wobei auch einige vorkommen, die irgendwo in der Mitte liegen.

Die Zahnvariation ist ein haltloses Argument. Bei Säugetieren hätte dieses Merkmal vielleicht Bestand, da hier meist eine ganz strenge Zahnformel existiert, nach der alle Tiere einer Art immer dieselbe Anzahl von Zähnen besitzen. So haben Menschen beispielsweise -sofern sie immer schön die Zähne putzen - pro Quadranten zwei Schneidezähne, einen Eckzahn, zwei Backenzähne (Prämolare) und anfangs noch zwei Mahlzähne (Molare). Wenn sie älter werden, kommt dann ein weiterer Mahlzahn hinzu, den wir als Weisheitszahn bezeichnen. Reptilien haben dagegen sehr variable Zahnformeln, die viel mehr Plastizität erlauben. Da können bei zwei Tieren derselben Art ein paar Zähne mehr oder weniger im Kiefer sitzen. Unterschiedliche Reptilienarten auf unterschiedliche Zahnformeln zu stützen, erscheint mir daher wenig verlässlich. Dass die Unterscheidungsmerkmale außerdem unzureichend sind, wird am Beispiel des New Yorker *Tyrannosaurus* deutlich, der zu den vollständigsten Exemplaren weltweit zählt. Bei diesem Tier sind der Schädel, die Rippen, das Becken und die ganze Wirbelsäule bis zur Schwanzspitze nahezu komplett erhalten. Ihm fehlen nur die Oberschenkel. Folglich wäre es unmöglich, dieses Tier einer *Tyrannosaurus*-Art zuzuordnen, da wir den Umfang der Oberschenkelknochen nicht kennen. Es ist nicht verwunderlich, dass einige Kollegen und eine Kollegin den entsprechenden Artikel schon ein halbes Jahr nach seinem Erscheinen widerlegten. Vielleicht werden wir irgendwann tatsächlich in der Lage sein, Unterschiede festzustellen, die es notwendig machen, die Gattung *Tyrannosaurus* in mehrere Arten zu unterteilen. Aber bisher ist das nicht nötig, und so bleibt uns der Name unseres liebsten Dinosauriers vorerst erhalten: *Tyrannosaurus rex*!

Kapitel 11
Bewegung im Stein: Was uns Fußspuren verraten

Die deutsche Dinosaurierautobahn

Vieles, was wir über die Dinosaurier wissen, haben wir durch die genaue Untersuchung ihrer Knochen gelernt. Die Größe der Knochen lässt auf die Gesamtgröße der Tiere schließen, und der Umfang der Arm- und Beinknochen gibt uns eine ungefähre Vorstellung davon, wie schwer Dinosaurier waren. Fortsätze und Muskelansatzstellen an den Knochen verraten uns, wie kräftig die Muskeln waren und wo sie im Körper verlaufen sind. Die interne Knochenstruktur zeigt uns, ob die Tiere einen aktiven Stoffwechsel hatten, wie schnell sie gewachsen sind und wann sie geschlechtsreif waren. Knochenzellen erlauben Rückschlüsse auf die Genomgröße, medullärer Knochen auf das Geschlecht. Durch die Federn der Enantiornithinen im Bernstein, durch die Hautknochen der Panzerechse *Borealopelta* aus den Ölsanden Kanadas und die Schuppen der Dinosauriermumien und Tyrannosaurier bekommen wir ein genaues Bild vom Aussehen und der Biologie der Dinosaurier. Als kleiner Junge hätte ich mir nie träumen lassen, dass wir einmal herausfinden würden, welche Farbe die Dinosauriereier hatten und wie die Kloake oder die Lungen dieser Tiere aussahen. Unser Bild der Urzeitechsen wird immer deutlicher, und es zeigt uns dynamische, agile und intelligente Tiere. Heute wissen wir, dass manche Dinosaurier Brutpflege betrieben und fürsorgliche Eltern waren. Die Dinosaurier meiner Kindheit waren plump, schwerfällig und allesamt grau. Heute sehen wir sie auf Apple TV in den schillerndsten Regenbogenfarben und in komplexen Nahrungsnetzen. Aber auch wenn ihre versteinerten Knochen, Schuppen und Federn einiges über das Leben der Dinosaurier verraten, sagen sie doch wenig über den Alltag dieser Tiere aus. Sie können keine Momentaufnahme im Leben der Dinosaurier festhalten.

Das können nur die sogenannten Spurenfossilien. Sie sind wie ein Schnappschuss, der über Jahrmillionen eingefroren ist. Im Gegensatz zu Knochen, die oft transportiert werden, bleiben Spurenfossilien genau dort erhalten, wo sie produziert wurden. Wissenschaftler nennen solche Fossilien, die an Ort und Stelle bleiben, »autochthon«. Andere Beispiele für autochthone Fossilien sind versteinerte Riffe. Finden wir Dinosaurierfährten, so wissen wir, dass zu einem bestimmten Zeitpunkt in der Erdvergangenheit ein lebendiges Tier an dieser Stelle gelaufen ist. Wir erkennen, ob sich das Tier schnell oder langsam bewegt hat, schwer oder leichtfüßig war, ob der Boden sandig oder schlammig war und ob das Tier allein oder als Teil einer Herde gelaufen ist. Da Sauropodenfährten autochthon sind, liefern sie eindeutige Informationen über den tatsächlichen Lebensraum des Fährtenverursachers. Die riesigen Spuren gigantischer Sauropoden kommen in Sedimenten der späten Trias bis zur Kreidezeit auf der ganzen Welt vor. Im Fossilienbericht sind sie die zweithäufigsten Belege für die langhalsigen Riesen. Fährten sind wichtig, weil sie anatomische Details und Fortbewegungsmuster des Fährtenverursachers verraten, die sonst nur schwer herauszufinden sind.

Einige der bekanntesten Fährten befinden sich in Wattablagerungen des Paluxy Rivers in der Nähe von Glen Rose im Dinosaur Valley State Park in Texas. Weitere Dinosaurierspuren wurden in den frühen 1980er-Jahren auf einer Höhe von 1500 Metern im östlichen Turkmenistan im Kugitangtau-Gebirge entdeckt, das auch »Dinosaurierplateau« genannt wird. Sie zählen zu den längsten zusammenhängenden Fährten, die jemals gefunden wurden. Neue Methoden bei der Untersuchung der Fährten helfen uns dabei, die Biologie der Dinosaurier besser zu verstehen.

Prinzipien der Bodenmechanik inspirierten ein Feldexperiment mit einem Afrikanischen Elefanten, dessen Fußabdrücke benutzt wurden, um das Gewicht des Tieres abzuleiten. Die Geometrie, die Tiefe und der Durchmesser des Fußabdrucks wurden in Kombination mit bodenmechanischen Analysen für die Berechnung herangezogen, um die Masse möglichst zuverlässig zu bestimmen. In der Folge wollte man die Methode dann auch für Dinosaurier anwenden. Das Experiment wurde im Wuppertaler Zoo mit einem Elefantenweibchen durchgeführt. Der Elefant wurde gewogen und die Wegstrecke so präpariert, dass Verformungen im Sand genau gemessen werden konnten. Die Geometrie des Fußabdrucks wurde durch Laserscanning ermittelt und die Geschwindigkeit mit der sogenannten digitalen Bildkorrelation bestimmt. Die Eigenschaften des Bodens wurden vorab durch Experimente im Labor bestimmt. Für die Rückberechnung des Elefantengewichts wandte man schließlich die sogenannte Finite-Elemente-Methode an. Die Studie zeigte, dass sich die Fußabdruckgeometrie zusammen mit theoretischen Überlegungen zur Untergrundbelastung gut für eine Vorhersage des Gewichts des Fährtenverursachers eignet. Weil man mit dieser Methode auf bestimmten Untergründen zuverlässig den ausgeübten Auflastdruck messen und das Gewicht eines Tieres mit einer Fehlerquote von nur etwa 15 Prozent berechnen kann, wird sie künftig sicher eine große Rolle bei Masseberechnungen von Dinosauriern spielen.

Doch das Verfahren ist aufwendig, da mehrere Abdruck- und Untergrundeigenschaften berücksichtigt werden müssen, bevor belastbare Ergebnisse für Fossilien erzielt werden können. Außerdem müssen die Forscher geologische Prozesse mit einberechnen, die die ursprüngliche Form des Untergrunds verändert haben könnten. Die Methode funktioniert nur in Sandstein zuverlässig, weil Sand bei seiner Umwandlung zu Sandstein nicht weiter komprimiert wird, wohingegen beim Tonstein die Messgenauigkeit beeinträchtigt ist. Eine Korngrößenanalyse und eine detaillierte sedimentologische Untersuchung sind deshalb vorab wichtig.

Ein idealer Ort, um diese Methode zu testen, war die Saurierfährtenplatte von Münchehagen, ein Naturdenkmal in einem ehemaligen Steinbruch, wo auf einer 15 000 Quadratmeter großen Fläche Hunderte von Sauropoden- und Theropodenspuren zu finden sind.

Die Dinosaurier haben dort vor etwa 140 Millionen Jahren am Anfang der Unteren Kreidezeit im weichen Untergrund eines Flussmündungsdeltas ihre Trittsiegel hinterlassen. Im angrenzenden Steinbruch lassen sich diese Spuren weiterverfolgen.

Die Dinosaurierfährten von Lommiswil am Weissenstein

Tektonische Bewegungen der Erdkruste können dafür sorgen, dass Spuren von Dinosauriern heutzutage manchmal auch vertikal abgelagert sind, wie es in der Schweiz, auf halber Strecke zwischen Basel und Bern, in der Nähe von Lommiswil am Weissenstein zu beobachten ist. Die Exkursion nach Frick, bei der ich die Plateosaurier gesehen habe, führte mich auch zu der Fährtenplatte von Lommiswil. Die Spuren dort wurden erst vor etwa 30 Jahren entdeckt, obwohl die nahezu senkrechte Gesteinswand bereits 80 Jahre lang freilag. Man hatte die Sauropodenfährten, um die es sich hier handelt, einfach nicht in marinen Ablagerungen erwartet.

Die Spuren stammen aus dem Kimmeridgium, was dem Weißen Jura entspricht, und werden auf 157,3 bis 152,1 Millionen Jahre vor unserer Zeit datiert. Sie sind also nur wenig älter als die Fährten von Münchehagen. Im Oberen Jura führten Meeresspiegelschwankungen an dieser Stelle offenbar zu einer zeitweiligen Verlandung, wodurch die Dinosaurier das sonst mit Wasser bedeckte Gebiet problemlos betreten konnten. Die teilweise erkennbaren Trockenrisse weisen ohne Zweifel auf eine Phase der Austrocknung des Gewässers hin. Sie entstehen, wenn sich der Schlamm infolge des Wasserverlusts nach und nach zusammenzieht.

Damals liefen die Echsenfußdinosaurier durch Kalkschlammebenen, die in Gezeitentümpeln abgelagert wurden und die heute als Solothurner Schildkrötenkalke bekannt sind. Von dort sind nämlich auch Meeresschildkrötenfunde bekannt. Die Spuren der Hinterfüße dieser Dinosaurier weisen einen Durchmesser von einem Meter auf, die der Vorderfüße sind etwas kleiner, eher hufeisenförmig und weniger deutlich zu erkennen. Die Vorderbeine sind also nicht so tief in den Schlamm eingesunken, da die Hauptlast des Tierkörpers auf den Hinterbeinen ruhte. Diese Tiere waren Zehengänger und ihre Zehen lagen in einer Art Fußkissen eingebettet, das den Fußkissen heutiger Elefanten ähnelte. Die Spuren der Hinterfüße der Sauropoden haben eine rundliche bis ovale Form und es sind keine Krallen zu erkennen. Wir können daher annehmen, dass es sich bei den Fährtenverursachern wahrscheinlich nicht um *Diplodocus*-Verwandte gehandelt hat, da für diese Gruppe drei Krallen an den Hinterfüßen charakteristisch sind. Je nachdem wie weich der Matsch war, auf dem die Sauropoden gelaufen sind, könnte dieses Detail auch einfach nicht erhalten geblieben sein, auch wenn das Tier vielleicht doch Krallen besaß. Ein besseres Indiz ist die Spurbreite der Fährten.

Obwohl *Diplodocus* zu den längsten Langhalsdinosauriern zählt, war er recht zart gebaut. Er hatte ein schmales Becken und war eher ein Windhund unter den Sauropoden als eine Bulldogge. Aufgrund der schmalen Hüften standen die Beine mittig unter dem Körper, und das Tier setzte zu Lebzeiten einen Fuß genau vor den anderen. Würde man eine Linie ziehen, die zwischen seinen linken und rechten Fußabdrücken verliefe, so würde sie beide Abdrücke schneiden. Spätere Langhalssaurier wie die Titanosaurier hatten dagegen so massige Köper, dass sie breitbeinig liefen. Die Spuren in Lommiswil zeigen einen solchen Breitspurgang.

> Im Englischen bezeichnet man breitspurige Fährten als **wide-gauge trackways** und schmalspurige Fährten als **narrow-gauge trackways**. Das sind Begriffe, die sich von der Eisenbahn herleiten, wo es schmalspurige und breitspurige Schienen gibt.

Im Oberen Jura lebten noch keine Titanosaurier, aber auch die Brachiosaurier liefen bereits breitbeinig. Ihre Spuren auf der Fährtenplatte wurden nicht von einer Herde verursacht, sondern von Individuen, die kreuz und quer umherliefen. Deshalb lässt sich auch keine klare Laufrichtung erkennen. Die Tiere bewegten sich dabei sehr langsam und waren vermutlich auf Nahrungssuche. Berechnungen ergaben eine Laufgeschwindigkeit von nur drei bis fünf Kilometern pro Stunde. Sporenfunde belegen, dass diesen Tieren verschiedene Nadelbäume und Farnarten als Nahrung zur Verfügung standen. Nadelbäume waren gut an das vorherrschende aride Klima, aber auch an brackische Verhältnisse angepasst. Zudem könnten sich die Sauropoden von Bäumen mit wasserspeichernden Blättern und Kräutern, die im Watt wuchsen, ernährt haben. Die Fährten heben sich meist durch ihre hellere Färbung vom restlichen Gestein ab, weil die Trittflächen mit karbonatischen Plomben ausgefüllt sind, die anschließend bedeckt wurden. Da die Steilwand Wind und Wetter ausgesetzt ist, verblassen die Spuren allerdings zunehmend und werden in Zukunft immer weniger deutlich zu erkennen sein.

Die Fährtenplatte von Cal Orcko in Bolivien

Einige der beeindruckendsten Dinosaurierspuren befinden sich in der Nähe der Stadt Sucre in Bolivien. An dem Berg Cal Orcko, einer paläontologischen Fundstätte, gibt es eine Steilwand mit Tausenden Fußspuren. Sie ist etwa 80 Meter hoch, 1200 Meter breit und hat eine Neigung von 73 Grad. Die Spuren stammen von Hunderten verschiedenen Schildkröten, Krokodilen, kleinen Eidechsen, aber auch von Sauropoden, Theropoden und Ankylosauriern aus der Oberkreidezeit. Die Wand in Zentralbolivien ist seit 1968 bekannt, und neuere Arbeiten zeigen, dass auch anderswo in Bolivien Spurenstellen existieren, die in mehreren Schichten vom Campanium bis zum späten Maastrichtium vorkommen (vor 83,6 bis 66 Millionen Jahren). Sie gehören alle zu einem Megafährtenkomplex, der sich vom südlichen Peru über die zentralen bolivianischen Anden bis in die Provinz Salta im Norden Argentiniens erstreckt. Es handelt sich hierbei wohl um die größte Ansammlung von Dinosaurierfußspuren weltweit. Die Hauptfährtenfläche ist etwa 25 000 Quadratmeter groß und wurde im Jahr 1998 mit schwerer Kletterausrüstung kartiert. Die fährtentragenden Schichten zeigen eine episodische Bodenbildung, Stromatolithen und Sturmablagerungen. Sie bildeten sich in kalkigen Seeablagerungen, die stellenweise immer wieder austrockneten. Es wurden 313 Fährten auf neun Ebenen registriert, darunter die von fünf verschiedenen Dinosaurierarten. Spuren von Ankylosauriern waren die ersten, die dort entdeckt wurden. Die hohe Fährtenvielfalt zeigt deutlich, dass der Rückgang der Dinosaurierarten gegen Ende der Kreidezeit zumindest in Südamerika nicht allmählich vonstattenging, sondern dass die Dinosaurier aufgrund äußerer Faktoren schlagartig ausstarben.

Kapitel 12
Vögel – die letzten Dinosaurier

Wo ist der Ur-Strauß?

Die einzigen Dinosaurier, die das Massenaussterben am Ende der Kreidezeit überlebten, sind die modernen Vögel. Wir können sie in zwei Großgruppen gliedern: die Urkiefervögel (Palaeognathae) und die Neukiefervögel (Neognathae). Die Unterscheidungsmerkmale dieser zwei Gruppen sind unter anderem das Gaumendach am Schnabel der Vögel und ihr Becken, an dem es bei den Urkiefervögeln eine Öffnung zwischen Sitzbein und Hüftknochen gibt. Darin ähneln die Urkiefervögel deutlich auch anderen Dinosauriern. Bei Neukiefervögeln ist das Skelett schon weiter abgeleitet und unterscheidet sich mehr vom ursprünglichen Dinosaurierbauplan.

Zu den Urkiefervögeln gehören beispielsweise der Vogel Strauß, der Helmkasuar, der Emu und die südamerikanischen Nandus, die ich bei meiner Grabungsreise nach Argentinien in freier Wildbahn gesehen habe. Der ausgestorbene Moa und der Elefantenvogel zählen ebenfalls dazu. Überraschungsvertreter der Gruppe ist der Kiwi, der eng mit dem Kasuar verwandt ist. Die einzigen Urkiefervögel, die fliegen können, sind die Steißhühner. Sie stammen wie die Nandus aus Süd- und Mittelamerika und kommen in den tropischen Tiefländern vor.

Alle anderen Vögel gehören zur Unterklasse der Neognathen, die sich weiter in die Galloanserae und die Neoaves aufteilen lässt. Das Wort Galloanserae ist eine Zusammensetzung der zwei lateinischen Wörter *gallus*, was auf Deutsch »Hahn« bedeutet, und *anser*, das lateinische Wort für »Gans«. Diese Gruppe beinhaltet demgemäß alle Hühner- und alle Gänsevögel. Die Hühnervögel schließen Fasane, Wachteln und Perlhühner ein, zu den Gänsevögeln gehören Gänse, Enten und Schwäne. Der Name Neoaves bedeutet schlicht »die neuen Vögel«. Zu ihnen gehören 95 Prozent aller heute lebenden Vögel, was immer noch über 10 000 Arten sind.

Die Urkiefervögel, also alle Laufvögel und Steißhühner, umfassen dagegen zusammen nur etwa 60 der heute noch lebenden Arten. Aber obwohl ihre Vielfalt verglichen mit den neuen Vögeln verschwindend gering ist, kommen sie auf drei Kontinenten vor und spielen in ihren jeweiligen Ökosystemen eine wichtige Rolle. Straußenvögel und ihre nahen Verwandten können ganz schlecht Farben unterscheiden. Das ist ein wichtiger Unterschied zu den Neukiefervögeln. Warum das bedeutsam ist, erkläre ich, wenn ich später über das Farbsehen bei Dinosauriern und Vögeln schreibe.

Alle Urkiefervögel legen ihre Eier in Nester auf dem Boden, wobei der Hahn viele Aufgaben der Brutpflege übernimmt und der Henne bei der Aufzucht hilft. Die Eier dieser Gruppe sind die größten im Tierreich, allen voran die des Straußes. Allerdings waren die Eier des ausgestorbenen Elefantenvogels noch deutlich größer. Der Inhalt eines solchen Eis entsprach der Masse von etwa 190 Hühnereiern. Das Ei des Kiwis ist zwar deutlich kleiner, doch dieser Vogel legt gemessen an seiner Körpergröße die größten Eier. Ein Kiwiei kann bis zu 500 Gramm wiegen, was ungefähr 30 Prozent des Körpergewichts der Mutter entspricht. Dabei füllt das Ei fast die gesamte Bauchregion der Henne aus. Die Größe dieser Eier lässt sich dadurch erklären, dass die Küken der Palaeognathen Nestflüchter sind und zum Zeitpunkt des Schlüpfens bereits sehr weit entwickelt sein müssen. Ihre Körper sind schon vor dem Schlüpfen weiter entwickelt als die von Nesthockern. Die Küken sind deshalb auch größer und haben oft schon ein Gefieder, wohingegen manche Nesthocker beim Schlüpfen noch nackt und blind sind. Obwohl es vorteilhaft sein kann, Junge zur Welt zu bringen, die bereits weit entwickelt sind und keine intensive Fürsorge der Eltern mehr brauchen, können Küken nicht unendlich lange im Ei bleiben. Die Größe der Eier von Straußen, Moas und Elefantenvögeln reicht schon an die biologischen Grenzen heran. Selbst Dinosaurier, die zehnmal oder gar hundertmal mehr wogen als Strauße, konnten keine größeren Eier legen. Das Ei des größten Moas *Dinornis* ist etwa so groß wie das eines *Tyrannosaurus rex*, obwohl der *Tyrannosaurus* rund fünfzigmal mehr wog als *Dinornis*.

Aber warum ist das *T. rex*-Ei nicht größer? Warum können Eier nicht beliebig groß werden? Wie wir alle wissen, besteht die Schale von Vogeleiern aus Kalk. Kalk ist Calciumcarbonat ($CaCO_3$) und sehr porös, damit der Embryo im Inneren Luft bekommt und Kohlendioxid entweichen kann, das bei seinem Ausatmen entsteht. Bei einem größeren Ei müsste auch die Dicke der Schale immer größer werden, damit das Ei stabil bleibt und nicht durch sein eigenes

Gewicht oder das der brütenden Eltern zerdrückt wird. Je dicker aber die Schale ist, desto weniger Luft gelangt ins Innere und desto weniger Kohlendioxid (CO_2) kann entweichen, und am Ende ersticken die ungeschlüpften Küken. Beim Strauß passiert genau das in der letzten Phase des Wachstums im Ei: Dem Küken bleibt regelrecht die Luft weg. Und wenn es infolge des drohenden Erstickungstods dann im Ei Krämpfe bekommt und zu zucken beginnt, zerbricht die dicke Eierschale aufgrund der heftigen Spasmen und Tritte des Kükens im Inneren.

Männliche Strauße wiegen in freier Wildbahn etwa 110 Kilogramm und Weibchen etwas weniger. Schon im ersten Lebensjahr nehmen sie rund 100 Kilogramm an Gewicht zu – sie wachsen also unglaublich schnell, was nur durch ihren aktiven Stoffwechsel möglich ist. Dafür brauchen sie viel Nahrung, aber auch viel Sauerstoff. Während die Oberfläche ihres Eis jedoch nach einer quadratischen Funktion wächst, nimmt das Volumen im Inneren mit der dritten Potenz zu. Wenn das Ei also noch größer würde, würde sich das Verhältnis von Oberfläche und Volumen so ungünstig verändern, dass nicht mehr genug Luft hineinströmen könnte und das Küken ersticken würde, da die Oberfläche der Eierschale sein einziger Zugang zum Luftsauerstoff ist. Umgekehrt nimmt mit der Größe des Embryos auch die Menge an Kohlendioxid zu, das sich im Inneren des Eis ansammelt. Wird die Schale zu dick und gleichzeitig regelmäßig Kohlendioxid ausgeatmet, kann es nicht mehr schnell genug entweichen. Das Gleiche gilt auch für Dinosaurier. Heute wissen wir, dass diese Urzeittiere zumindest in ihrer Wachstumsphase einen aktiven Stoffwechsel besaßen, der mit dem von Vögeln vergleichbar war. Auch sie wuchsen sehr schnell und auch ihnen wäre in noch größeren Eiern die Luft weggeblieben.

Paläognathen sind aber nicht nur wegen ihrer ungewöhnlich großen Eier faszinierend. Ihre Füße erinnern stark an die der großen Raubsaurier. Strauße, Nandus, Kasuare und Emus sind außerdem viel größer und deutlich schwerer als alle flugfähigen Vögel. Die afrikanische Riesentrappe ist mit ihrem Gewicht von bis zu 19 Kilogramm der schwerste flugfähige Vogel. Aber selbst der Nandu, der kleinste Laufvogel, wiegt bereits rund 23 Kilogramm. Emus wiegen bis zu 37 Kilogramm, Kasuare etwa 44 Kilogramm und der Afrikanische Strauß wiegt bis zu 110 Kilogramm. Damit ist er mehr als zehnmal so schwer wie ein Schwan. Obwohl die Straußenvögel allesamt Vegetarier sind, können manche Arten sehr aggressiv und gefährlich sein. Es gibt mehrere dokumentierte Fälle, wo Kasuare Menschen mit ihren scharfen Fußkrallen tödlich verletzt haben. Man mag sich kaum vorstellen, wie viel schlimmer die Fußattacken von *T. rex* gewesen sein müssen, der zweihundertmal mehr gewogen hat.

Die Ähnlichkeit der Paläognathen mit den großen Raubdinosauriern legt nahe, dass diese Gruppe der modernen Vögel früher entstanden ist als die Neognathen. Einige wissenschaftliche Studien, die Erbgutdaten und paläontologische Werte einbezogen, wiesen darauf hin, dass alle modernen Vogelordnungen, einschließlich der Paläognathen, in der frühen Kreidezeit entstanden sein müssen und sich schon damals vom Stammbaum der riesigen Theropoden abzuzweigen begannen. Molekulare Daten deuten darauf hin, dass die Paläognathen schon vor 120 bis 110 Millionen Jahren in der Unterkreide entstanden, genau wie die ersten

Enantiornithinen. Leider haben wir keine Fossilien aus dieser Zeit. Der älteste zweifelsfreie Nachweis für einen Paläognathen im Fossilbericht stammt aus Schichten, die erst nach dem Einschlag des Asteroiden entstanden sind. Der älteste bisher bekannte Vertreter der Gruppe heißt *Lithornis celetius* und kommt aus Gesteinen aus dem Mittleren Paläozän Montanas und Wyomings. Er ist rund 61 bis 60 Millionen Jahre alt. Aber wo sind seine älteren Verwandten?

Wenn Paläognathen bereits vor 120 bis 110 Millionen Jahren entstanden sind, die ersten Fossilien aber erst im Paläozän auftauchen, hinterlässt das eine Lücke von rund 50 Millionen Jahren im Fossilbericht, was sich kaum erklären lässt. Wenn es eine solch große Lücke zwischen dem hypothetischen Auftauchen und den ersten tatsächlichen Fossilien einer Gruppe gibt, spricht man von einer Geisterlinie. Man weiß, dass diese Tiere irgendwo zu finden sein müssten, hat aber keine Spur von ihnen. Vielleicht werden tatsächlich eines Tages ältere Exemplare gefunden und die Lücke wird damit geschlossen. Aber vielleicht führen uns die molekularen Daten auch auf eine falsche Fährte. Inzwischen verdichten sich die Hinweise, dass sich die Diversifizierung und die Evolution dieser Tiere nach dem Asteroideneinschlag beschleunigt hat. Möglicherweise haben wir es hier mit einem ähnlichen Phänomen zu tun wie bei der raschen Verbreitung der Ichthyosaurier zu Beginn der Trias. Vielleicht wurde die Geschwindigkeit der molekularen Evolution ja unterschätzt und vielleicht hat sich die Evolution der Vögel – genau wie bei den Ichthyosauriern – nach dem Einschlag des Asteroiden infolge der Anpassung an neue Lebensräume beschleunigt. Der letzte gemeinsame Vorfahre aller heutigen Paläognathen könnte auch erst kurz vor dem Ende der Kreidezeit entstanden sein, er könnte das Aussterbeereignis überlebt haben und sich erst danach von einer kleinen Form zu einem großen, flugunfähigen Tier entwickelt haben. Ungewöhnlich hohe Mutationsraten hätten dabei für eine schnelle Diversifizierung gesorgt.

Die Frage nach dem ersten Auftreten und dem Ursprung der Gruppe ist aber nicht das einzige ungelöste Rätsel in diesem Zusammenhang. Die heutigen Paläognathen stammen alle aus Ländern der Südhalbkugel, die einst zu dem Kontinent Gondwana gehörten.

> Der Großkontinent **Gondwana** bestand aus dem heutigen Südamerika, Afrika, Indien, Australien und der Antarktis.

Deshalb nahm man lange an, dass diese Gruppe dort ihren Ursprung genommen hat. Doch die molekularen Daten, der Fossilbericht und phylogenetische Untersuchungen der letzten zwanzig Jahre widerlegen diese Hypothese. Tiere wie *Lithornis* deuten außerdem darauf hin, dass die Entwicklung zur Flugunfähigkeit und zu großen Körpergrößen erst später in ihrer Evolution stattfand. Es drängt sich also die Frage auf, ob es möglich ist, dass sich diese beiden Merkmale gleich drei Mal, und zwar unabhängig voneinander, in Südamerika, Afrika und Neuseeland entwickelt haben, zu einer Zeit, wo diese Landmassen bereits weit voneinander entfernt lagen. Wir wissen also nach wie vor nicht genau, wie, wann und wo die heutige Paläognathenvielfalt entstanden ist. Die Gruppe scheint zwar schon vor der Kreidezeit-Paläogen-Grenze (K-Pg) gelebt zu haben, aber da uns keine kreidezeitlichen Fossilien vorliegen, können wir die konvergenten Übergänge zur Flugunfähigkeit und zu großen Körpergrößen nicht nachvollziehen. Und während *Lithornis* rund 60 Millionen Jahre alt ist, finden wir direkte Vorfahren moderner Paläognathen sogar erst etwa 40 Millionen Jahre später.

Folgender Gedanke treibt mich allerdings um: Paläognathen und Neognathen sind die einzigen überlebenden Dinosaurier. In der Gruppe der Archosaurier haben sonst nur die modernen Krokodile überlebt. Das bedeutet, dass die nächsten Verwandten der Paläognathen außerhalb der Vogellinie die Krokodile sind. Die Aufspaltung der Archosaurier in Krokodile und Dinosaurier hat sich aber schon vor 250 Millionen Jahren vollzogen. Wenn wir also Merkmale im Stammbaum oder im Erbgut vergleichen, ist es nicht verwunderlich, dass alle Paläognathen immer in derselben Gruppe landen. Sie unterscheiden sich von den anderen Vögeln und sind in ihrer Entwicklung Lichtjahre von den Krokodilen entfernt. Aber vielleicht hängt dieser Effekt ja auch nur damit zusammen, dass wir bisher keine DNS von Dinosauriern zur Verfügung haben? Vielleicht sind die Paläognathen gar keine einheitliche Gruppe, und ihr ähnliches Aussehen ist nur ein Resultat konvergenter Entwicklung? Vielleicht war die Bioprovinz Australien schon so weit isoliert, dass Kasuare und Kiwis von einem anderen Coelurosaurier abstammen als Strauße, Nandus und Steißhühner. Oder vielleicht ist das alles erst viel später passiert. Bleibt nur zu hoffen, dass es irgendwann Funde gibt, die es uns ermöglichen, die Verwandtschaftsbeziehungen von Paläognathen zu überdenken. Das würde auch die lange Geisterlinie erklären, weil es keinen direkten gemeinsamen Vorfahren gibt. Vielleicht haben sich Strauße, Nandus und Kasuare ja an drei unterschiedlichen Knotenpunkten von den Coelurosauriern abgespaltet.

Fast wie Ostern: Ein Eierdieb, der bunte Eier legt

Alle Vögel legen hartschalige Eier. Sie sind außerdem die einzigen Landwirbeltiere, von denen manche bunte Eier legen. Bei Krokodilen und Schildkröten verhält es sich etwas anders. Sie legen auch Eier, aber diese sind weiß, denn ihre Schale hat keine Farbpigmente. Von wem haben die Vögel die Fähigkeit geerbt, farbige Eier zu legen? Waren ihre Dinosauriervorfahren dazu ebenfalls in der Lage? Haben alle Dinosaurier bunte Eier gelegt? Und warum legen Vögel überhaupt bunte Eier und Krokodile nicht?

Dass manche Vögel farbige Eierschalen produzieren, ist eine Folge selektiven Drucks. Die Eierfarbe dient in erster Linie der Tarnung. Wenn sie die gleiche Farbe wie die Pflanzenwelt haben, die sie umgibt, oder durch Sprenkel auf kiesigem Untergrund weniger leicht entdeckt werden können, werden sie nicht von Eierdieben gefressen. Die Eiertarnung ist also ein wichtiger Bestandteil des Brutverhaltens von offen nistenden Vögeln, die ihren ungeschlüpften Nachwuchs auf diese Weise vor visuell orientierten Raubtieren schützen. Aber nicht alle Eier von Brutvögeln mit offenem Gelege sind farbig. Tatsächlich schützen viele Vögel ihre Eier durch kontinuierliches Brüten, weshalb die Färbung für sie nicht notwendig ist. Bunte Eier helfen Vögeln auch dabei, ihre eigenen Eier von denen anderer Arten zu unterscheiden, und sie fallen dadurch nicht darauf herein, wenn ein Parasit heimlich seine Eier dazulegt, wie das beim Kuckuck der Fall ist.

Schildkröten hingegen vergraben ihre Eier im Sand, und Krokodile bedecken sie mit Ästen oder Zweigen, weshalb sie keine Tarnfarbe brauchen. Ist das Ei eines ausgestorbenen Tieres farbig, dann können wir daraus schlussfolgern, dass es nicht vergraben wurde, sondern in einem offenen Nest gelegen hat. Die Farbe seines Eis erlaubt damit auch Rückschlüsse auf das Sozialverhalten eines Tieres, selbst wenn wir es in der freien Natur nicht mehr beobachten können. Das hat Dinosaurierforscher dazu bewogen zu untersuchen, ob schon die Dinosaurier bunte Eier gelegt haben, noch bevor die modernen Vögel aus ihnen hervorgegangen sind. Zum Glück gibt es viele Fundstellen von Dinosauriereiern auf der ganzen Welt. Erste Exemplare wurden 1846 in Frankreich entdeckt. Andere Funde stammen aus den USA, aus Spanien und China, wo man ganze Nester und Gelege gefunden hat, in denen Dutzende Eier lagen.

Jasmina Wiemann, eine Kollegin vom Field Museum, wollte wissen, ob nur die direkten Vorfahren der Vögel bunte Eierschalen produzierten oder vielleicht auch Langhalsdinosaurier, Entenschnabeldinosaurier oder Horndinosaurier. Sie hat Dinosaurier-Eierschalen aus der ganzen Welt untersucht und mithilfe von Mikrospektroskopie verschiedene Pigmente identifiziert, die für eine bräunlich rote Färbung und für bläuliche und grünliche Farben verantwortlich sind. Dabei stellte sie fest, dass nur in den Eierschalen von Theropoden, nicht aber bei anderen Dinosauriern Farbpigmente vorliegen. Außerdem fand sie heraus, dass unter den fleischfressenden Dinosauriern nur die Maniraptora bunte Eier hatten. Fleischfresser wie *Tyrannosaurus* oder *Spinosaurus* legten keine farbigen Eier.

Maniraptora bedeutet »Handräuber«. Diese Dinosaurier entwickelten einen halbmondförmigen Handgelenksknochen, der ihnen eine höhere Beweglichkeit der Hand ermöglichte, was eine Voraussetzung für den Vogelflug war. Auch die Federn entwickelten sich innerhalb der Gruppe der Maniraptora weiter. Im Erdmittelalter waren diese Tiere eher klein bis mittelgroß und hatten die größten Gehirne unter den Dinosauriern relativ zu ihrem Körpergewicht. Die Gruppe schließt auch die modernen Vögel mit ein.

Jasmina Wiemann konnte den Ursprung farbiger Eierschalen bis zu einem Oviraptor aus der späten Kreidezeit Chinas zurückverfolgen. Oviraptoren sind jene zahnlosen Maniraptoren, die wir als Eierräuber kennen. Dabei waren sie wahrscheinlich eher fürsorgliche Eltern, die ihre Küken im Nest ausgebrütet und Brutpflege betrieben haben. In ihren Nestern finden sich Eierschalen des Typs *Macroolithus yaotunensis*, die der Art *Heyuannia huangi* zugeordnet werden. Manche dieser Eier enthielten außergewöhnlich gut erhaltene Embryoreste, die man *Heyuannia* zuordnen kann. Sie stammen aus drei Flussablagerungen, die vom östlichen bis zum südlichsten China reichen. Die Farbpigmente in diesen Eierschalen deuten auf eine blaugrüne Färbung hin. Die farbigen Eier von *Heyuannia* sind damit die ältesten im Fossilbericht. Ihre Pigmentierung untermauert die Interpretation der Ablagerungsbedingungen. Die Nester dieser Oviraptoren sind meist kreisrund und die Eier darin in mehreren Lagen konzentrisch übereinander angeordnet. Dabei stecken die länglichen Eier fast senkrecht mit der spitzen Seite nach unten im Sediment. Außerdem sind sie paarweise in einem Kreis angeordnet, wobei immer zwei Eier dicht nebeneinanderliegen und durch Sediment vom nächsten Paar getrennt sind. Diese Anordnung, genau wie das Schalenmuster und die Schalenporosität, ist ein deutliches Indiz für ein offenes Nistverhalten dieser Dinosaurier, weil Eier, die wie bei Schildkröten vergraben wurden, nicht fein säuberlich, symmetrisch angeordnet sind.

Interessant ist, dass heute kein Vogel mehr seine Eier auf diese Weise arrangiert. Nur bei den Nestern von Laufvögeln, die in Brutkolonien leben, ist ein ähnliches Brutverhalten zu beobachten. Manche dieser Vögel haben ebenfalls grüne (Emu) oder bläuliche Eier (Kasuar). Die Nestanordnung und die blaugrünen Eier deuten darauf hin, dass Oviraptoren bereits intensive Brutpflege betrieben. Dabei dienen die Farben Blau oder Grün meist nicht zur Tarnung, sondern als Signalfarben. Sie kommen besonders bei Vögeln vor, deren Hähne eine große Rolle bei der Brutpflege übernehmen. Wir können also durch die Farbe der Eierschale viel über das Sozialverhalten dieser Tiere lernen.

Weil wir keine bunten Eierschalen bei anderen Dinosauriergruppen gefunden haben, zeigen die blaugrünen Eier von *Heyuannia* außerdem, dass sich farbige Eierschalen nicht mehrfach, sondern nur einmal in der Gruppe der

Maniraptora entwickelt haben. Wenn also in Zukunft die Frage gestellt wird, wer die bunten Ostereier bringt, dann sollte die Antwort unbedingt lauten: die Maniraptora!

Die Göttin Asteria, Mutter aller Hühner und Gänse

Die lange Geisterlinie der Paläognathen deutet auf die Schwierigkeit hin, den Ursprung der modernen Vögel zu finden. Wir können die frühesten Evolutionsstadien heutiger Vögel aufgrund des lückenhaften Fossilberichts aus dem Erdmittelalter nicht nachvollziehen. Phylogenetische Analysen deuten zwar auf eine Abspaltung der modernen Vögel in der Kreidezeit hin, aber aus dem Mesozoikum sind Vertreter aus der Stammlinie der Vögel nahezu unbekannt.

Die ersten Paläognathen tauchen erst vor etwa 60 Millionen Jahren im Fossilbericht auf, obwohl man sie eigentlich schon viel früher vermuten würde. Bei den Neukiefervögeln sieht es ähnlich aus. Schlüsselfragen über ihre geografische Ausbreitung und Ökologie und die tatsächliche Abspaltung der modernen Vögel bleiben daher unbeantwortet. Allerdings wurde unlängst ein mesozoisches Fossil in Belgien entdeckt, bei dem es sich zweifelsfrei um einen modernen Vogel aus der Gruppe der Neognathen handelt. Einige charakteristische Merkmale seines Schädels deuten darauf hin, dass das Tier eng mit den letzten gemeinsamen Vorfahren der Hühner und Gänse verwandt war. Das Fossil schließt eine wichtige phylogenetische Lücke in der frühen Evolutionsgeschichte der sogenannten Kronenvögel. Es könnte der letzte gemeinsame Vorfahre von Hühnern und Gänsen sein und der erste bekannte Vertreter der Galloanserae.

Das Fundstück stammt aus der spätesten Oberen Kreidezeit Belgiens und ist etwa 66,8 bis 66,7 Millionen Jahre alt. Es hat also zeitgleich mit *Tyrannosaurus* und *Triceratops* gelebt, etwa 700 000 oder 800 000 Jahre vor dem Einschlag des Asteroiden. Mein Doktorvater Daniel Field hat es gemeinsam mit Wissenschaftlern aus Cambridge, Maastricht und Greenwich untersucht. Das Fossil besteht aus einem fast vollständigen, dreidimensional erhaltenen Schädel und einzelnen Elementen des Körperskeletts. Damit ist es der erste moderne Vogel aus dem Mesozoikum mit gut erhaltenem Schädel. Es stellt einen der wenigen eindeutigen Belege für Kronenvögel aus dem Mesozoikum dar und weist eine bisher einzigartige Kombination von Hühner- und Gänsemerkmalen auf.

Interessant ist, dass es in Schichten gefunden wurde, in denen auch ausgestorbene zahntragende Seevögel auftauchen, die nicht zur Kronengruppe gehören (*Ichthyornis*-Verwandte). Das gleichzeitige Vorkommen dieses Tieres mit den *Ichthyornis*-Verwandten könnte ein Beleg für ihre Koexistenz sein. Es stellt außerdem bisherige Hypothesen infrage, wonach die Kronengruppen-Vögel in der südlichen Hemisphäre ihren Ursprung nahmen. Das Team hat dem kleinen Vogel den Namen *Asteriornis maastrichtensis* gegeben. Der Gattungsname bedeutet »Asterias Vogel«, während der Artname auf den Fundort und das geologische Alter verweist. Beide Namen berücksichtigen noch weitere Aspekte des Fossils. Asteria war nämlich ein Titanide aus der griechischen Mythologie, der sich in eine Wachtel verwandelte, um Zeus' Annäherungsversuchen zu entfliehen. Wachteln sind Hühnervögel und *Asteriornis* ist die Mutter aller Hühner. Außerdem stürzte sich Asteria einmal vom

Himmel herab ins Meer – genau wie der Asteroid, der am Ende der Kreidezeit vor der Küste von Chicxulub ins Meer fiel.

Die Bedeutung dieses Fundes lässt sich kaum überschätzen. Zum einen, weil er uns neue Informationen über den Lebensraum der ersten modernen Vögel liefert, und zum anderen, weil Funde der allerersten modernen Vögel extrem selten sind. Es gibt tatsächlich nur einen einzigen anderen Vogel aus der späten Oberkreide, der zweifelsfrei zu den modernen Vögeln gehört und von dem mehr als nur ein einzelner isolierter Knochen gefunden wurde. Dieser Vogel heißt *Vegavis* und ist etwa 66,5 Millionen Jahre alt, also etwa 200 000 bis 300 000 Jahre jünger als *Asteriornis*. Er wurde auf dem Vega-Archipel gefunden, das vor der antarktischen Halbinsel liegt. Daher stammt auch der Name des Tieres. Einige Kollegen vermuten, dass *Vegavis* eng mit den Enten und Gänsen verwandt ist, andere glauben, dass er stammesgeschichtlich noch knapp außerhalb der Galloanserae liegt. Um in dieser Frage Gewissheit zu erlangen, bräuchten wir weiteres Schädelmaterial des Tieres, durch das wir charakteristische Merkmale erkennen können. Es spricht allerdings mehr für eine Zugehörigkeit zu den Neognathen als dagegen. *Asteriornis* und *Vegavis* haben jedenfalls eine relativ geringe Körpergröße, und beide Funde stammen aus Sedimenten, die darauf hinweisen, dass sie Küstenbewohner waren. Sie lebten in einem ähnlichen Ökosystem, was eine Erklärung dafür liefern könnte, warum die modernen Vögel den Asteroideneinschlag überleben konnten. Auf diese Frage komme ich im letzten Kapitel des Buches zurück.

Obwohl wir nicht wissen, wann genau die ersten Federn entstanden sind, ist doch klar, dass einige Dinosaurier sie bereits besaßen – lange bevor aus ihnen die Vögel hervorgingen, die sich mit ihrer Hilfe in die Lüfte erheben konnten. Federn sind also kein Alleinstellungsmerkmal der Vögel und sie haben vor dem Vogelflug schon viele andere Aufgaben erfüllt. Bei modernen Vögeln bilden Konturfedern den überwiegenden Teil des sichtbaren Federkleids. Die Gesamtheit der Konturfedern, die den Körper bedecken, wird als Kleingefieder bezeichnet. Die Schwungfedern der Flügel und die Steuerfedern des Schwanzes nennt man Großgefieder. Neben den Konturfedern besitzen Vögel Daunenfedern, die den Körper isolieren. Ihre Konturfedern sind notwendig für den Vogelflug, aber auch für die Kommunikation, die Tarnung und das Brüten.

Welche Funktion die Konturfedern aber ursprünglich bei den Dinosauriern erfüllten, war lange unklar. Wir wissen nicht genau, wann die Urzeittiere erstmals Konturfedern entwickelt haben, der älteste Beleg stammt aus dem Jura. Die Überreste einiger *Archäopteryx*-Exemplare zeigen, dass auch diese Tiere schon vor rund 150 Millionen Jahren Konturfedern besaßen. Eng mit dem *Archäopteryx* verwandt und noch älter ist ein Fossil aus der Provinz Hebei in China, östlich von Peking. Es ist etwa 161 Millionen Jahre alt und hat asymmetrische Konturfedern. Ob *Archäopteryx* nun aktiv fliegen konnte oder nicht, wird immer noch diskutiert. Unstrittig ist hingegen, dass er in der Lage war, zu gleiten und zu flattern. Das zeigen seine geradezu modern anmutenden asymmetrischen Schwungfedern und die zu einem Gabelbein verschmolzenen Schlüsselbeine. Bei einer asymmetrischen Feder sind die Fahnen links und rechts des Federkiels unterschiedlich breit. Eine solche Asymmetrie wird als zwingende Voraussetzung für den Vogelflug angesehen. Sie verleiht den Tieren aerodynamische Eigenschaften, die für das Fliegen unverzichtbar sind. Das kräftige Gabelbein deutet außerdem darauf hin, dass die Brustmuskulatur des Tiers besonders robust war und einen leistungsfähigen Flügelschlag durchführen konnte. Ob *Archäopteryx* dadurch aus eigener Kraft vom Boden abheben konnte, ist nicht mit Gewissheit zu sagen. Die rückwärts gerichtete erste Zehe seines Fußes könnte ein Beleg dafür sein, dass er ein Baumbewohner war, der diese Kralle zum Klettern oder zum Festhalten an Ästen benutzt hat. Die Bäume könnten ihm als Startrampe gedient haben, wenn er nicht in der Lage war, vom Boden abzuheben. Allerdings handelt es sich bei den Plattenkalken aus der Gegend des bayerischen Solnhofen, in denen die Urvögel gefunden wurden, um Ablagerungen einer Lagunenlandschaft, die sich am Rande des Jurameers in einem heißen und trockenen Klima gebildet hat und in der es nur wenige oder vielleicht gar keine Bäume gab. *Archäopteryx* hätte auf hohe Klippen klettern und sich von dort herabstürzen müssen, um seine Flugkünste unter Beweis zu stellen.

Bei dem elften bisher entdeckten *Archäopteryx* haben einige meiner Kollegen aus Bayern ein spektakuläres Gefieder entdeckt, das seinen ganzen Körper und sogar die Beine mit langen, reihig angeordneten Federn bedeckte. Bei modernen Raubvögeln nennt man solche langen Beinfedern lustigerweise »Federhosen«. Sie tragen nicht aktiv zum Flug bei, sind aber beim Landen hilfreich. Nach Ansicht von Christian Foth von der Universität Fribourg, der dieses Exemplar mit seinem Team untersucht hat, diente das Federkleid nicht nur zum Fliegen, sondern wegen seiner glatten Oberfläche und den lichtbrechenden Eigenschaften vor allem der Zurschaustellung. Damit waren Konturfedern den fadenförmigen Protofedern bei der Brautwerbung überlegen. Protofedern entwickelten sich vermutlich schon in frühen Dinosauriern. Ihre Hauptfunktion war anfangs ausschließlich die Wärmeisolation. Damit trugen sie zu einer Erhöhung der Wachstumsrate bei, die zu Beginn der Dinosaurierevolution mit einem schnelleren Stoffwechsel einherging. Dieser erfordert eine effektive Dämmung des Körpers, da sonst die Stoffwechselenergie als Wärme verloren geht, statt für das Wachstum zur Verfügung zu stehen. Gerade bei kleinen bis mittelgroßen frühen Dinosauriern und ihren Jungtieren war das entscheidend, da sie ein ungünstiges Masse-Oberflächen-Verhältnis aufwiesen. Während die Langhalsdinosaurier und die Tyrannosauriden im Laufe ihrer Evolution immer größer wurden, begann bei den Vertretern der Vogelstammlinie eine Reduktion der Körpergröße. Diese Miniaturisierung bei gleichzeitig schnellem Wachstum und hohem Stoffwechsel war nur durch eine gute Körperisolierung möglich.

Nun war es aber so, dass die Dinosaurier bereits bunte Schuppen entwickelt hatten, um Partner anzulocken oder Rivalen abzuschrecken. Diese Schuppen müssen sehr farbenfroh und in artspezifischen Mustern angeordnet gewesen sein. Die spezielle Anordnung unterschiedlich großer Schuppen legt den Schluss nahe, dass diese Schuppen auch unterschiedliche Farben besaßen. Dinosaurier waren also möglicherweise wie Tiger oder Zebras gestreift oder wie Leoparden gefleckt und wiesen gleichzeitig ein so schönes Farbenspiel auf wie Zauneidechsen.

Diese Farbenpracht wurde jedoch von den ersten Protofedern eingeschränkt. Die haarähnlichen Filamente brachten nämlich den Verlust struktureller Farbsignalisierungsfähigkeiten mit sich. Das ist auch heute noch bei Vögeln der Fall, deren Körperbedeckung aus flexiblen, fadenförmigen Federn besteht. Schillernde, bunte Farben sind bei tropischen Vögeln nur möglich, weil sie Konturfedern besitzen. Haare oder Protofedern können solche Farbeffekte nicht erzeugen. Die Darstellung von irisierenden Grün- und schillernden Blautönen oder ultravioletten Farbreflexen erfordert eine präzise Anordnung von lichtstreuenden Elementen im Nanometerbereich, die in modernen Vogelfedern aus Keratin, Melanosomen und sogar aus Luft bestehen. Durch die winzigen, aber hochgradig geordneten Federäste und Bogenstrahlen in den Federfahnen, die durch kleine Häkchen miteinander verzahnt sind, erzeugt ein Vogel das Schillern und die reiche Farbenpalette seiner Konturfedern. Diese Farben sind für die Kommunikation und die sexuelle Auswahl von zentraler Bedeutung.

Um die Farbenpracht ihrer Schuppen beizubehalten, konnten sich die kleinen Dinosaurier also nicht einfach auf Protofedern verlassen, sondern mussten komplexere Federn entwickeln, die Keratin, Melanosome und Luft in ihrer Struktur enthielten. Dabei ist die Farbenpracht der Federn nur so gut, wie es die Sehfähigkeit des Gegenübers erlaubt – was die Frage nach dem visuellen Farbenspektrum von Dinosauriern aufwirft. Wir wissen, dass praktisch alle heutigen Reptilien Farben viel differenzierter wahrnehmen können als Menschen und andere Säugetiere. Viele Reptilienarten können sogar ultraviolette Farben sehen. Dazu sind wir nicht in der Lage. Wenn wir stammesgeschichtlich schlussfolgern, deutet das darauf hin, dass auch Dinosaurier mit dem hochdifferenzierten Farbsehen von Vögeln ausgestattet waren, das als »Tetrachromie« bezeichnet wird.

> Für die Wahrnehmung von Farben sind sogenannte **Zapfenzellen** in der Netzhaut des Auges verantwortlich. Zapfenzellen sind Neuronen, die als spezialisierte Sinneszellen für das Sehen bei Tageslicht gebraucht werden. Säugetiere besitzen drei verschiedene Zapfenzellen und werden deshalb **Trichromaten** genannt. Reptilien haben vier unterschiedliche Zapfen, weshalb man sie als **Tetrachromaten** bezeichnet. Trichromaten können etwa eine Million verschiedene Farben erkennen, Tetrachromaten bis zu hundert Mal mehr. Es wird angenommen, dass sie etwa hundertmillionen Farben unterscheiden können. Dabei nehmen drei ihrer Zapfenzellen die Farben Blau, Grün und Rot wahr, und über eine vierte Neurone können sie das ultraviolette Farbspektrum bis zum Türkis erkennen.

Konturfedern könnten also neben der Befähigung zum Vogelflug noch ein anderes sehr komplexes evolutionäres Problem gelöst haben. Maniraptoren entwickelten beispielsweise in verschiedenen Zweigen unabhängig voneinander Federn, die eindeutig nicht dem Fliegen, sondern einer guten Isolierung, einer erhöhten Stoffwechselrate und einer Miniaturisierung dienten, ohne die strukturelle

Farbsignalisierung der Schuppen zu verlieren. Das wäre bei einer vollständigen Bedeckung durch Protofedern oder Haare nicht passiert. Denn Fell hat im Gegensatz zu Federn ein begrenztes Farbspektrum, weil es ohne eine kohärente Oberfläche keine gerichtete Lichtstreuung erlaubt und die strukturelle Farbdarstellung beeinträchtigt. Die Farbpigmente in Haaren erzeugen daher nur rotbraune bis schwarze Töne, wobei hellere Farben durch das Fehlen von Pigmenten erzielt werden.

Auch bei den Säugetieren gab es einen Trend zur Reduktion der Körpergröße und zu zunehmender Wärmeisolierung durch ein dickes Fell. Weil Säugetiere im Erdmittelalter aber nachtaktiv waren, spielte eine ausgeklügelte Farbwahrnehmung keine Rolle. Nachts sind alle Katzen grau. Tetrachromie ist wahrscheinlich ein ursprüngliches Merkmal von Landwirbeltieren, und bei den Vorfahren der modernen Säugetiere ging das differenzierte Farbsehen verloren, weil es nachts keine Bedeutung hat und für ihr Überleben keine Rolle spielte.

Bei den Dinosauriern hingegen entwickelten sich aus den haarähnlichen Federn allmählich flächige oder planare Strukturen. Planare Federn verdeckten zunächst die fadenförmigen Protofedern und ersetzten sie im Laufe der Evolution, was schließlich zur Entwicklung von glatten Konturenfedern führte. Und während wir nicht genau wissen, wann die ersten Protofedern auftauchten, scheint zumindest deutlich zu sein, dass die ersten planaren Konturfedern in der Gruppe der Maniraptora vorkamen. Bei ihnen lagen die Federäste und Bogenstrahlen der Konturfedern in einer Ebene. Die Häkchen und Widerhäkchen, mit denen die Bogenstrahlen zusammengehalten wurden, konnten wie bei einem Reißverschluss beliebig oft geöffnet und wieder geschlossen werden. Das machte die Federn trotz ihrer Leichtbauweise äußerst widerstandsfähig. Indem die kleinen Federäste und Bogenstrahlen eng nebeneinander auf einer Ebene lagen, entstand außerdem eine besonders glatte, flache und einheitliche Oberfläche. Das war besonders wichtig, weil die präzise Anordnung der lichtstreuenden Pigmente eine optimale Lichteinstrahlung ermöglichte, was eine Voraussetzung für das Schillern der Federn darstellte. Das beste Farbenspiel erreichen die Vögel nur mit diesen abgeflachten Filamenten. Durch die glatten, folienartigen Oberflächen sind optimale physikalische Bedingungen für die schillernden Regenbogenfarben gegeben. Es ist sicher kein Zufall, dass ausgerechnet die Maniraptoren, die sehr bewegliche Handgelenke besaßen, auch an den Armen und Händen große Federn hatten, mit denen sie die Oberfläche maximieren und strukturelle Farbsignalisierung auf makroskopischer Ebene erzeugen konnten. Große, glatte Federflächen fungierten als Leinwand für detaillierte Ornamente und Muster.

Straußenvögel, die kein geordnetes, sondern ein krauses Federkleid besitzen, haben daher, genau wie die Säugetiere, nur ein braunes, schwarzes oder weißes Gefieder, das kein komplexes Farbenspiel der Konturfedern erzeugen kann. Wenn wir uns daran erinnern, dass die Paläognathen als einzige moderne Vögel Farben schlecht unterscheiden können, macht das auch Sinn. Ein Sonderfall unter den Paläognathen ist der Helmkasuar, der wahrscheinlich mehr Farben sehen kann als seine Verwandten. Die Hälse von Kasuaren erstrahlen in einem leuchtenden Blau, das nicht von den Federn stammt, sondern von der kräftigen Hautfarbe am Hals. Dass die Paläognathen heute die einzigen Vögel sind, die fadenförmige Federn besitzen, sollte in künftigen phylogenetischen Analysen unbedingt stärker berücksichtigt werden. Wäre es vielleicht möglich, dass sie sich von Coelurosaurier-Vorfahren abgespaltet haben, noch bevor die Maniraptora entstanden sind? Würden wir, wenn sie eine konvergente Entwicklung durchlaufen haben, erkennen, dass sie den Maniraptora und den anderen heutigen Vögeln nur ähnlichsehen? Würden wir erkennen, dass sie nicht den gleichen Handräuber-Vorfahren wie die Neukiefervögel haben? Und dass selbst die Paläognathen von verschiedenen Coelurosauriern abstammen, wenn ihr nächster Verwandter außerhalb der Vögel das Krokodil ist?

In diesem Zusammenhang haben die sogenannten Compsognathiden, eine Gruppe sehr kleiner fleischfressender Coelurosaurier, in Forscherkreisen Aufsehen erregt. Bei einem Verwandten aus China wurde ein üppiges pelzartiges Gefieder entdeckt. In dem Compsognathiden *Sinosauropteryx*, dessen Name »chinesischer Reptilienflügel« bedeutet, fand man fossiles Melanin, das eine Bestimmung der Gefiederfarbe ermöglichte. Ohne planare Federn fehlt diesem Tier ein breites Spektrum irisierender Farben. Stattdessen waren seine fasrigen Federn zu Lebzeiten braun bis rotbraun und an anderer Stelle weiß. Das Besondere an diesem Fund waren aber nicht die Farben, sondern eine Konterschattierung, wie wir sie bereits beim gepanzerten *Borealopelta* kennengelernt haben.

Sinosauropteryx stammt aus den frühkreidezeitlichen Schichten des Jehol-Ökosystems im Nordosten Chinas, von dem bisher angenommen wurde, dass es aus dichtem, geschlossenem Wald bestand. Charakteristische Farbmuster im Gefieder der dort lebenden Dinosaurier könnten das bestätigen, weil die Lichtverhältnisse im Wald andere waren als in offenem Gelände. Die Färbung von *Sinosauropteryx* deutet aber nicht auf einen Waldbewohner hin, sondern auf einen ungeschützten, weitläufigen Lebensraum. Um sicherzugehen, dass es sich bei den Farben von *Sinosauropteryx* tatsächlich um fossiles Melanin handelte, wurden zwei Tiere dieser Art untersucht, und faszinierenderweise fand man bei beiden nahezu identische Farbmuster. So waren der Nasenrücken, der Unterkiefer, die Kehle und die Brust weiß, die Partie um die Augen aber dunkel. Damit sah *Sinosauropteryx* fast wie ein Waschbär aus. Solche Räubermasken sind aber nicht nur typisch für Waschbären, Zorro oder die Panzerknacker, sie sind ein häufiges Muster bei vielen Vögeln, denen sie als Tarnung dienen. Der Schwanz von *Sinosauropteryx* hingegen erinnerte sehr stark an den Ringelschwanz eines Lemuren, bei dem sich weiße und rotbraune Bänder abwechseln.

In jedem Fall hilft die Farbrekonstruktion, um ein besseres Verständnis über den Lebensraum zu erhalten, und an der Konterschattierung können wir mehr über die Ökologie ablesen als allein über Merkmale des Skelettes. Dass kleine Raubsaurier in der Jehol Bioprovinz auch offene Lebensräume bewohnten, trägt zu einem klareren Bild von der Umgebung und der Fauna bei, und darin mag auch der Schlüssel für die große Artenvielfalt im Jehol Becken liegen. Der außergewöhnliche Artenreichtum dieses Gebiets lässt sich leichter erklären, wenn man bedenkt, dass sich diese Region über einen Zeitraum von mehr als zehn Millionen Jahren entwickelt hat und dass sich die Vegetation und auch die Landschaft in dieser Zeit mehrfach drastisch verändert hat. Es ist also kein Widerspruch, wenn wir sowohl Wald- als auch Steppenbewohner in der Bioprovinz Jehol finden, aus der die spektakulärsten gefiederten Dinosaurier Chinas stammen.

Die Artenvielfalt ist tatsächlich bemerkenswert. Hier lebten nicht nur Enantiornithinen, sondern auch noch ursprünglichere, kleine Dinosaurier, wie zum Beispiel die Microraptoren, die zwar Federn trugen, aber selbst im weiteren Sinne noch keine Vögel waren. Sie stammten von den sichelklauentragenden Raptoren ab. Andere kleine gefiederte Dinosaurier heißen *Confuciusornis*. Auch sie sind noch keine modernen Vögel, befinden sich aber immerhin schon auf dem Entwicklungszweig, der zu den Vögeln geführt hat. Sie haben zum Teil extravagante Zierfedern am Schwanz und erinnern zumindest äußerlich ein wenig an Paradiesvögel. Es gab Hunderte dieser Tiere, und chinesische Forscher konnten bei ihnen einen Geschlechtsdimorphismus feststellen, bei dem ein Geschlechtstyp besonders lange und extravagante Schwanzfedern hatte und der andere nicht.

Was *Microraptor*, *Confuciusornis*, die Enantiornithinen und die »Fast-schon-Vögel« von Jehol gemeinsam haben, sind ihre Konturfedern. Sie alle hatten im Gegensatz zu *Sinosauropteryx* schon planare, glatte Deckfedern und damit wahrscheinlich auch ein schillerndes Federkleid. Mit ihrer tetrachromen Sehfähigkeit lebten sie in einer kunterbunten Welt und konnten mit dem vierten Zapfentyp in ihrer Netzhaut hundertmal mehr Farben wahrnehmen als wir Menschen. Dass es auch die Dinosaurier schon bunt und schillernd mochten, belegt aber nicht nur die Form ihrer Federn. Bei dem *Archäopteryx*-Verwandten aus der Provinz Hebei, den ich zuvor erwähnte, waren beispielsweise auch

Hinweise auf Melanin vorhanden. Anders als bei *Sinosauropteryx* handelte es sich bei ihm aber um schillernde, irisierende Farben, weil das Melanin in den Konturfedern entdeckt wurde, weshalb das Tier auch als der »Regenbogendinosaurier« bekannt wurde.

Der Name dieser neu entdeckten Dinosaurierart lautet *Caihong juji*, was aus dem Mandarin kommt und auf Deutsch »der Regenbogen mit dem großen Kamm« bedeutet. Dieser Begriff bezieht sich auf die großen, breiten und irisierenden Federn des Tieres und den knöchernen Kamm, den es über dem Auge trug.

Die plättchenförmigen Melanosome von *Sinosauropteryx* wurden erstmals unter einem Rasterelektronenmikroskop entdeckt. Sie waren noch intakt und konnten mit denen moderner Vögel verglichen werden. Die Federn von *Caihong* weisen eine große Ähnlichkeit mit denen von Kolibris auf. Deren Melanosome sind eigentlich schwarz, aber das Licht wird durch die spezielle Plättchenform so gebrochen, dass ein schimmernder Effekt entsteht. Moderne Vögel nutzen ihr buntes Gefieder, um Partner anzulocken. Die Regenbogenfedern von *Caihong* könnten demnach eine prähistorische Version des schillernden Schwanzes eines Pfaus sein. *Caihong* ist das älteste bekannte Beispiel für plättchenförmige Melanosome, die typischerweise in hellen, schillernden Federn vorkommen. Er ist auch das älteste bisher bekannte Tier mit asymmetrischen Federn.

Kapitel 13
Das Ende der Dinosaurier

Der Tag, an dem es Glas hagelte

So faszinierend die Dinosaurier, die Flugechsen und die marinen Reptilien auch waren, sie wurden dennoch durch einen Asteroideneinschlag am Ende der Kreidezeit ausgerottet. Es gelang ihnen nicht, der kosmischen Katastrophe zu entkommen. Während die Vögel mit ihrem Überleben auch den Fortbestand der asymmetrischen Federn gewährleisteten, gingen andere Innovationen der Natur für immer verloren.

Heute gibt es kein Tier mehr, das wie ein Plesiosaurier mit vier paddelförmigen Flossen unter Wasser fliegen kann. Es gibt keine flugfähigen Tiere, die eine Flügelspannweite von über zehn Metern haben, oder langhälsige Riesen, die mehr als 50 Tonnen wiegen. Krokodile können heutzutage nicht mehr galoppieren, und es gibt keine Fleischfresser, die fünfzigmal mehr wiegen als moderne Löwen.

Einige ökologische Strategien sind ebenfalls verloren gegangen, wie etwa die Aufspreizung einer Tierart in verschiedene ökologische Nischen, wie wir das bei Langhalsdinosauriern und Tyrannosauriern beobachten konnten.

Diese Strategie, die über Jahrmillionen Jahre unglaublich erfolgreich war, besiegelte am Ende ihr Schicksal.

An einem sonst eher ereignislosen Tag im Frühling vor 66 Millionen Jahren stürzte ein riesiger Felsblock von der Größe New Yorks aus dem All auf die Erde herab. Mit einer Geschwindigkeit von über 70 000 Kilometern pro Stunde und einem Durchmesser von etwa zehn Kilometern, schlug der Asteroid so heftig ein, dass er sogar die Erdkruste aufschmolz. Das außerirdische Objekt stürzte an der Küste der Yucatán-Halbinsel vor Mexiko auf die Erde. Die kleine Ortschaft Chicxulub liegt der Einschlagstelle am nächsten, weshalb der Asteroid heute »Chicxulub-Impaktor« genannt wird.

Dem Einschlag folgten gewaltige Stoßwellen, die sich im Golf von Mexiko zu Tsunamis von mehr als 1,6 Kilometern Höhe auftürmten. Im Big-Bend-Nationalpark in Texas, rund 1600 Kilometer von diesem Ort entfernt, finden wir Sedimente, die unmittelbar nach dem Einschlag entstanden und als Tsunamite bezeichnet werden.

> **Tsunamite** sind Sedimentgesteine, die aus den Ablagerungen zusammengesetzt sind, die während eines Tsunamis entstehen.

Der Einschlag des Asteroiden verursachte nicht nur Erdbeben und Tsunamis, es wurden dabei auch riesige Mengen an Schutt, geschmolzenem Gestein und Staub aus dem Krater geschleudert. Die Wucht des Impakts war so heftig, dass einige Gesteinsbrocken möglicherweise sogar ins Weltall geschleudert wurden. An der Tanis-Fossillagerstätte in Norddakota, über 3000 Kilometer von Chicxulub entfernt, haben Forscher Tektite gefunden, die mit dem Asteroiden in Verbindung gebracht werden.

Tektite sind Glasobjekte, die entstehen, wenn bei einem Asteroiden- oder Meteoriteneinschlag Umgebungsgestein aufschmilzt und vom Einschlagsort weggeschleudert wird. Die meist tropfenförmigen Objekte können mehrere Zentimeter groß werden und bestehen häufig aus Hochdruckmodifikationen von Quarz.

In den Tanis-Sedimenten, die Teil der Hell-Creek-Formation sind, fanden wir Fischskelette, die an Land geschleudert und von kleinen Tektiten durchlöchert waren. In den versteinerten Überresten mancher dieser Fische steckten die kleinen Projektile immer noch in den Kiemen. Die Fische waren ein wichtiges Indiz für die saisonale Eingrenzung des Einschlagereignisses. Die Erdbebenablagerungen zeigen nämlich eine jährliche Zyklizität in den letzten Jahren der Kreidezeit und belegen, dass sich der Impakt im Frühling der nördlichen Hemisphäre ereignete.

Ich erinnere mich noch gut an die Anfänge des Forschungsprojekts in der Tanis-Fossillagerstätte – ich selbst war nicht daran beteiligt, hatte aber das Glück, Melanie During, die leitende Autorin eines Artikels über die Tanis-Sedimente, 2018 in Grenoble kennenzulernen. Ich scannte mit unserem Team aus Oxford gerade ebenfalls mesozoische und rezente Fische, als Melanie dort für ihr Projekt

Fischfossilien und die kleinen, kugelförmigen Tektite segmentierte. Ich hatte sie schon auf einigen Tagungen gesehen, aber noch nie mit ihr gesprochen. In Grenoble nahm sie sich die Zeit, mir ihre Arbeit zu erklären, die sie 2022 im Journal *Nature* publizierte. Ich fand das Thema damals schon spannend, ohne zu ahnen, dass ihre Forschung so viel Beachtung finden würde. Wie sich herausstellte, konnte man an den Knochen der Fische jahreszeitliche Veränderungen ablesen, wie wir das auch schon bei den Knochen von *Thrinaxodon* gesehen haben. Genau wie bei *Thrinaxodon* gab es in den Fischen Anzeichen von Ästivation und Winterschlaf. Außerdem folgte ihre Fortpflanzung offenbar Jahreszyklen, und auch das Nahrungsangebot schwankte abhängig von der Jahreszeit, was natürlich Sinn macht, da sonst ja Ästivation und Winterschlaf nicht nötig gewesen wären.

Es ist erstaunlich, dass die Tanis-Fundstelle eine genaue Chronologie der unmittelbaren Ereignisse des Chicxulub-Einschlags liefert. Die Schichten dort sind etwa innerhalb einer Stunde nach dem Impakt entstanden und stellen – weit im Landesinneren – eine Mischung aus marinen und terrestrischen Ablagerungen dar. Obwohl die Art ihrer Zusammenstellung an Tsunamite erinnert, sind diese Schichten wahrscheinlich durch massive Erdbebenwellen entstanden. Forscher schätzen das Erdbeben, das zu solchen Schichten führen konnte, auf eine Stärke zwischen 10,0 und 10,6 auf der Momenten-Magnituden-Skala (M_W). Ein 10,0 M_W starkes Erdbeben setzt bereits die Energie von 1,2 Millionen Hiroshimabomben frei. Das heftigste je gemessene Erdbeben unserer Zeit ereignete sich 1960 in Chile mit 9,5 M_W. Das klingt zunächst ähnlich verheerend wie der urzeitliche Asteroideneinschlag, allerdings ist ein Erdbeben der Stärke 10,5 M_W rund 36-mal heftiger als eines mit 9,5 M_W. Die Momenten-Magnituden-Skala endet bei dem Wert von 10,6 M_W, da Physiker annehmen, dass dabei die Erdkruste vollständig auseinanderbrechen würde. Wäre der Asteroid also nur ein bisschen größer gewesen und etwas schneller auf die Erde gestürzt, er hätte womöglich die ganze Erde zerstört.

Belege für die Staubwolke, die dieser Einschlag verursachte und die Erde für kurze Zeit völlig umhüllte, sind hauchdünne Sedimentschichten, die als die Iridium-Anomalie bekannt sind. 1980 wurde diese auf der ganzen Welt nachweisbare Anomalie von Luis und Walter Alvarez, Frank Asaro und Helen Michel wissenschaftlich beschrieben. Das Team konnte eine erhöhte Iridium-Konzentration in einer Grenzschicht zwischen kreidezeitlichen und paläozänen Gesteinsablagerungen in Italien und Dänemark nachweisen. Inzwischen wurden aber auch in New Mexico, New Jersey und anderen Regionen solche Schichten nachgewiesen. 2022 wurde ein Artikel veröffentlicht, der über Gesteinsschichten der Kreide-Tertiärgrenze aus Baja California in Mexiko berichtete. Sie bestehen aus terrestrischen und flachmarinen Sedimenten, die infolge des Einschlags in kürzester Zeit auf Sedimente am Kontinentalhang umgebettet wurden.

Die radiometrische Datierung ergab, dass die Schichten etwa 66,12 Millionen Jahre ± 650 000 Jahre alt sind. Das entspricht dem Alter der Kreide-Paläogen-Grenze. Sie enthalten Korallen, marine Schnecken und Muscheln, aber auch Tuffe, Quarze und verkohlte Baumstämme, die an Land entstanden sind. Bei den Quarzkörnern handelt es sich um geschockte Quarze, die nur entstehen, wenn Erdbebenwellen durch sie hindurchlaufen. Diese ungewöhnliche Mischung aus unterschiedlichen Materialien wird als heterogene Erdrutschablagerung interpretiert, die durch ein Erdbeben als direkte Folge des Chicxulub-Einschlags und des Mega-Tsunamis erzeugt wurden.

Die verkohlten Baumstämme in den Sedimenten entstanden wahrscheinlich in einer ganz kurzen Zeitspanne. Unmittelbar nach dem Einschlag muss an dieser Stelle eine gewaltige Feuerwalze mit mehr als 1000 Grad Celsius über das Land hinweggefegt sein, die schon wenige Minuten später durch den Tsunami gelöscht wurde. Bei der Rückströmung des Wassers rissen die Fluten dann Bäume, Tuffe und Küstenablagerungen mit sich und spülten sie in tieferes Wasser. Direkt darüber finden wir heute Tonsteine, die ebenfalls eine deutliche Iridium-Signatur tragen. Während die Tanis-Sedimente innerhalb einer Stunde nach dem Impakt entstanden sind, wurden diese Sedimente schon in den ersten zehn Minuten nach dem Einschlag abgelagert.

Da das Element Iridium in der Erdkruste kaum vorkommt, in Meteoriten aber in hoher Konzentration vorzufinden ist, kann eine iridiumreiche Schicht ein untrügliches Zeichen für einen außerirdischen Einschlag darstellen. Einige Astronomen glauben, dass der Ursprung dieses Asteroiden im äußersten Bereich oder kurz außerhalb unseres Sonnensystems in der Oortschen Wolke lag. Neueste Erkenntnisse deuten darauf hin, dass der Asteroid möglicherweise kurz vor dem Impakt auseinanderbrach und ein zweiter Teil des Himmelskörpers vor der Westküste Afrikas auf die Erde stürzte.

Wie Phönix aus der Asche: Wie Vögel die Katastrophe überlebten

Als der Asteroid die Erde vor 66 Millionen Jahren traf, starben alle Dinosaurier mit Ausnahme der modernen Vögel aus, außerdem auch die Flugechsen, alle marinen Reptilien und die Ammoniten.

Der Asteroideneinschlag hatte darüber hinaus massive Auswirkungen auf die Pflanzenwelt. Mehrere Faktoren sorgten für eine globale Entwaldung. Bereits die Schockwellen, die unmittelbar nach dem Einschlag um die Welt gingen, verursachten sicher einen erheblichen Waldverlust, und die nachfolgenden Waldbrände verwüsteten weite Teile der Vegetation. Neben den unmittelbaren Folgen des Einschlags gab es lang anhaltende Faktoren, die den Wald schädigten. Noch in den Folgemonaten sorgten Asche, Rauch und Ruß in der Atmosphäre für eine verminderte Sonneneinstrahlung, was die Fotosynthese der Pflanzen massiv beeinträchtigte und gleichzeitig eine globale Abkühlung hervorrief. Die ganze Welt befand sich in einem dauerhaften Dämmerungszustand. Im Zwielicht starben die Wälder weiter. Auch als sich der Staub langsam legte, verzögerten geringe Sonneneinstrahlung und kühlere Temperaturen bei den massiv geschädigten Wäldern eine Erholung. Warum das Waldsterben und der ökologische Kollaps bei den Vögeln weniger gravierend waren als bei ihren nächsten Verwandten, wird immer noch ausgiebig diskutiert. Und so simpel die Frage, warum die Vögel überlebt haben, klingen mag, die Antwort darauf scheint sehr vielschichtig. Es gibt zwei Möglichkeiten, diese Frage zu stellen. Wir können einmal fragen, warum sich alle anderen Dinosaurier vom Asteroideneinschlag nicht mehr erholen konnten oder inwiefern sich die Vögel von den Dinosauriern unterschieden, sodass sie überleben konnten.

Um die Frage des Überlebens beantworten zu können, müssen wir zunächst wissen, wann genau die modernen Vögel entstanden sind. Die lange Geisterlinie bei den Straußen-Verwandten macht das erstaunlich schwierig. Erste Vertreter der Gruppe sind möglicherweise vor über 100 Millionen Jahren entstanden, Belege dafür finden wir allerdings erst kurz vor der Kreide-Paläogen-Grenze. Die Enten- und Hühnervögel sind nur wenige 100 000 Jahre vor dem Chicxulub-Impakt entstanden, alle anderen Vögel vermutlich erst danach. Es gibt kaum Fossilfunde von den frühen Vertretern moderner Vögel. Das liegt zum einen daran, dass Vögel in der Regel sehr kleine Tiere mit dünnen Knochen sind und im Fossilbericht oft nicht erhalten bleiben. Zum anderen spielen sie am Ende der Kreidezeit noch eine sehr untergeordnete Rolle in den Ökosystemen.

Der erste verlässliche Beleg für einen echten Neoaves ist ein Fund, der auf 62,5 Millionen Jahre datiert wird – das sind etwa 3,5 Millionen Jahre nach dem Asteroideneinschlag. Das Fossil stammt aus dem US-Bundesstaat New Mexico und wurde *Tsidiiyazhi abini* genannt, ein Begriff, der aus dem Navajo stammt und auf Deutsch »der kleine Morgenvogel« bedeutet. Es wird angenommen, dass dieses Tier mit den heutigen Mausvögeln verwandt ist, die ausschließlich in Afrika, südlich der Sahara, vorkommen.

Das verkompliziert unsere Frage, da Mausvögel eng mit den Sperlingsvögeln verwandt sind und genetische Untersuchungen nahelegen, dass Maus- und Sperlingsvögel eigentlich erst später als viele andere Neoaves entstanden sein müssen. Die meisten Phylogenien deuten darauf hin, dass Flamingos und Tauben die ersten »neuen Vögel« waren. Danach kamen Falken, Kolibris, Kraniche, Möwen, Pinguine und viele andere. Die Kern-Landvögel, zu denen die Maus- und Sperlingsvögel gehören, waren wahrscheinlich die letzte Gruppe der Neoaves.

Wenn wir uns die ersten Fossilfunde aus der Kreidezeit genauer ansehen, stellen wir fest, dass Enten- und Hühnervögel in ganz anderen Lebensräumen gelebt haben als der erste Neoaves *Tsidiiyazhi*. *Asteriornis* und *Vegavis* waren eher Küstenbewohner. Und der erste bekannte Gänsevogel kommt, genau wie *Vegavis*, aus der Antarktis. Das Tier heißt *Conflicto antarcticus* und wurde in Schichten der López-de-Bertodano-Formation abgelagert, die von der späten Kreidezeit bis in das früheste Paläozän reichen. Der Fundhorizont weist darauf hin, dass der Vogel kurz nach dem Asteroideneinschlag gelebt hat. Aber warum konnten diese frühen modernen Küsten- oder Wasservögel überleben, während es den Ichthyornithiden und den Enantiornithinen nicht gelang?

Einer der Gründe dafür liegt sicher in der Tatsache, dass sich eine Reihe ihrer Merkmale nach dem Massensterben als selektiv vorteilhaft erwiesen hat. Dazu gehörte der geringe Energiebedarf der Vögel. Sie hatten wegen ihrer geringen Körpergröße auch einen geringeren Energiebedarf als die meisten anderen Dinosaurier und zeigten gleichzeitig eine gewisse Anpassungsfähigkeit und Flexibilität bei ihrer Ernährung. Mit dem Kollaps vieler Ökosysteme verschwanden viele Nahrungsressourcen, und die frühesten Vögel mussten ihre Ernährungsgewohnheiten umstellen. Vielleicht half ihnen dabei ein fortgeschrittenes Verdauungssystem, sodass sie ihre Ernährung auf Insekten und Samen umstellen konnten. Den kleinen Vögeln reichten damals vermutlich wenige Insekten oder ein paar Samenkörner am Tag zum Überleben.

Größere Tiere hingegen fanden nicht genug Nahrung. Die Ichthyornithiden, die am engsten mit den heutigen Vögeln verwandt sind, waren größer und vermutlich überwiegend Fischfresser. Doch die Fischfaunen waren durch den Impakt schwer geschädigt, weshalb es für diese Tiere immer schwieriger wurde, genug Nahrung zu finden. Gleichzeitig war ihr Energiebedarf aber höher, weil sie größer und schwerer waren, und ihre spezialisierte Fischdiät erlaubte es ihnen nicht, sich schnell genug auf Samen und Insekten umzustellen. Bei den Enantiornithinen wurde der Fortbestand vermutlich durch die Zerstörung der Wälder beeinträchtigt. Sie konnten ihre Küken, die überwiegend Nestflüchter waren, nicht ausreichend beschützen und ernähren.

Die anderen flugunfähigen Dinosaurier konnten wegen ihres hohen Energiebedarfs nicht überleben. Dabei könnte man sich vielleicht fragen, ob die Bedingungen tatsächlich überall auf der Welt gleich schlimm waren und ob es nicht vielleicht vereinzelt noch kleine Inselpopulationen gab, die von der Katastrophe verschont geblieben waren und die auch danach noch etwas bessere Voraussetzungen boten. Die Antwort darauf haben wir bereits mehrfach angesprochen. Dinosaurier waren sehr gut an ihre Umwelt angepasst, und in einem stabilen Ökosystem konnten sie sich hervorragend gegen Wettbewerber durchsetzen und sie verdrängen.

Aber gerade diese erfolgreiche Strategie sorgte in einer ökologischen Krise für ihren Untergang. Bei Säugetieren und Vögeln belegen Jungtiere und Erwachsene die gleiche ökologische Nische, weshalb ein Überleben für die Jungen möglich war, wenn ihre Eltern genug Nahrung fanden, und umgekehrt. Bei Dinosauriern und besonders bei großen Raubsauriern und Langhalsdinosauriern verhielten sich die unterschiedlichen Generationen, trophisch gesehen, wie verschiedene Arten. Zur Erinnerung: Die unterschiedliche Nahrung von Jung und Alt führte zu einer Verringerung der Nischenvielfalt, weil Schlüpflinge, jugendliche Großräuber und ausgewachsene Tiere als eigenständige ökologische Morphospezies fungierten. Das Gleiche trifft auf die Langhälse zu, deren Jungtiere sich von Schachtelhalmen ernährten, während die ausgewachsenen Sauropoden Blätter von hohen Bäumen fraßen. Fanden die Jungtiere nicht genug Nahrung, wuchsen sie nicht heran und verhungerten vor der Geschlechtsreife, und fanden die ausgewachsenen Tiere kein Futter, starben sie, bevor sie Eier legen konnten.

Für kleine Säugetiere gab es selektive Vorteile gegenüber größeren, da sie sich wie die Vögel oft von Insekten ernährten. Große Arten konnten, bis auf einige wenige Säugetierlinien, auch nicht überleben. Bei den nicht avialen Dinosauriern dagegen, die buchstäblich alle ökologischen Nischen im Laufe ihres Lebens belegten, konnte deshalb keiner überdauern.

Aber selbst für kleine Säugetiere und Vögel waren die Ressourcen knapp. Wenn ihr Hunger irgendwann stärker als die Furcht wurde, trieb das manches Tier dazu, gezielt Dinosauriergelege zu plündern, was deren Verschwinden nur noch beschleunigte.

Epilog

Dieses Buch soll einen Überblick über die unglaublichen Entdeckungen der Paläontologie geben und die faszinierenden Erkenntnisse aufzeigen, zu denen meine Kollegen, meine Kolleginnen und ich in den letzten Jahren gelangt sind. Die Forschung ist aktiv und wir können mit immer neuen Methoden Rätsel entschlüsseln, die vorher unlösbar schienen. Das Buch enthält aber nur einen winzigen Ausschnitt dessen, woran aktuell geforscht wird, und wenn es Anklang findet, kann ich später gerne mehr berichten. Für die Geschichten, die ich erzählt habe, sind Informationen aus verschiedenen Winkeln der Erde zusammengeflossen. Während die Forschung vor 50 Jahren noch von nordamerikanischen und europäischen Paläontologen dominiert wurde, kommen heute die spannendsten Entdeckungen oft aus Südamerika, Asien, Afrika, Australien und aus der Antarktis. Wir verstehen die Dinosaurier besser als je zuvor und trotzdem waren noch nie so viele Fragen offen. Mit jeder Tür, die wir aufstoßen, stehen wir vor neuen Rätseln, die es zu entschlüsseln gilt. Dabei trägt das Verständnis der Dinosaurier auch dazu bei, unser eigenes Schicksal besser zu verstehen und vielleicht zum Wohle unserer Kinder in die richtige Richtung zu lenken.

Drei der größten Massenaussterbeereignisse der Erde

stehen in Zusammenhang mit der Entstehung, dem evolutiven Erfolg und dem Untergang der Dinosaurier. Durch eine ständig wachsende Konzentration der Treibhausgase kam es zu Effekten, die erst schleichend und dann immer schneller vonstattengingen. Einem ökologischen Kollaps folgte dann immer ein massives Artensterben, das eine trophische Kaskade auslöste. Die Vögel haben die letzte Katastrophe überlebt, weil sie in ökologischen Nischen entstanden sind, die am wenigsten von den sich verändernden Umweltbedingungen betroffen waren. Heute zerstört der Mensch die Lebensräume und die Nahrungsquellen für die Vögel und bedroht die Biodiversität in einem solchen Ausmaß, dass wir womöglich für das nächste große Massenaussterben verantwortlich sein werden. Wenn wir nicht aufpassen, werden wir vollenden, was der Asteroid nicht geschafft hat, und für das Aussterben der letzten Dinosaurier auf der Erde sorgen. Das muss aber nicht sein. Wir wissen und begreifen, was um uns herum geschieht. Nun ist es unsere Aufgabe, die richtigen Maßnahmen zu treffen und auf diejenigen zu hören, die Wissenschaft verstehen und uns Lösungen für die Herausforderungen anbieten.

Anhang

Glossar

Ästivation: eine Form von Sommerschlaf, bei dem der Stoffwechsel herabgesenkt und jegliche Aktivität als Anpassung an widrige Umweltbedingungen heruntergefahren oder ganz ausgesetzt wird. Sie kann während Hitzeperioden oder Trockenzeiten erfolgen und unter ariden Klimabedingungen auch saisonal auftreten. Ein ästivierendes Verhalten gibt es heute noch bei manchen Faltern oder Schneckenarten.

Albium: die letzte chronostratigrafische Stufe der Unterkreide (112,9 bis 100,5 Millionen Jahre vor heute).

Alcmonavis: ein Urvogel aus Sedimenten des Oberen Jura im Altmühltal in Bayern (zirka 150 Millionen Jahre alt).

Allosaurus: eine Gattung der Theropoden, die im Oberen Jura von Nordamerika und Europa gelebt haben und zu den größten Raubtiere ihrer Zeit gehören.

Alveole: eine Vertiefung oder eine Tasche im Kiefer, in der die Zahnwurzel eines Zahns steckt.

Ammonoidea: eine ausgestorbene Gruppe von Kopffüßern, die vor 407,6 bis 66 Millionen Jahre vor heute gelebt haben.

Amniota: eine Großgruppe, die alle Landwirbeltiere mit Ausnahme der Amphibien einschließt und durch die Fähigkeit gekennzeichnet ist, sich unabhängig vom Wasser fortzupflanzen.

Anagenese: die Entwicklung einer neuen Art aus einer alten.

Anisium: die erste chronostratigrafische Stufe der Mittleren Trias (247,2 bis 242 Millionen Jahre vor heute).

anoxisch: ein Bereich, der frei von Sauerstoff ist, zum Beispiel im Meer.

Archosauria: eine Gruppe innerhalb der Tetrapoden, die Krokodile, Vögel, Dinosaurier und Flugsaurier einschließt und wahrscheinlich im späten Oberperm entstanden ist.

Asteriornis: eine Vogelgattung der späten Kreidezeit Belgiens (zirka 66,8 bis 66,7 Millionen Jahre), letzter gemeinsame Vorfahre aller Hühner und Gänse und damit der älteste bekannte neognathe Vogel.

Aves: wissenschaftliche Bezeichnung für die Klasse der Vögel.

Avialae: die Gruppe der Theropoden, die näher mit den Vögeln verwandt sind als mit Deinonychosauriern.

Baryonyx: ein Dinosaurier aus der Familie Spinosauridae, aus der Unterkreidezeit Englands (zirka 130 bis 125 Millionen Jahre vor heute).

Biostratigrafie: die Gliederung und relative chronologische Einteilung von Gesteinsschichten anhand von Fossilien.

Bioturbation: das Durchwühlen von Böden und Sedimenten durch grabende Lebewesen.

bone beds: Anreicherungen von Fossilien in bestimmten Gesteinsschichten.

Bone Wars: ein Begriff der US-amerikanischen Presse und populärwissenschaftlichen Literatur, der die Auseinandersetzung der beiden amerikanischen Paläontologen Edward Drinker Cope und Othniel Charles Marsh bezeichnet, die von 1877 bis 1892 anhielt.

Borealopelta: eine Gattung der Keulenschwanzdinosaurier aus der Unteren Kreidezeit Kanadas (112 bis 110 Millionen Jahre vor heute), deren Skelett das vollständigste dieser Gruppe ist.

Brachiosaurus: eine Gattung der Langhalsdinosaurier aus der Morrison- und der Tendaguru-Formation des Oberen Jura von Nordamerika und Afrika (154 bis 145 Millionen Jahre vor heute).

Brontosaurus: eine Gattung der Langhalsdinosaurier aus der Morrison-Formation des Oberen Jura von Nordamerika.

Broomistega: eine Gattung aus der Gruppe der Amphibien.

Caihong: eine Gattung aus der Gruppe der Avialae.

Camarasaurus: eine Gattung der Langhalsdinosaurier aus der Morrison-Formation des Oberen Jura von Nordamerika.

Ceratopsia: die Gruppe der Horndinosaurier.

Chicxulub: eine Ortschaft in Mexiko, nahe dem Einschlagsort des Asteroiden, der vor 66 Millionen Jahren auf die Erde gestürzt ist.

Coelurosauria: eine Gruppe aus der Großgruppe der Theropoda.

Computertomografie: ein bildgebendes Verfahren in der Radiologie, mit dem man beispielsweise Knochen und Fossilien durchleuchten kann.

Conflicto: die erste Gattung der Gänsevögel.

Conodonta: eine Gruppe an der Basis der Wirbeltiere.

Cope, Edward Drinker (1840–1897): ein US-amerikanischer Wirbeltierpaläontologe, Zoologe, vergleichender Anatom, Herpetologe und Ichthyologe.

Cymbospondylus: eine Gattung eines marinen Reptils aus der Gruppe der Ichthyosaurier.

Cynodontia: eine Gruppe früher säugetierähnlicher Therapsiden.

Daonella: eine Gattung von frei schwimmenden Meeresmuscheln aus der Trias.

Dicynodontia: eine Gruppe pflanzenfressender Synapsiden.

Dinosauria: die bedeutendste Großgruppe der Landwirbeltiere des Erdmittelalters.

Dinosauromorpha: eine Großgruppe innerhalb der Archosaurier, zu der die Dinosaurier und ihre nächsten Verwandten gehören.

Diplodocus: eine Gattung aus der Gruppe der Langhalsdinosaurier aus dem Oberen Jura der Morrison-Formation.

Edmontosaurus: eine Gattung der Entenschnabeldinosaurier.

Enantiornithes: eine Schwesterngruppe der modernen Vögel.

Eozän: eine chronostratigrafische Serie des Paläogens (56 bis 33,9 Millionen Jahre vor heute).

Europasaurus: inselverzwergter Sauropode aus Norddeutschland.

Fossilbericht: dokumentiert alle Vorkommen von Fossilien und stellt sie in einen wissenschaftlichen, stratigrafischen Zusammenhang.

Fossilien: Überreste von Lebewesen und Zeugnisse ihrer Aktivität, die mindestens 10 000 Jahre alt sind und vergangenes Leben der Erdgeschichte belegen können.

Fossillagerstätte: Fundort, der besonders reich an Fossilien ist.

Galloanserae: eine Großgruppe der modernen Vögel, schließt alle Hühner- und Gänsevögel mit ein.

Germanisches Becken: ein großes Sedimentationsgebiet, das sich vom Perm bis zur Trias von England bis nach Ostpolen erstreckte und zeitweise von einem Flachmeer bedeckt war.

Gondwana: südlicher Superkontinent, der aus dem heutigen Afrika, Südamerika, Antarktika, Indien und Australien bestand.

Helveticosauridae: eine Familie ursprünglicher archosauromorpher, mariner Reptilien aus der Mittleren Trias der Schweiz.

Heyuannia: eine Gattung aus der Gruppe der Oviraptoren aus China, von der unzählige Gelege bekannt sind.

Holtz, Thomas Richard Jr. (*1965): US-amerikanischer Wirbeltierpaläontologe an der University of Maryland.

Ichthyosauria: eine Gruppe ausgestorbener sekundär mariner Reptilien, die vollständig an das Leben im Meer angepasst waren.

Iguanodon: eine Gattung in der Gruppe der Vogelfußdinosaurier.

Inselverzwergung: ein evolutionsbiologisches Phänomen, bei dem die Größe von Tieren in einem isolierten Ökosystem innerhalb weniger Generationen abnimmt. Es tritt besonders auf Inseln auf, wo diese Tiere keine Fressfeinde fürchten müssen. Andere Lebensräume wie Höhlen, abgeschnittene Täler oder unerreichbare Bergregionen können ebenfalls dieses Phänomen hervorrufen.

Iridium-Anomalie: eine weltweit nachweisbare erhöhte Konzentration des Elements Iridium in Sedimentgesteinen, die vor 66 Millionen Jahren, an der Kreide-Paläogen-Grenze, auftritt und ein Beleg für den Asteroideneinschlag ist.

Janensch, Werner Ernst Martin (1878–1969): ein deutscher Wirbeltierpaläontologe, Geologe, Forschungsreisender und einer der bedeutendsten Dinosaurierspezialisten seiner Zeit, der vor allem durch seine Afrika-Expedition bekannt wurde.

Jura: die mittlere Periode des Erdmittelalters (201,3 bis 145 Millionen Jahre vor heute).

Kimmeridgium: die mittlere Stufe des Oberjura (157,3 bis 152,1 Millionen Jahre vor heute).

Kladogenese: ein Phänomen, bei dem sich eine ursprüngliche Art in zwei neue Arten aufspaltet.

Konfidenzintervall: ein Intervall in der Statistik, das die Genauigkeit der Lage eines Parameters anzeigt. Das Konfidenzintervall gibt den Bereich an, der mit einer gewissen Wahrscheinlichkeit den Parameter einer Verteilung einer Zufallsvariablen einschließt. Häufig wird das Konfidenzniveau von 95 Prozent angegeben. Bei der Berechnung eines Konfidenzintervalls enthält es dann den echten Wert mit einer Wahrscheinlichkeit von 95 Prozent.

Konkretion: ein oft runder oder kugelförmiger Mineralverbund. Er besteht aus einem harten feinkörnigen Sediment, das durch Porenwasser verbacken wurde und im Laufe der Zeit von einem Kristallisationsmittelpunkt aus nach außen gewachsen ist.

Konvergenz: Wenn völlig unterschiedliche Tiere eine Evolutionsgeschichte zu einer ähnlichen Körperform hin durchlaufen, obwohl sie nicht von denselben Vorfahren abstammen, dann spricht man von einer konvergenten Entwicklung.

Koprolithen: Spurenfossilien, die aus versteinertem, meist phosphatischem Kot bestehen.

Kreidezeit: die jüngste Periode des Erdmittelalters (145 bis 66 Millionen Jahre vor heute).

Leidy, Joseph (1823–1891): ein US-amerikanischer Paläontologe und Professor für Anatomie an der University of Pennsylvania.

Maastrichtium: die jüngste Stufe der Oberkreide (72 bis 66 Millionen Jahre vor heute).

Maniraptora: eine fortschrittliche Gruppe der Coelurosauria.

Maraapunisaurus (ehemals Amphicoelias): eine Gattung aus der Gruppe der Langhalsdinosaurier aus der Morrison-Formation des Oberen Jura von Nordamerika. Das Tier gilt als heißer Anwärter für den Rekord des größten je gefundenen Dinosauriers.

Marsh, Othniel Charles (1831–1899): ein US-amerikanischer Wirbeltierpaläontologe und erster Professor für Paläontologie an der Yale University.

Megalosauridae: Familie aus der Gruppe der Megalosauroidea.

Megalosauroidea: eine Überfamilie aus der Gruppe der Theropoden.

Megalosaurus: eine Gattung aus der Gruppe der Theropoden aus dem Mittleren Jura Englands (166 Millionen Jahre vor heute) und 1824 der allererste wissenschaftlich beschriebene Dinosaurier.

Melanosomen: spezialisierte funktionelle Systeme in Pigmentzellen, die das Pigment Melanin bilden.

Mellisuga: eine Gattung der Kolibris und der kleinste Vogel der Welt.

Mesozoikum: Erdmittelalter (251,9 bis 66 Millionen Jahre vor heute).

Mixosauria: eine Gruppe kleiner Ichthyosaurier, die während der Mitteltrias lebten.

Neoaves: die Gruppe aller modernen Vögel mit Ausnahme der Paleognathae und der Galloanserae.

Neognathae: die Gruppe aller modernen Vögel mit Ausnahme der Paleognathae.

Neovenator: ein Dinosaurier, der eng mit *Allosaurus* verwandt war und aus der Unteren Kreidezeit stammte (130,7 bis 126,3 Millionen Jahre vor heute).

Nestflüchter: frisch geschlüpfte Jungtiere, die so weit entwickelt sind, dass sie das Nest verlassen und den Eltern unmittelbar nachfolgen können.

Nesthocker: leben nach dem Schlüpfen noch eine Weile im Nest ihrer Eltern und benötigen Brutpflege.

Norium: die mittlere chronostratigrafische Stufe der Obertrias (228 bis 208,5 Millionen Jahre vor heute).

Notatesseraeraptor: eine Gattung eines kleinen Theropoden aus der Trias, der eng mit *Dilophosaurus* verwandt ist. Der erste in der Schweiz beschriebene fleischfressende Dinosaurier.

Odontoceti: die wissenschaftliche Bezeichnung für Zahnwale.

Ökologie: erforscht die Beziehungen von Lebewesen untereinander und zu ihrer Umwelt.

Oligozän: die oberste Serie des Paläogens (33,9 bis 23 Millionen Jahre vor heute).

Omphalosaurus: ein ungewöhnlicher Ichthyosaurier aus der Trias mit Knackgebiss.

Ornithischia: wissenschaftliche Bezeichnung für die Vogelbeckensaurier.

Ornithopoda: wissenschaftliche Bezeichnung für die Vogelfußsaurier.

Osborn, Henry Fairfield Sr. (1857–1935): US-amerikanischer Wirbeltierpaläontologe, Geologe und Präsident des American Museum of Natural History.

Osteoderme: Hautknochen, die meist einen Panzer formen und dem Schutz eines Tieres dienen.

Ostrom, John Harold (1928–2005): US-amerikanischer Wirbeltierpaläontologe und Entdecker des Raubsauriers *Deinonychus*.

Ostromia: eine kleine Gattung aus der Gruppe der Maniraptoren.

Owen, Richard (1804–1892): ein englischer Paläontologe, Biologe und vergleichender Anatom, Leiter des Britischen Naturkundemuseums in London und Namensgeber der Gruppe Dinosauria.

Oxfordium: die älteste Stufe des Oberjura (163,5 bis 157,3 Millionen Jahre vor heute).

Pachyostose: eine im Laufe der Evolution erworbene, sekundäre Anpassung der Nachfahren von Landwirbeltieren an ein Leben im Wasser, um den statischen Auftrieb des Körpers auszugleichen und ohne Anstrengung unter Wasser bleiben zu können. Von heute noch lebenden Tieren zeigen nur die Seekühe eine Pachyostose, die besonders auffällig an ihren breiten und dicken Rippenknochen zu erkennen ist.

Pachypes: eine Ichnospezies eines permischen, vierbeinigen und fünfzehigen Pflanzenfressers.

Pädomorphose: die Beibehaltung juveniler Merkmale in späteren Lebensstadien. Sie kann durch eine Beschleunigung der Geschlechtsreife im Verhältnis zum Rest der Entwicklung oder durch eine Verzögerung der körperlichen Entwicklung relativ zur Fortpflanzungsfähigkeit erreicht werden.

Paläogen: die älteste geochronologische Periode des Känozoikums (66 bis 23 Millionen Jahre vor heute).

Palaeognathae: die Gruppe aller modernen Vögel mit Ausnahme der Neognathae und der Galloanserae.

Paleobond: ein Klebemittel, das für Gestein, Fossilien und versteinertes Holz eingesetzt wird.

Pangäa: Urkontinent, der im Perm alle Landmassen der Erde in sich vereinte.

Perm: die jüngste Periode des Erdaltertums (298,9 bis 251,9 Millionen Jahre vor heute).

Phalarodon: eine frühe Gattung von Ichthyosauriern, die in Nevada entdeckt wurde und zu der Gruppe der Mixosaurier gehört.

Phylogenie: beschreibt innerhalb der biologischen Systematik die stammesgeschichtliche Entwicklung aller Lebewesen und die Verwandtschaftsbeziehung der Gruppen untereinander.

Plateosaurus: eine ursprüngliche Gattung der Sauropodomorpha in der Obertrias.

Pneumatisation: die Bildung von luftgefüllten Hohlräumen in ursprünglich dichtem Knochengewebe. Eine Pneumatisation kann sowohl im Laufe der Evolution als auch im Verlauf der Individualentwicklung entstehen. Man bezeichnet solche Knochen auch als »luftgefüllte Knochen«.

Potamornis: ein ausgestorbener Vogel aus der Gruppe der Hesperornithes aus der spätesten Kreidezeit.

Proceratosauridae: eine Familie der Gruppe der Tyrannosauroidea und Schwesterngruppe der Tyrannosauridae.

Rauhut, Oliver (*1969): ein deutscher Wirbeltierpaläontologe an der Universität München.

Rasterelektronenmikroskop: hierbei wird ein Elektronenstrahl nach einem bestimmten Muster über ein Objekt geführt. Dabei werden die Wechselwirkungen der Elektronen mit dem Objekt für eine Bilderzeugung genutzt.

Sander, Paul Martin (*1960): ein deutscher Wirbeltierpaläontologe an der Universität Bonn.

Saurischia: die Gruppe der Echsenbeckendinosaurier.

Sauropoda: die Gruppe der Langhalsdinosaurier.

Sauropodomorpha: eine der zwei Gruppen innerhalb der Echsenbeckendinosaurier.

Serration: eine sägezahnartige Schneidekante bei Zähnen.

Sexualdimorphismus: bezeichnet äußerlich sichtbare Unterschiede zwischen geschlechtsreifen männlichen und weiblichen Individuen einer Art, die sich nicht auf die Geschlechtsorgane beziehen.

Shonisaurus: eine Gattung von Ichthyosauriern, die in Nevada entdeckt wurde und zu den größten Ichthyosauriern überhaupt gehört.

Silesaurus: eine Gattung der Dinosauromorpha aus Polen und einer der nächsten Verwandten der Dinosaurier.

Skleralring: eine ringförmige knöcherne Struktur des Auges von Vögeln, Dinosauriern, Flugsauriern, Ichthyosauriern und Leguanen.

Spinosauridae: eine Familie aus der Gruppe der Spinosauroidea.

Spinosaurus: eine Gattung aus der Familie der Spinosauridae mit Rückensegel und einer der größten fleischfressenden Dinosaurier, wurde in Marokko und Ägypten gefunden.

Stegosaurus: eine Gattung aus der Gruppe der Vogelbeckendinosaurier mit Knochenplatten auf dem Rücken und einem Stachelschwanz, aus der Morrison-Formation.

Sternberg, Charles Hazelius (1850–1943): ein US-amerikanischer Fossiliensammler.

Synapomorphie: ein abgeleitetes Merkmal, das eine Gruppe von Arten zusammenfasst und sie von anderen Arten unterscheidet.

Synapsida: eine Großgruppe der Amnioten.

Synchrotron: ein spezieller Typ eines Teilchenbeschleunigers.

Tanystropheus: eine Gattung ursprünglicher Archosauromorphen aus der Mittleren und Oberen Trias, deren stark verlängerter Hals mindestens genauso lang war wie Rumpf und Schwanz zusammen.

Tektite: Glasobjekte, die entstehen, wenn bei einem Asteroiden- oder

Meteoriteneinschlag Umgebungsgestein aufschmilzt und vom Einschlagsort weggeschleudert wird. Die meist tropfenförmigen Objekte sind mehrere Zentimeter groß und bestehen aus Modifikationen von Quarz.

Temnospondyli: eine Gruppe von Landwirbeltieren, bei denen es sich vielleicht um die Vorfahren der modernen Amphibien handelt.

Tetrachromie: Reptilien haben vier unterschiedliche Zapfenzellen in der Netzhaut ihrer Augen, die für das Sehen von Farben verantwortlich sind. Deshalb werden diese Tiere als Tetrachromaten bezeichnet. Es wird angenommen, dass Tetrachromaten bis zu hundert Millionen Farben sehen können. Tetrachromie ist ein ursprüngliches Merkmal von Landwirbeltieren.

Tetrapoda: die Großgruppe aller landlebenden und sekundär aquatischen Wirbeltiere.

Tethys: ein Ozean des Mesozoikums.

Thalattoarchon: eine große räuberische Gattung aus der Gruppe der Ichthyosaurier.

Therapsida: eine Großgruppe von Landwirbeltieren, die auch die Säugetiere einschließt.

Theropoda: eine Gruppe von Echsenbeckendinosauriern, die alle fleischfressenden Dinosaurier einschließt.

Thrinaxodon: eine Gattung aus der Gruppe der Therapsiden.

Thyreophora: eine Gruppe der Vogelbeckensaurier, zu denen alle Stegosaurier und Ankylosaurier gehören.

Tithonium: die oberste Stufe des Oberjura (152,1 bis 145 Millionen Jahre vor heute).

Torvosaurus: eine Gattung aus der Familie der Megalosauridae.

Trias: die älteste Periode des Erdmittelalters (251,9 bis 201,3 Millionen Jahre vor heute).

Triceratops: eine Gattung aus der Gruppe der Horndinosaurier

Trophieebene: die Kennzeichnung für ein bestimmtes Niveau einer Nahrungskette in einem Ökosystem.

Tsunamite: Sedimentgesteine, die aus den Ablagerungen zusammengesetzt sind, die während eines Tsunamis entstehen.

Tuebingosaurus: eine Gattung eines Sauropodomorphen aus der späten Trias Deutschlands.

Tuffe: vulkanische Eruptivgesteine.

Tyrannosauridae: eine Familie aus der Gruppe Tyrannosauroidea.

Tyrannosauroidea: eine Überfamilie aus der Gruppe Theropoda.

Tyrannosaurus: eine Gattung aus der Gruppe Tyrannosauridae.

Yutyrannus: eine Gattung aus der Gruppe der Tyrannosauroidea.

Zirkon: ein Silikat-Mineral mit der chem. Formel $Zr[SiO_4]$.

Quellen

Kapitel 1 Neues Leben im Meer

Wintrich, T. et al. *An enigmatic marine reptile – the actual first record of Omphalosaurus in the* Muschelkalk *of the Germanic basin*. Journal of Vertebrate Paleontology (2017).

Fröbisch, N.B. et al. *Macropredatory ichthyosaur from the Middle Triassic and the origin of modern trophic networks*. PNAS (2013).

Sander, P.M. et al. *Early giant reveals faster evolution of large body size in ichthyosaurs than in cetaceans*. Science (2021).

Motani, R. et al. *Terrestrial Origin of Viviparity in Mesozoic Marine Reptiles Indicated by Early Triassic Embryonic Fossils*. PLoS ONE (2014).

Motani, R. et al. *A basal ichthyosauriform with a short snout from the Lower Triassic of China*. Nature (2015).

Klein, N. et al. *A new cymbospondylid ichthyosaur (Ichthyosauria) from the Middle Triassic (Anisian) of the Augusta Mountains, Nevada, USA*. Journal of Systematic Palaeontology (2020).

Marchetti, L. & Geoskop, U. *Leaving only trace fossils – the unknown visitors of Winterswijk*. Staringia (2019).

Wintrich, T. et al. *A Triassic plesiosaurian skeleton and bone histology inform on evolution of a unique body plan*. Science Advances (2017).

Krahl, A. & Witzel, U. *Foreflipper and hindflipper muscle reconstructions of Cryptoclidus eurymerus in comparison to functional analogues: introduction of a myological mechanism for flipper twisting*. PeerJ (2021).

Kapitel 2 Neues Leben an Land

Fernandez, V. et al. *Synchrotron Reveals Early Triassic Odd Couple: Injured Amphibian and Aestivating Therapsid Share Burrow*. PLoS ONE (2013).

Qvarnström, M. et al. *Tyrannosaurid-like osteophagy by a Triassic archosaur*. Scientific Reports (2019).

Qvarnström, M. et al. *Beetle-bearing coprolites possibly reveal the diet of a Late Triassic dinosauriform*. Royal Society Open Science (2019).

Qvarnström, M. et al. *Exceptionally preserved beetles in a Triassic coprolite of putative dinosauriform origin*. Current Biology (2021).
Nesbitt, S.J. et al. *The oldest dinosaur? A Middle Triassic dinosauriform from Tanzania*. Biology Letters (2013).
Pol, D. et al. *Triassic sauropodomorph dinosaurs from South America: The origin and diversification of dinosaur dominated herbivorous faunas*. Journal of South American Earth Sciences (2021).
Griffin, C.T. et al. *Africa's oldest dinosaurs reveal early suppression of dinosaur distribution*. Nature (2022).
Zahner, M. & Brinkmann, W. *A Triassic averostran-line theropod from Switzerland and the early evolution of dinosaurs*. Nature Ecology & Evolution (2019).
Hofmann, R. & Sander, P.M. *The first juvenile specimens of* Plateosaurus *engelhardti from Frick, Switzerland: isolated neural arches and their implications for developmental plasticity in a basal sauropodomorph*. PeerJ (2014).
Fernández, O.R.R. & Werneburg, I. *A new massopodan sauropodomorph from Trossingen Formation (Germany) hidden as* ›Plateosaurus‹ *for 100 years in the historical Tübingen collection*. Vertebrate Zoology (2022).
Olsen, P. et al. *Arctic ice and the ecological rise of the dinosaurs*. Science Advances (2022).

Kapitel 4 Deutschlands Dinosaurier

Sander P.M. et al. *Bone histology indicates insular dwarfism in a new Late Jurassic sauropod dinosaur*. Nature (2006).
Lallensack, J. et al. *Dinosaur tracks from the Langenberg Quarry (Late Jurassic, Germany) reconstructed with historical photogrammetry: Evidence for large theropods soon after insular dwarfism*. Palaeontologia Electronica (2015).
Foth, C. & Rauhut, O.W.M. *Re-evaluation of the Haarlem Archaeopteryx and the radiation of maniraptoran theropod dinosaurs*. BMC Evolutionary Biology (2017).
Rauhut, O.W.M. et al. *A non-archaeopterygid avialan theropod from the Late Jurassic of southern Germany*. eLife (2019).
Taylor, M.P. 1903 *(Dinosauria, Sauropoda) and Its Generic Separation from* Giraffatitan brancai *(Janensch 1914)*. Journal of Vertebrate Paleontology (2009).
D'Emic, M.D. et al. *Anatomy, systematics, paleoenvironment, growth, and age of the sauropod dinosaur* Sonorasaurus thompsoni *from the Cretaceous of Arizona, USA*. Journal of Paleontology (2016).
Mannion, P.D. et al. *The earliest known titanosauriform sauropod dinosaur and the evolution of Brachiosauridae*. PeerJ (2017).

Kapitel 5 Argentinien – wo die Riesen leben

Carballido, J. L. et al. *A new giant titanosaur sheds light on body mass evolution among sauropod dinosaurs. Proceedings of the Royal Society B:* Biological Sciences (2017).

Rauhut, O. W. M. & Pol, D. *Probable basal allosauroid from the early Middle Jurassic Cañadón Asfalto Formation of Argentina highlights phylogenetic uncertainty in tetanuran theropod dino-saurs.* Scientific Reports (2019).

Kapitel 6 Myanmar: Gefangen im Hellgold

Xing, L. et al. *A mid-Cretaceous enantiornithine (Aves) hatchling preserved in Burmese amber with unusual plumage.* Gondwana Research (2017).

Peñalver, E. et al. *Ticks parasitised feathered dinosaurs as revealed by Cretaceous amber assemblages.* Nature Communications (2017).

Xing, L. et al. *Hummingbird-sized dinosaur from the Cretaceous period of Myanmar.* Nature (2020). ARTIKEL ZURÜCKGEZOGEN

Bolet, A. et al. *Unusual morphology in the mid-Cretaceous lizard Oculudentavis.* Current Biology (2021).

Dunne, E. M. et al. *Ethics, law, and politics in palaeontological research: The case of Myanmar amber.* Communications Biology (2022).

Kapitel 7 Die Spinosaurier

Smith, J. B. et al. *A Giant Sauropod Dinosaur from an Upper Cretaceous Mangrove Deposit in Egypt.* Science (2001).

Ibrahim, N. et al. *Semiaquatic adaptations in a giant predatory dinosaur.* Science (2014).

Henderson, D. M. *A buoyancy, balance and stability challenge to the hypothesis of a semi-aquatic Spinosaurus Stromer*, 1915 (Dinosauria: Theropoda). PeerJ (2018).

Ibrahim, N. et al. *Tail-propelled aquatic locomotion in a theropod dinosaur.* Nature (2020).

Hone, D. & Holtz, T. *Evaluating the ecology of* Spinosaurus*: shoreline generalist or aquatic pursuit specialist?* Palaeontologia Electronica (2021).

Sereno, P. C. et al. Spinosaurus *is not an aquatic dinosaur*. eLife (2022).

Barker, C. T. et al. *New spinosaurids from the Wessex Formation (Early Cretaceous, UK) and the European origins of Spinosauridae.* Scientific Reports (2021).

Barker, C. T. et al. *A European giant: a large spinosaurid (Dinosauria:*

Theropoda) from the Vectis Formation (Wealden Group, Early Cretaceous), UK. PeerJ (2022).

Kapitel 8 Mehr als nur Knochen

Wang, X. et al. Archaeorhynchus *preserving significant soft tissue including probable fossilized lungs.* PNAS (2018).
Bell, P.R. et al. *The exquisitely preserved integument of* Psittacosaurus *and the scaly skin of ceratopsian dinosaurs.* Communications Biology (2022).
Vinther, J., Nicholls, R. & Kelly, D.A. *A cloacal opening in a non-avian dinosaur.* Current Biology (2021).
O'Connor, J.K. et al. *Ovarian follicles shed new light on dinosaur reproduction during the transition towards birds.* National Science Review (2014).
Bailleul, A.M. et al. *Confirmation of ovarian follicles in an enantiornithine (Aves) from the Jehol biota using soft tissue analyses.* Communications Biology (2020).
Brown, C.M. et al. *An Exceptionally Preserved Three-Dimensional Armored Dinosaur Reveals Insights into Coloration and Cretaceous Predator-Prey Dynamics.* Current Biology (2017).

Kapitel 9 Wyoming: Der Höllenbach

Schmitt, A.D. *Auf der Dinosaurier-Baustelle: Zwischen Knochen und Kettensägen.* National Geographic (2019).
Schmitt, A.D. *Wie verschifft man ein Stück Dinosaurier-Friedhof?* National Geographic (2019).

Kapitel 10 Tyrannosaurus – das Maß aller Dinge!

Marshall, C.R. et al. *Absolute abundance and preservation rate of* Tyrannosaurus rex. Science (2021).
Carpenter, K. & Smith, M. *Forelimb Osteology and Biomechanics of* Tyrannosaurus rex. *Mesozoic vertebrate life.* Bloomington: Indiana University Press (2001).
Carbone, C. et al. *Intra-guild competition and its implications for one of the biggest terrestrial predators,* Tyrannosaurus rex. Proceedings of the Royal Society B: Biological Sciences (2011).
Holtz, T.R. *Theropod guild structure and the tyrannosaurid niche assimilation hypothesis: implications for predatory dinosaur macroecology and ontogeny in later Late Cretaceous Asiamerica.* Canadian Journal of Earth Sciences (2021).

Schroeder, K. et al. *The influence of juvenile dinosaurs on community structure and diversity*. Science (2021).

Carr, T. D. *A high-resolution growth series of* Tyrannosaurus rex *obtained from multiple lines of evidence*. PeerJ (2020).

Bell, P. R. et al. *Tyrannosauroid integument reveals conflicting patterns of gigantism and feather evolution*. Biology Letters (2017).

Padian, K. *Why tyrannosaur forelimbs were so short: an integrative hypothesis*. Acta Palaeontologica Polonica (2022).

Bhullar, B.-A. S. et al. *Birds have paedomorphic dinosaur skulls*. Nature (2012).

Ullmann, P. V. et al. *Taphonomic and Diagenetic Pathways to Protein Preservation, Part I: The Case of* Tyrannosaurus rex *Specimen*. MOR 1125. Biology (2021).

Paul, G. S. et al. *The Tyrant Lizard King, Queen and Emperor: Multiple Lines of Morphological and Strati-graphic Evidence Support Subtle Evolution and Probable Speciation Within the North American Genus* Tyrannosaurus. Evolutionary Biology (2022).

Carr, T. D. et al. *Insufficient Evidence for Multiple Species of* Tyrannosaurus *in the Latest Cretaceous of North America: A Comment on »The Tyrant Lizard King, Queen and Emperor: Multiple Lines of Morphological and Stratigraphic Evidence Support Subtle Evolution and Probable Speciation Within the North American Genus* Tyrannosaurus«. Evolutionary Biology (2022).

Kapitel 11 Bewegung im Stein: Was uns Fußspuren verraten

Schanz, T. et al. *Quantitative Interpretation of Tracks for Determination of Body Mass*. PLoS ONE (2013).

Lockley M. et al. *Titanosaurid trackways from the Upper Cretaceous of Bolivia: Evidence for large manus, wide-gauge locomotion and gregarious behaviour*. Cretaceous Research (2002).

Kapitel 12 Vögel – die letzten Dinosaurier

Prum, R. O. et al. *A comprehensive phylogeny of birds (Aves) using targeted next-generation DNA sequencing*. Nature (2015).

Cloutier, A. et al. *Whole-Genome Analyses Resolve the Phylogeny of Flightless Birds (Palaeognathae) in the Presence of an Empirical Anomaly Zone*. Systematic Biology (2019).

Wiemann, J. et al. *Dinosaur egg colour had a single evolutionary origin*. Nature (2018).

Field, D.J. et al. *Late Cretaceous neornithine from Europe illuminates the origins of crown birds*. Nature (2020).

Koschowitz, M.-C. et al. *Beyond the rainbow*. Science (2014).

Foth, C. et al. *New specimen of* Archaeopteryx *provides insights into the evolution of pennaceous feathers*. Nature (2014).

Smithwick, F.M. et al. *Countershading and Stripes in the Theropod Dinosaur* Sinosauropteryx *Reveal Heterogeneous Habitats in the Early Cretaceous Jehol Biota*. Current Biology (2017).

Hu, D. et al. *A bony-crested Jurassic dinosaur with evidence of iridescent plumage highlights complexity in early paravian evolution.* Nature Communications (2018).

Kapitel 13 Das Ende der Dinosaurier

During, M.A.D. et al. *The Mesozoic terminated in boreal spring*. Nature (2022).

Alvarez, L.W. et al. *Extraterrestrial Cause for the Cretaceous-Tertiary Extinction.* Science (1980).

Santa Catharina, A. et al. *Timing and causes of forest fire at the K-Pg boundary*. Scientific Reports (2022).

Nicholson, U. et al. *The Nadir Crater offshore West Africa: A candidate Cretaceous-Paleogene impact structure*. Science Advances (2022).

Field, D.J. et al. *Early Evolution of Modern Birds Structured by Global Forest Collapse at the End-Cretaceous Mass Extinction.* Current Biology (2018).

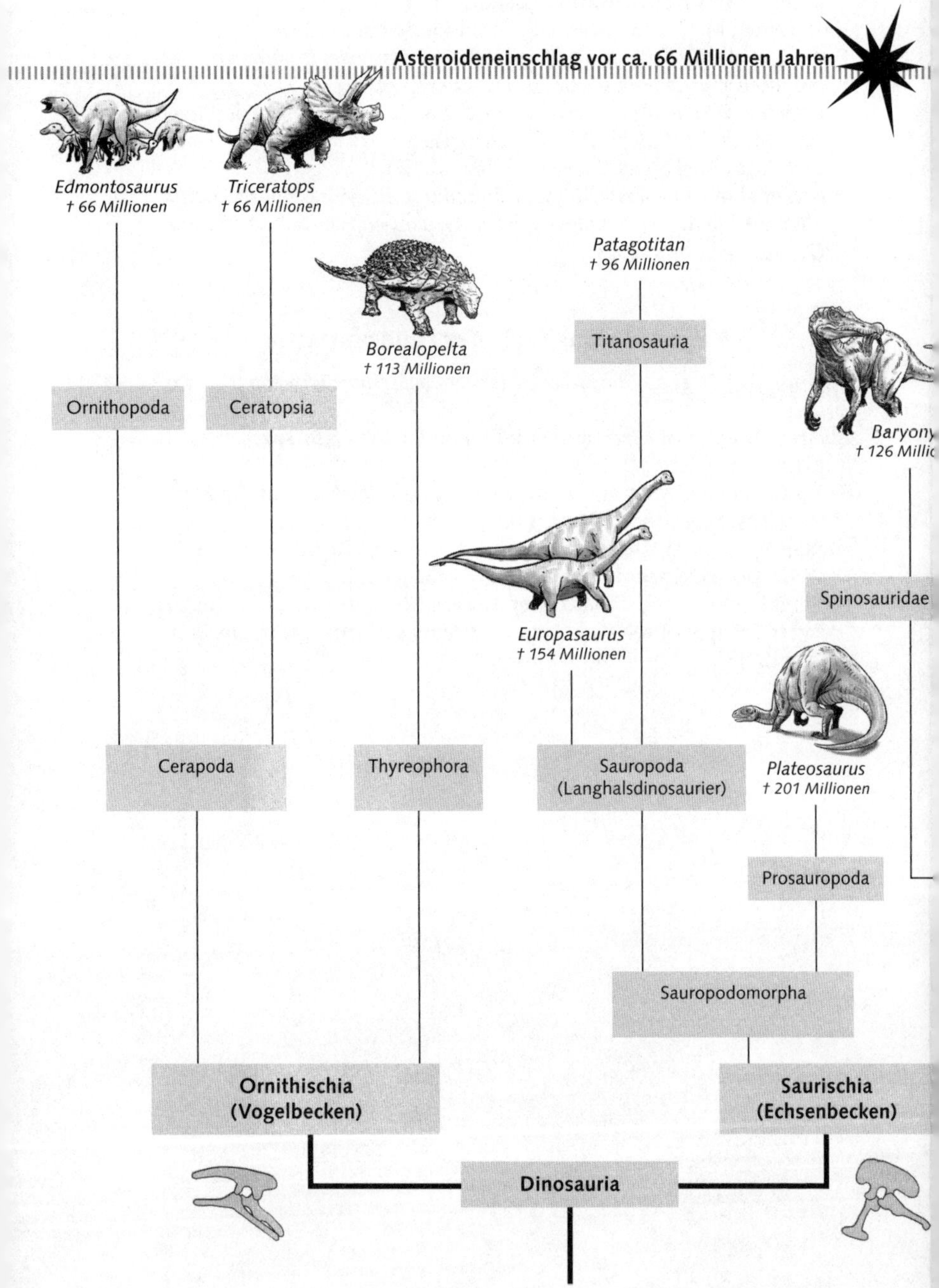
Asteroideneinschlag vor ca. 66 Millionen Jahren
Edmontosaurus
† 66 Millionen
Triceratops
† 66 Millionen
Borealopelta
† 113 Millionen
Patagotitan
† 96 Millionen
Titanosauria
Ornithopoda
Ceratopsia
Spinosauridae
Europasaurus
† 154 Millionen
Plateosaurus
† 201 Millionen
Cerapoda
Thyreophora
Sauropoda
(Langhalsdinosaurier)
Prosauropoda
Sauropodomorpha
Ornithischia
(Vogelbecken)
Saurischia
(Echsenbecken)
Dinosauria

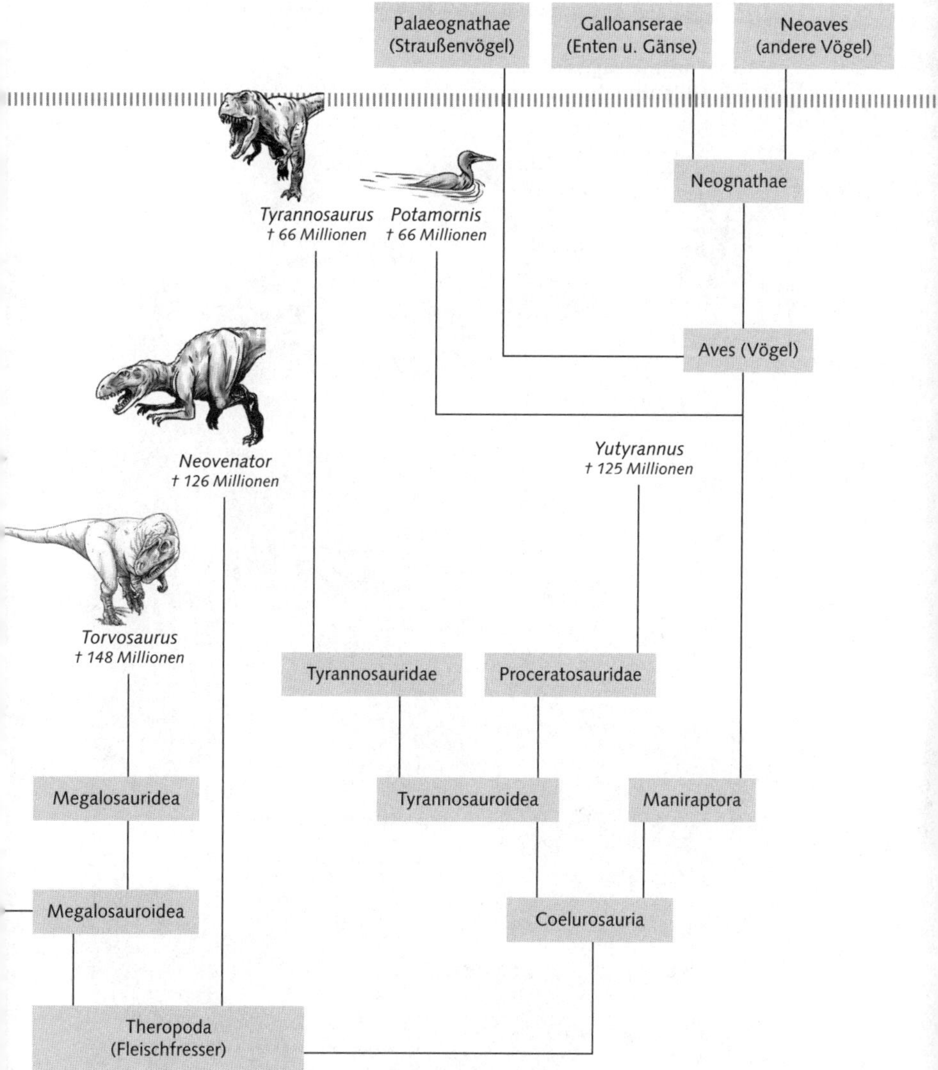

Phylogenie der Dinosaurier
bis zum Asteroideneinschlag
vor ca. 66 Millionen Jahren

Zeitstrahl vor ca. 252 bis ca. 66 Millionen Jahren

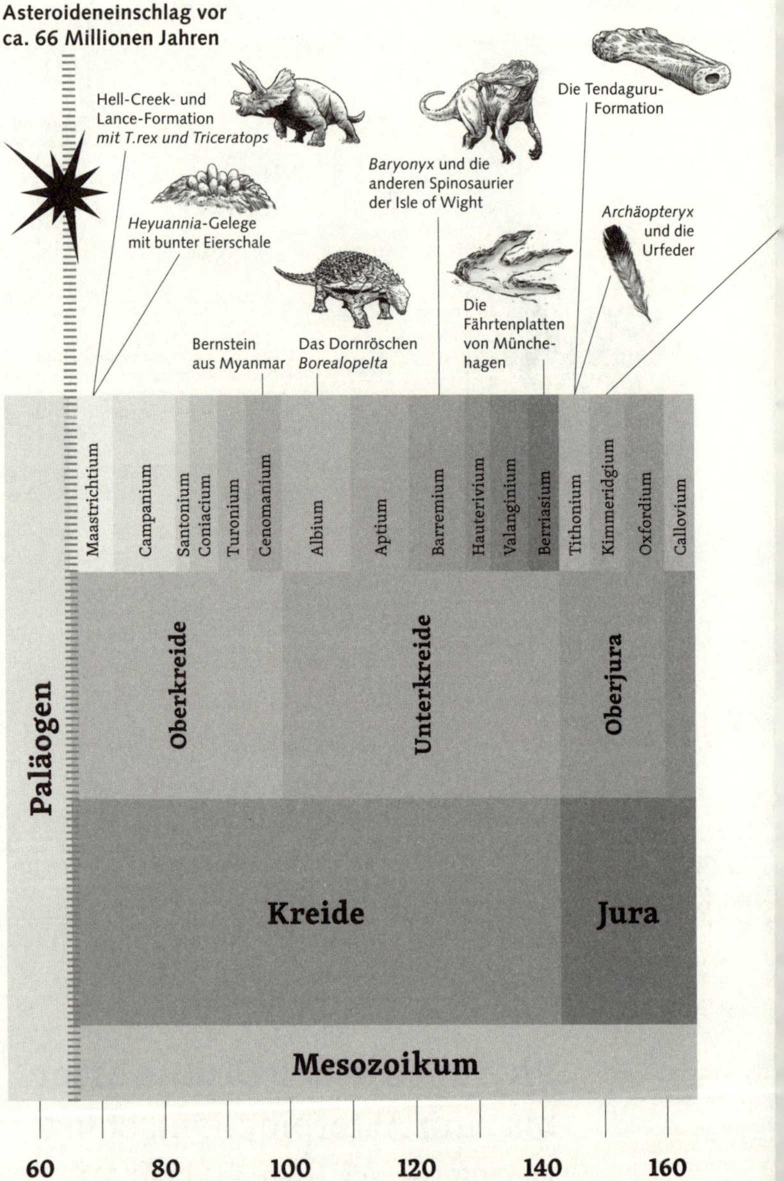

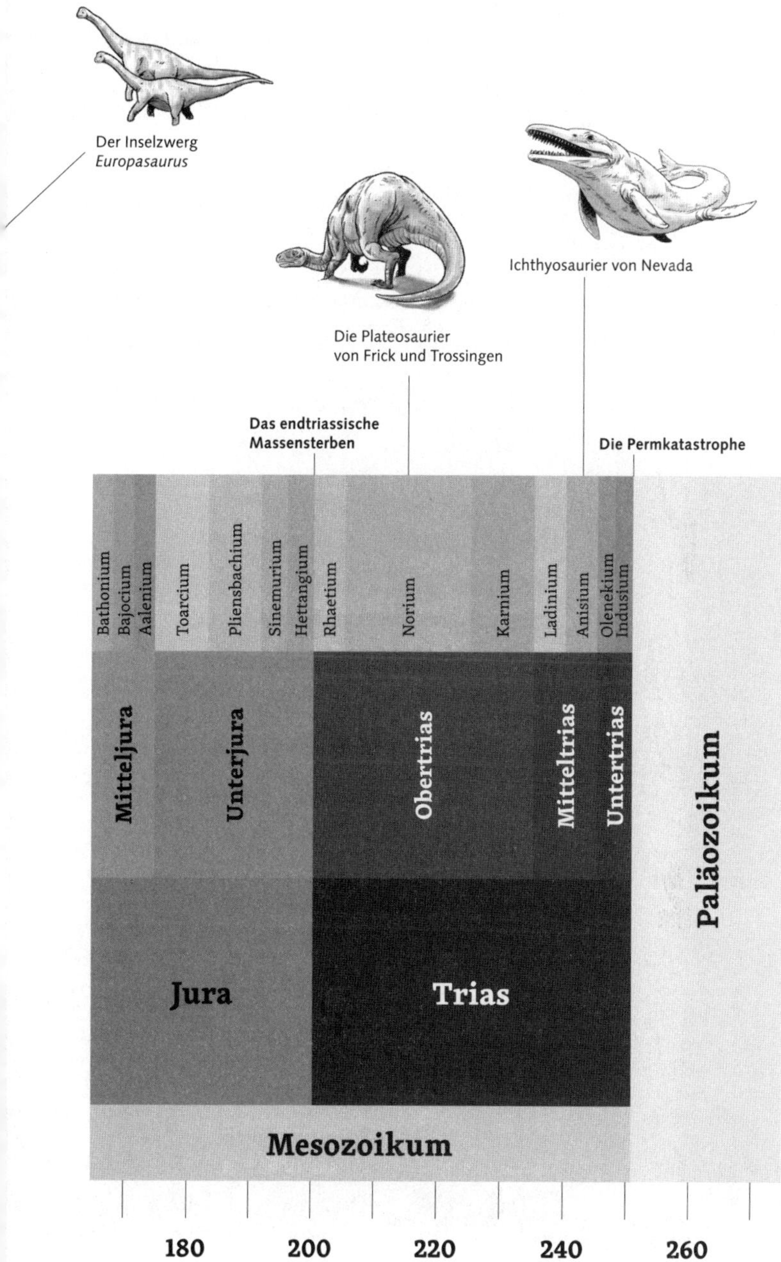

Der Inselzwerg
Europasaurus
Ichthyosaurier von Nevada
Die Plateosaurier
von Frick und Trossingen
Das endtriassische
Massensterben
Die Permkatastrophe
Bathonium
Bajocium
Aalenium
Toarcium
Pliensbachium
Sinemurium
Hettangium
Rhaetium
Norium
Karnium
Ladinium
Anisium
Olenekium
Indusium
Mitteljura
Unterjura
Obertrias
Mitteltrias
Untertrias
Paläozoikum
Jura
Trias
Mesozoikum
180
200
220
240
260